高职高专“十二五”规划教材

化工与制药生产基础

张志华　主编
闫志谦　白建中　副主编
吴英绵　主审

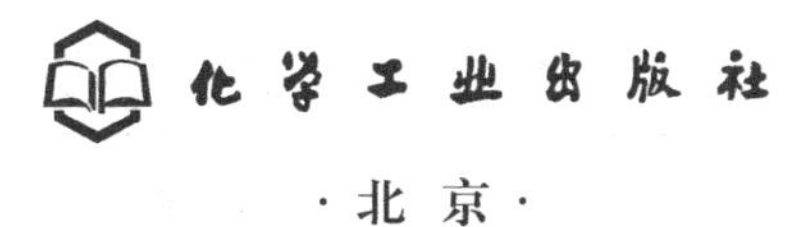

·北京·

本书重点介绍化工、制药企业广泛使用的典型单元操作，以单元操作过程分析为切入点，以培养学生的工程意识和应用能力为主线，加强对机械与设备的基本原理、结构、性能、操作要点的介绍。选择了化工、制药行业的典型工艺，使学生对化工、制药生产工艺有较深入的理解。“化工与制药生产安全知识与技术”一章将使学生全面了解生产过程中的安全问题，建立安全第一的生产意识。“绪论”、“化工与制药生产过程的基本知识”两章，使学生对化工与制药行业及生产过程有一个总体的了解。

本教材适用于高职高专化工、制药技术相关专业（例如，工业分析与检测、化工设备维修技术、高分子材料加工技术、过程装备及其自动化等）学生，也可作为化工制药企业的培训教材。化工、制药工艺类专业学生也可参考使用。

图书在版编目（CIP）数据

化工与制药牛产基础/张志华主编．—北京：化学工业出版社，2013.9（2023.8 重印）
高职高专“十二五”规划教材
ISBN 978-7-122-18016-2

Ⅰ．①化… Ⅱ．①张… Ⅲ．①化工过程-高等职业教育-教材②制药工业-高等职业教育-教材 Ⅳ．①TQ02②TQ46

中国版本图书馆 CIP 数据核字（2013）第 165615 号

责任编辑：窦　臻　　　　文字编辑：向　东
责任校对：蒋　宇　　　　装帧设计：关　飞

出版发行：化学工业出版社（北京市东城区青年湖南街 13 号　邮政编码 100011）
印　　装：北京建宏印刷有限公司
787mm×1092mm　1/16　印张 14½　字数 367 千字　　2023 年 8 月北京第 1 版第 3 次印刷

购书咨询：010-64518888　　　　售后服务：010-64518899
网　　址：http://www.cip.com.cn
凡购买本书，如有缺损质量问题，本社销售中心负责调换。

定　　价：39.00 元

前言

为更好地满足化工、制药行业对人才知识和能力的需求，适应高职高专人才培养的要求，我们组织编写了本教材。教材有如下几个特点。

1. 以企业岗位要求确定教材的内容和体系

化工与制药企业非工艺技术类岗位（例如，工业分析与检测、化工设备维修技术、高分子材料加工技术、过程装备及其自动化等）的人员除需具备一些本专业的知识和技能要求外，还需要掌握化工与制药生产工艺过程基本知识，并具有安全生产意识和能力。本教材以此确定内容和编写体系。

2. 遵循认知规律，增强教材的针对性和实用性

教材首先对化工、制药生产过程的一些共性进行了介绍，并对所需的一些基本理论知识进行有针对性的介绍，以便于知识的衔接。单元操作过程侧重于基本原理、设备基本结构与性能、主要参数的测量与控制。典型化工、制药生产工艺重点介绍基本原理、工艺流程、工艺参数及生产控制。不求多，不求全，但求针对性、实用性要强。

3. 拓宽教材的使用范围，增加制药生产典型工艺、化工与制药生产安全知识与技术等

与化工基础类教材相比，增加了制药生产过程的一些有代表性的单元操作与典型工艺、化工与制药生产安全知识与技术，可满足更多人群的需要，拓宽了教材的选择和使用范围。

教材的编写力求符合非化工、制药生产技术专业学生的知识与能力结构要求。符合非化工、制药技术类岗位的对化工生产知识与能力的要求，教材编写简明、实用，体现企业正在使用的新工艺、新技术。

本教材由河北工程技术高等专科学校张志华担任主编，河北化工医药职业技术学院闫志谦、沧州职业技术学院白建忠担任副主编，石家庄职业技术学院吴英绵担任主审。绪论、第二章、第三章由张志华编写；第一章、第四章由闫志谦编写；第五章、第六章由白建忠编写；第七章、第八章的第三节、第九章由河北化工医药职业技术学院张之东编写；第八章的第一节、第二节由河北海特伟业石化有限公司张如璐编写。

由于编者水平所限，不妥之处在所难免，敬请专家和广大读者提出宝贵的批评和建议，以便今后修订。

编者

2013 年 5 月

目 录

绪 论 …… 1
一、化学工业与化工生产 …… 1
二、制药工业与制药生产 …… 2
三、绿色化工 …… 3
四、课程的任务和内容 …… 4
第一章 化工、制药生产过程的基本知识 …… 6
第一节 化工、制药生产过程组成 …… 6
一、原料的选择和预处理 …… 6
二、生产中的反应过程 …… 7
三、产物分离和提纯过程 …… 8
第二节 生产过程常用指标 …… 9
一、生产能力、生产强度与空间速度 …… 9
二、转化率、选择性和收率 …… 10
第三节 生产过程热力学分析 …… 11
一、热力学第一定律和热力学第二定律 …… 12
二、化学反应限度分析 …… 12
三、化学反应平衡移动分析 …… 12
第四节 生产过程动力学分析 …… 13
一、温度对化学反应速率的影响 …… 14
二、浓度对化学反应速率的影响 …… 14
三、催化剂对化学反应速率的影响 …… 15
第五节 工艺条件分析 …… 15
一、温度 …… 15
二、压力 …… 16
三、原料配比 …… 16
思考题 …… 17
第二章 流体输送及机械 …… 18
第一节 概述 …… 18
一、流体输送在化工与制药生产中的应用 …… 18
二、化工与制药生产过程中流体输送的实例 …… 18
三、常见流体输送方式 …… 18
第二节 化工与制药生产管路的基本构成 …… 20
一、公称压力与公称直径 …… 20

二、管路的选择 …… 21
三、管件的选择 …… 22
四、阀门的选择 …… 22
第三节　流体的基本性质 …… 24
一、密度 …… 24
二、压力 …… 25
三、黏度 …… 26
第四节　流体运动的基本规律 …… 26
一、流量与流速 …… 26
二、稳定流动和不稳定流动 …… 28
三、流体稳定流动时的物料衡算——连续性方程 …… 28
四、流体稳定流动时的能量衡算——伯努利方程 …… 29
五、流体在管内的流动阻力 …… 33
第五节　流动参数的测量 …… 39
一、流量的测量 …… 39
二、压力测量 …… 41
第六节　流体输送机械 …… 42
一、液体输送设备 …… 43
二、气体输送设备 …… 46
思考题 …… 48
计算题 …… 49
第三章　传热与换热器 …… 51
第一节　概述 …… 51
一、传热在化工与制药生产中的应用 …… 51
二、传热的基本方式 …… 51
三、化工与制药生产中的换热方法 …… 52
第二节　间壁传热过程分析 …… 53
一、间壁传热过程 …… 53
二、传热速率方程及应用 …… 54
第三节　换热器 …… 58
一、管式换热器 …… 58
二、板式换热器 …… 61
三、翅片式换热器 …… 63
四、夹套式换热器 …… 64
五、热管换热器 …… 64
六、强化换热器传热效果的途径 …… 65
七、换热器的选择与使用 …… 66
第四节　管路和设备的保温 …… 67
一、保温的目的 …… 67
二、保温结构 …… 67
三、对保温材料的要求 …… 67

四、保温层的厚度 …… 67
思考题 …… 71
计算题 …… 72
第四章　蒸馏与设备 …… 74
第一节　概述 …… 74
一、蒸馏操作在化工、制药生产中的应用 …… 74
二、蒸馏操作依据和分类 …… 75
第二节　精馏过程分析 …… 75
一、精馏装置系统的组成 …… 75
二、精馏原理 …… 76
第三节　双组分混合液精馏塔操作分析 …… 82
一、基本假设 …… 82
二、双组分连续精馏基本计算 …… 83
第四节　精馏设备 …… 90
一、板式塔的结构 …… 90
二、影响精馏操作的主要因素 …… 92
三、精馏技术展望 …… 94
思考题 …… 95
计算题 …… 95
第五章　吸收与设备 …… 96
第一节　概述 …… 96
一、吸收操作在化工、制药生产中的应用 …… 96
二、气体吸收过程 …… 97
第二节　吸收剂的选择 …… 98
一、吸收原理 …… 98
二、吸收剂用量的计算 …… 102
第三节　吸收设备 …… 106
一、填料塔 …… 106
二、吸收操作参数的选择与调节 …… 111
三、填料塔与板式塔的比较 …… 113
四、强化吸收过程的途径 …… 114
五、再生塔 …… 114
思考题 …… 116
第六章　干燥与设备 …… 117
第一节　概述 …… 117
第二节　干燥过程 …… 118
一、对流干燥过程 …… 118
二、湿空气 …… 119
三、湿物料 …… 122
四、干燥速率 …… 123

五、湿度图 …… 125
六、干燥过程的计算 …… 127
第三节　典型干燥设备 …… 128
一、间歇式干燥器——厢式干燥器 …… 128
二、连续式干燥器 …… 128
三、干燥操作条件的确定 …… 131
思考题 …… 132
第七章　新型传质分离技术 …… 133
第一节　膜分离 …… 133
一、概述 …… 133
二、膜的分类与应用 …… 133
三、气体膜分离过程氢气回收实例 …… 134
四、反渗透膜海水淡化分离过程实例 …… 135
五、膜分离基本原理 …… 136
六、膜分离设备 …… 139
第二节　冷冻干燥 …… 140
一、概述 …… 140
二、冷冻干燥设备 …… 141
三、冷冻干燥设备操作 …… 142
思考题 …… 144
第八章　典型化工与制药产品生产工艺 …… 145
第一节　氨的合成 …… 145
一、氨合成反应的基本原理 …… 145
二、氨合成催化剂 …… 148
三、氨的分离及合成工艺流程 …… 150
四、氨合成工艺条件 …… 153
五、氨合成塔 …… 155
六、氨合成塔的操作控制要点 …… 159
第二节　乙炔法生产醋酸乙烯酯生产工艺 …… 161
一、乙炔法生产醋酸乙烯酯的工艺原理 …… 162
二、乙炔法生产醋酸乙烯酯合成工序工艺流程 …… 163
三、乙炔法生产醋酸乙烯酯操作及分析 …… 164
四、流化床反应器 …… 165
第三节　青霉素生产工艺 …… 165
一、青霉素发酵工艺 …… 166
二、青霉素提炼工艺 …… 167
思考题 …… 175
第九章　化工与制药生产安全知识与技术 …… 176
第一节　安全生产概况 …… 176
一、安全与本质安全 …… 176

二、化工与制药安全生产特点 …… 177
三、企业安全生产现状 …… 177
四、安全生产法规建设 …… 177
第二节 工业防毒 …… 179
一、概述 …… 179
二、工业毒物在人体内的转化 …… 182
三、职业中毒与最高容许浓度 …… 183
四、综合防毒技术 …… 184
第三节 防火防爆 …… 185
一、防火防爆基本知识 …… 185
二、防火防爆基本措施 …… 186
三、限制火灾爆炸的扩散与蔓延 …… 188
四、消防安全 …… 190
第四节 压力容器安全 …… 191
一、压力容器分类 …… 192
二、压力容器安全附件 …… 192
三、压力容器的安全操作 …… 193
第五节 电气安全 …… 194
一、电气安全基本知识 …… 194
二、触电事故预防与急救 …… 196
思考题 …… 198

附录 …… 199
一、某些气体的重要物理性质 …… 199
二、某些液体的重要物理性质 …… 200
三、某些固体的重要物理性质 …… 201
四、干空气的物理性质 …… 202
五、水的物理性质 …… 202
六、饱和水蒸气的物理性质（按温度排列） …… 203
七、饱和水蒸气的物理性质（按压力排列） …… 205
八、液体的黏度和密度 …… 206
九、101.33kPa压力下气体的黏度 …… 209
十、液体的比热容 …… 211
十一、101.33kPa压力下气体的比热容 …… 213
十二、汽化热（蒸发潜热） …… 215
十三、管子规格（摘录） …… 217
十四、离心泵规格（摘录） …… 218
十五、离心通风机规格 …… 221
参考文献 …… 223

绪 论

一、化学工业与化工生产

化学工业是国民经济的基础产业之一，也是国民经济的支柱性产业。资源、资金、技术密集，产业关联度高，经济总量大，产品应用范围广，在国民经济中占有十分重要的地位。

化学工业又称化学加工工业，泛指生产过程中化学方法占主要地位的过程工业。利用化学反应改变物质结构、成分、形态来生产化学产品的工业部门。如：无机酸、碱、盐、稀有元素、合成纤维、塑料、合成橡胶、染料、涂料、化肥、农药等。

我国的化学工业具有悠久的历史。古代造纸、火药、罗盘、印刷四大发明，其中造纸和制造火药是运用了化学方法。到了二十世纪初，随着世界化学工业的发展，我国也陆续建立了自己的近代化工企业，开始生产硫酸、纯碱、涂料、燃料、橡胶制品、医药等化学品。源远流长的化学工艺技术是我国几千年文明史的一个重要组成部分。

自新中国成立以来，我国化学工业也取得了一系列令世界瞩目的巨大成就，已成为世界化学工业的重要组成部分。1949 年我国化学工业总产值仅为 3.2 亿元，1995 年达到 2335.19 亿元，2012 年达到 70800 亿元。目前，我国乙烯、合成树脂、无机原料、化肥、农药等重要大宗产品产量位居世界前列。

进入 21 世纪以来，中国的化学工业面临着更严峻的挑战。一是可持续发展战略对工业发展环境的可持续性提出了更严格的要求。对于化学工业来讲，按照可持续发展的要求，必须要彻底改变传统的发展模式和以末端治理为主的污染控制方式，大力开发和利用清洁工艺和清洁产品；对于不可避免产生的“三废”，应尽可能实现生产过程内的循环方式以进行综合利用；对于最终需排入环境的“三废”，必须在排放前进行无害化处理。二是技术创新将成为世界化学工业国际竞争力的一个决定性因素。

“十一五”期间，我国化学工业经受了国际金融危机的严峻考验，结构调整步伐加快，产业规模进一步扩大，自主创新能力不断增强，技术装备水平明显提高，质量效益稳步提升，行业总体保持平稳较快发展。但存在以下问题：①部分产能增长过快，落后产能仍占一定比重；②产业布局不尽合理，安全环保隐患突出；③高端产品比重偏低，技术创新能力不强；④能源资源约束加大，节能减排任务艰巨。

“十二五”期间以加快转变化学工业发展方式为主线，加快产业转型升级，优化产业布局，增强科技创新能力，进一步加大节能减排、联合重组、淘汰落后、技术改造、安全生产，提高资源能源综合利用效率，大力发展循环经济，实现化学工业集约发展、清洁发展、低碳发展、安全发展和可持续发展。

化工生产过程，包括进行物理变化和化学反应的过程，化学反应过程是生产的关键，经过化学反应将原料转变成产品的工艺过程是核心。

化工生产有其自己本身的特点，主要体现在以下几个方面。

1. 生产工艺影响因素较多，工艺条件要求严格

化工生产涉及的反应类型多，且不同的反应对原料、工艺条件均有各自特殊的要求。有的化学反应需在高温、高压下进行，有的则需在低温、高真空等条件下进行。例如氨的合成要在30MPa、300℃下进行，而裂解产物气的分离需在－96℃下进行。

绝大多数氧化反应都是放热反应，而且氧化的原料、产物多是易燃易爆物质，严格控制氧化原料与空气氧化配比和进料速率十分重要。

2. 生产装置向大型化、自动化以及智能化方向发展

现代化生产规模日趋大型化，如氨合成塔尺寸50年扩大3倍，乙烯装置的生产能力达年产100万吨。装置的大型化带来了生产的高度连续化、控制保障系统的自动化。计算机技术的应用使化工生产实现了远程的自动化控制和操作系统的智能化。

生产装置的大型化、自动化、智能化也对操作人员提出了更高的要求。操作人员应具备现代化学工艺理论知识与技能、高度的安全意识和责任感，确保装置的安全运行。

3. 化工生产的复杂性和综合性强

将原料转化为产品的生产过程，一要服从原料、中间体、成品的工艺生产的需求，为达到工艺要求，水电气等能源供给要保证，机械设备、电气仪表的使用与维护要有保障；副产物的综合利用、废物处理和环境保护要统筹考虑。

任何系统或部门的运行状况，都将影响生产过程的正常运行与操作，因此，化工生产系统间要相互密切联系，系统性和协同性很重要。

二、制药工业与制药生产

制药工业包括化学合成、微生物发酵、生物化学制药、植物提取以及制剂成药的加工生产。它既有原料工业，又有加工工业，并具有生产技术复杂、工艺流程长、产品种类繁多、质量要求严格的特点，是一个技术密集型的工业。它对人类的生存繁衍和国家的兴旺发达有重要作用，在国民经济中占有特殊地位。

中国的制药工业是在西方科学的影响下和“西药”输入中国以后产生的，1902年，广州建立了梁培基药厂，1912年上海建立了中华制药公司。以后逐渐扩展至其他城市，相继建立了一批制药公司、制药社和制药厂。

制药行业是一个集约化、国际化程度极高的产业。创新的畅销药物与时代性疾病的发生密切相关。20世纪80年代以后，由于世界经济的整体发展和国民生活水平的不断提高，高血脂、糖尿病及抑郁症等精神疾病逐渐成为主要疾病，世界畅销药出现了降血脂、抗抑郁药与激素替代药。人口老龄化和新兴的治疗领域为制药行业带来了新的市场机遇。据预测，中国医药市场将迅速发展，成为继美国、日本、德国和法国之后的世界第五大医药市场。各制药子行业市场中，化学制药仍然保持着发展势头，生物制药技术已经成为新领域，中药制药有很大发展空间和国际机遇。

“十一五”期间我国医药工业取得了显著的成绩。随着国民经济快速增长，人民生活水平逐步提高，国家加大医疗保障和医药创新投入，医药工业克服国际金融危机影响，继续保持良好发展态势。2010 年，医药工业完成总产值 12427 亿元，比 2005 年增加 8005 亿元，年均增长 23%。

“十二五”时期，我国医药工业面临的国际国内环境总体有利，是调整结构转型升级的关键时期，但影响发展的不确定因素增多，机遇和挑战并存。一方面，国际环境有助于稳步提高医药出口和加快国际化进程，通用名药和生物技术药物迅猛发展，为我国医药工业缩小与世界先进水平的差距提供了机遇；另一方面，跨国医药企业规模不断扩大，实力越来越强，在主导专利药市场的同时，大举进入通用名药物领域，市场竞争更趋激烈，我国医药工业将面临严峻挑战。一方面，国内市场需求快速增长，国家对医药工业的扶持力度加大，质量标准体系和管理规范不断健全，社会资本比较充裕，都有利于医药工业平稳较快发展；另一方面，由于环境和资源约束加强，企业生产成本不断上升，药品价格趋于下降，新产品开发难度加大，医药工业发展仍存在不少困难和制约因素。

制药生产过程包括工艺过程和辅助过程。工艺过程是由直接关联单元操作的次序与操作条件组成，包括化学合成反应或生物合成反应，如微生物发酵、细胞培养过程（如配料比与培养基、温度与压力、催化剂与时间、通气与搅拌）、分离纯化过程（如离心、过滤、结晶）与质量控制（如原辅料、中间体与终端产品）。辅助过程包括基础设施的设计和布局、动力供应、原料供应、包装、储运、“三废”处理等。

药物的生产制造必须受到高度严格控制，在生产制造过程中，药典和药品生产管理规范 GMP 对药品质量和安全起着关键作用。现代制药的特点是技术含量高、智力密集，发展方向是全封闭自动化、全程质量管理、在线可视化分析检验，大规模生产和新型分离技术的综合应用。

制药生产过程的特点是原料药品种众多，其生产方法各不相同，有全合成法，有发酵法兼用提炼技术，有合成法兼用生物技术，有发酵产品再进行化学加工，也有主要采用分离提纯方法。原料药生产的一般特点是：①生产流程长、工艺复杂；②每一产品所需的原辅材料种类多，许多原料和生产过程中的中间体是易燃、易爆、有毒或腐蚀性很强的物质，对防火、防爆、劳动保护以及工艺和设备等方面有严格的要求；③产品质量标准高（纯度高、杂质可允许的含量极微），对原料和中间体要严格控制其质量；④物料净收率很低，往往几吨至上百吨的原料才生产 1t 产品，因而副产品多、“三废”也多；⑤药物品种多、更新快，新药开发工作要求高、难度大、代价高、周期长。制剂生产则需要有适合条件的人员、厂房、设备、检验仪器和良好的卫生环境，以及各种必需的制剂辅料和适用的内、外包装材料相配合。

三、绿色化工

绿色化工又称可持续发展化工，是能够减少或除去危险物质使用和产生的化工产品的设计和工艺，其原理是通过利用一系列的化学原理与方法来降低或除去化学产品制造与应用中有害物质的使用与产生，使化学产品或过程的设计更加环保化，包括所有可以降低对人类健康产生负面影响的化学方法的技术。

绿色化学是近十年来产生和发展起来的新兴交叉学科，它要求利用化学原理从源头上消除环境污染，在其基础上发展起来的技术则称为绿色化工技术。开发环保和低排放的化工生产工艺有助于实现节能减排和环境保护，绿色化学和工艺是先导和发展方向。

1998年美国的总统科技顾问 P. T. Anastas 博士和马萨诸塞大学的 J. C. Waner 教授通过大量的研究工作，提出了绿色化学的12条原则。这些原则目前已成为世界范围内公认的指导绿色化学与化工发展的基本原则，现陈述如下。

(1) 防止废物　设计化学合成方法，防止废物的产生，而不是在它已经产生后再去处理或清理。

(2) 设计更安全的化合物和产物　设计更有效、低毒或无毒的化合物。合成方法的设计应该是最大化地将工艺中使用的所有材料转变为最终产品。

(3) 降低化学合成方法的危险性　降低或消除合成方法对人类及环境的毒性。只要有可能，合成方法的设计应该是使用和产生的物质毒性很小或没有毒性。

(4) 使用可再生原料　使用可再生原料而非消耗型原料；可再生的原料一般来源于农产品或是其他过程产生的废物；消耗型原料一般来源于石油、天然气等。

(5) 使用催化剂而非当量试剂　通过催化反应将废物量降到最低。催化剂是指少量而可以进行多次催化反应的试剂，而当量试剂一般过量且只能反应一次。只要有可能应尽量不使用溶剂等辅料，如果使用溶剂等应没有毒性。

(6) 提高能源效率　可能的话，在常温常压下进行合成反应。

(7) 使原子经济反应最大化　最大比例地利用起始反应物的原子，只要技术和经济上可行，原材料应该是可以再生的。

(8) 避免产生衍生物　衍生物的产生将使用额外的试剂，并产生废物。

(9) 使用更安全的溶剂和反应条件　避免使用溶剂/混合物分离试剂和其他的辅助化合物。如果必须使用，应选择无害的物质。如果需要使用溶剂，应尽量选择水。催化剂要优于化学计量试剂。

(10) 设计可降解的产物　产物在使用后应可降解，而不要在环境中累积。化工产品的设计应该是在其功能终结后，它们可分解为无毒的可降解产品。

(11) 实时分析并防止污染　在生产过程中进行实时监控，以减少或消除副产物的生成。进一步开发在形成危险物以前就可以实时监测和控制的分析方法。

(12) 把事故可能性降到最低　设计化合物及其状态（固态、液态、气态），以降低爆炸、火灾、泄漏发生的可能性。用于化工工艺物质的选择应该能将潜在的化工事故减至最小。

“十二五”期间，化工行业单位工业增加值用水量降低30%、能源消耗降低20%、二氧化碳排放降低17%，化学需氧量（COD）、二氧化硫、氨氮、氮氧化物等主要污染物排放总量分别减少8%、8%、10%、10%，挥发性有机物得到有效控制。炼油装置原油加工能耗低于86kg标准煤/t，乙烯燃动能耗低于857kg标准煤/t，合成氨装置平均综合能耗低于1350kg标准煤/t。

四、课程的任务和内容

“化工与制药生产基础”是化工机械、工业仪表自动化、工业分析、化工制药产品营销等非化工生产技术专业的一门技术型工程基础课。通过本课程的学习，全面了解化工与制药生产知识和技术，对于培养学生工程意识与安全意识，更好地承担化工、制药企业非生产工艺岗位具有重要作用。工艺专业学生也可参考使用。

课程的主要内容共分为九章，第一章化工与制药生产过程的基本知识，第二章至第七章化工与制药企业的典型单元操作，第八章典型化工与制药生产工艺，第九章化工与制药生产安全知识与技术。

为便于非化工、制药技术类专业学生的学习，教材第一章首先对化工、制药生产过程的一些基本知识和基本理论进行了介绍，一来使学生对化工与制药生产过程的基本规律有一个初步的认识，二来便于与后续章节的知识衔接。工艺类专业的学生本章可不做详细介绍。

第二章为流体输送与机械，介绍了流体流动的基本规律，常用流体输送机械的工作原理、基本结构和性能参数，介绍了化工管路的基本构成和主要部件。

第三章至第六章为化工制药厂典型的单元操作。以单元操作过程分析为主线，重点介绍单元过程的基本原理，单元操作设备的结构与性能，关键参数的测量与控制。

第七章为新型传质分离技术。介绍了膜分离技术和冷冻干燥技术，使同学们对一些新技术有一定的了解。

在介绍单元操作内容的基础上，第八章介绍典型化工与制药生产工艺，应用前面的知识和技术来具体分析一个生产过程。重点介绍生产工艺的基本原理、工艺流程、主要设备、主要工艺参数的分析与控制。

第九章为化工制药生产安全知识与技术。重点介绍化工与制药企业安全生产的基本知识及一些关键性安全生产技术问题，使学生牢固树立安全第一的生产意识。

第一章

化工、制药生产过程的基本知识

第一节　化工、制药生产过程组成

化工、制药生产是以化学变化为主要特征的工业生产过程，其原料来源广泛，产品种类繁多，加工过程复杂多样，一个化工、制药产品的生产过程包括：原料的净化和预处理、化学反应或生化反应、产品的分离与提纯、“三废”处理及综合利用。化工、制药生产过程的组成如图 1-1 所示。

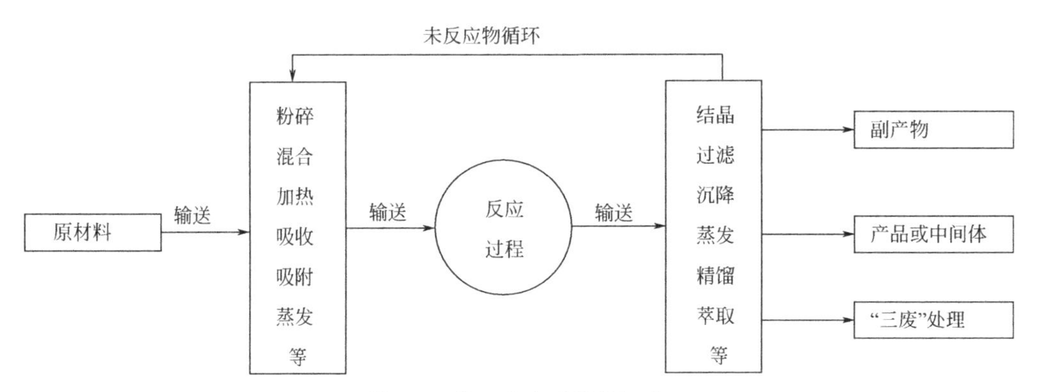

图 1-1　化工生产过程的组成

由此可见，在原料净化、预处理和反应产物后处理过程中都要进行一系列的物理变化过程，经过长期的化工生产实践发现，各种化工产品的生产过程所涉及的各种物理变化过程都可归纳成为数不多的若干个单元操作，如流体输送、加热、冷却、吸收、精馏、蒸发、结晶、萃取等。即使在反应器中，为了维持适宜的反应条件，也需设置一定的物理过程，如加入或移走热量、混合、搅拌等。

一、原料的选择和预处理

1. 原料的选择

原料的选择是指生产同一种化工或制药产品时可以选择不同的原料。以合成氨生产为例，目前所使用的原料有油、煤、天然气、石油馏分、炼厂气、焦炉气等，不同的原料，其工艺过程有许多不同之处。一般原料的选择应满足原料来源充足、成本低廉、易于利用的原则等。

2. 原料的预处理

化学反应过程一般须在某种适宜条件下进行，例如，反应物料要有适宜的组成、结构和状态，化学反应要在一定的温度、压力和反应器内的适宜流动状态下进行等。而初始原料通常都会有各种杂质难以满足生化或化学反应的需要。为了更好地满足化学反应过程的需要，往往先要对原料进行净化和预处理，如通过加热、冷却、增减压，使物料发生相变化（如汽化、冷凝、结晶、溶解等）；另根据原料中组分的物理性质（如沸点、溶解度、密度等）的差异，采用蒸馏、吸收等化工单元操作，除去原料中对化学反应有害的毒物等。

催化剂是反应过程中一类特殊的“原料”。现代的许多化工、制药生产，如合成氨、石油裂解、高分子材料的合成、油脂加氯、脱氧、药物的合成等无不使用催化剂。因而催化剂的选择和准备过程是必不可少的。

原料预处理是工艺流程的一个组成部分，应符合以下原则。

1. 必须满足工艺要求

主要是满足反应的要求。比如通常气固相反应，为了增大接触面积，固相的粒度应尽量小，但太小可能夹带严重，所以在工程上要寻找一个最佳的范围以满足工艺要求。

2. 简便可靠的预处理工艺

通常对于原料的某一种预处理要求，有不止一种可供选用的方案，一般不要搞得太繁杂，步骤不宜多，应简练、实用、可靠，不主张使用复杂的大型的化工单元过程。因为毕竟是原料的预处理，不必小题大做。

3. 不要产生新的污染，不要造成损失

原料预处理，有的可能出现一些废弃物，在方案研究时，应尽量减少在原料预处理过程中的“三废”，一旦有不可避免的“三废”产生，应研究处理方案，不要留尾巴，并防止泄漏，防止原料被破坏产生不必要的损失。

4. 尽量由原料生产厂家精制

对于生产原料的厂家来说，原料就是他们的产品，产品可在生产过程中加以精制、净化。大多数情况下，生产原料的厂家可以从源头上和过程中加以控制，比使用厂家另砌炉灶进行精制、净化要省事。

二、生产中的反应过程

化学反应过程是生产的核心，反应过程进行的条件对原料的预处理提出了一定的要求，反应进行的结果决定了反应产物的分离与提纯任务和未反应物的回收利用。一个产品的反应过程的改变将引起整个生产流程的改变。因此，反应过程是化工、制药生产全局中起关键作用的部分。反应过程的分类情况如表 1-1 所示。

实现化学反应过程的设备称为反应器。工业反应器的类型众多，不同反应过程，所用的反应器形式不同。化学反应器分类如表 1-2 所示。

表 1-1　反应过程分类情况

分类依据		类别	特点
按反应的特性分	反应机理	简单反应	同一组反应物只生成一种特定生成物的反应，它不存在反应选择性问题
		复杂反应	由一组特定反应物同时或接连进行几个反应的反应过程。复杂反应的形式很多，主要有平行反应、连串反应、平行-连串反应和共轭反应等
	反应可逆与否	可逆反应	受化学平衡的限制，反应只能进行到一定的程度，反应产物需要分离和提纯，未反应物应该回收和循环使用
		不可逆反应	能进行到底，反应物几乎全部转变为产物
	反应热效应	吸热反应	两类反应的热特性不同，所以，反应过程要求的温度条件完全不同，使用的反应器类型也不同
		放热反应	
	反应物系相态	均相反应	反应组分（包括反应物、产物和催化剂）在反应过程中始终处于同一相态
		非均相反应	反应组分在反应过程中处于两相或三相状态
按操作方式分		间歇过程	分批处理物料，周期操作。设备中的物料浓度等操作参数随时间变化，是一种非稳态操作过程
		连续过程	与间歇过程相反，连续过程是均匀加入原料、连续取出产品，设备内各处的物系参数不随时间而变，是一种稳态的操作过程
		半连续过程	半连续或半间歇过程介于前两种之间，或是间歇加入物料、连续取出产品，或是连续加入物料、分批取出产品，仍然是一种非稳态操作过程

表 1-2　化学反应器的分类

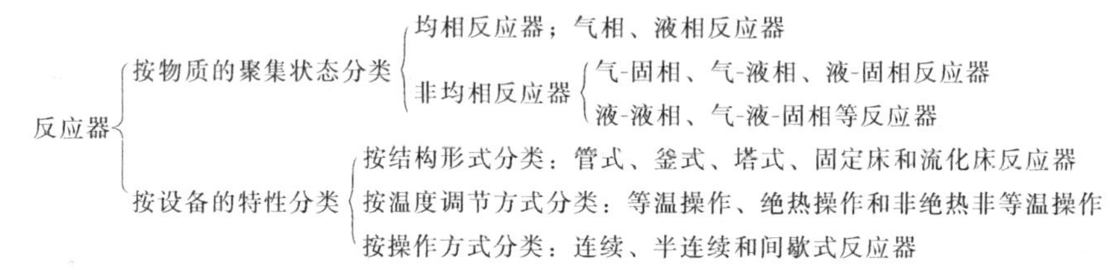

三、产物分离和提纯过程

由于化学反应过程中原料一般难以全部转化为目的产物，反应产物中会有若干未反应的原料和副产物。为了得到所需纯度的产品，还必须进行后处理和分离提纯，如固体产品的结晶、干燥；气体产品的冷却、吸收；液体产品的精馏、萃取等。有时，为了经济上合理，未反应的物料还须分离回收，并循环利用。因此，产物的分离和提纯操作对保证产品质量和生产过程的经济效益起着重要作用。

产物分离和提纯过程进行的基础是利用分离组分间物理或化学性质的差异，并采用工程手段使之达到分离。产物分离和提纯过程可分为机械分离和传质分离两大类。机械分离过程的对象都是两相或两相以上非均相混合物，只要用简单的机械方法就可将两相分离。机械分离简要情况见表 1-3。

传质分离过程是利用物系中不同组分的物理性质或化学性质的差异来造成一个两相物系，使其中某一组分或某些组分从一相转移到另一相，达到分离的目的过程。

以传质分离过程为特征的产物分离和提纯在化工、制药生产中很多，如下所述。

(1) 气体吸收　选择一定的溶剂（外界引入第二相）造成两相，以分离气体混合物。如

表 1-3 机械分离方法举例

机械分离方法	原料	分离剂	产品	原理
过滤	液体或气体＋固体	过滤介质	固体＋液体或气体	固体颗粒大于过滤介质细孔
沉降	液体＋固体	重力	固体＋液体	密度差
离心分离	液体＋固体	离心力	固体＋液体	密度差
旋风分离	气体＋固体或液体	惯性	气体＋固体或液体	密度差
静电除尘	气体＋细颗粒固体	电场	气体＋固体	使细颗粒带电

用水作溶剂来吸收混合在空气中的氨，它是利用氨和空气在水中溶解度的差异，进行分离。

(2) 液体蒸馏　对于液体混合物，通过改变状态，如加热汽化，使混合物造成两相，它是利用不同组分挥发性的差异，进行分离。

(3) 固体干燥　对含一定湿分（水或其他溶剂）的固体提供一定的热量，使溶剂汽化，利用湿分压差，使湿分从固体表面或内部转移到气相，从而使含湿固体物料得以干燥。

(4) 液-液萃取　向液体混合物中加入某种溶剂，利用液体中各组分在溶剂中溶解度的差异分离液体混合物，在其分离过程中，溶质由一液相转移到另一液相。

(5) 结晶　对混合物（蒸气、溶液或熔融物）采用降温或浓缩的方法使其达到过饱和状态，析出溶质，得到固体产品。

(6) 吸附　利用多孔固体颗粒选择性地吸附混合物（液体或气体）中的一个组分或几个组分，从而使混合物得以分离。其逆过程为脱附过程。

(7) 膜分离　利用固体膜对混合物中各组分的选择性渗透从而分离各个组分。

第二节　生产过程常用指标

安全、优质、高产和低消耗是化工生产的目标。每个产品的质量指标不同．其保证措施也不相同。要使化工过程有效控制和平稳操作，必须掌握各种工艺指标和主要影响因素。

一、生产能力、生产强度与空间速度

生产能力与生产强度是评价生产效果的重要指标之一。

生产能力是指一台设备、一套装置或是一个工厂，在单位时间内生产的产品量或处理的原料量，表示为 kg/h、t/d、t/a 等。例如，一台管式裂解炉一年可生产乙烯产品 5 万吨，即 50kt/（年·台）；年产 5000t 聚乙烯醇的生产装置，表示该装置一年可以生产 5000t 的聚乙烯醇产品。

原料处理量也称为加工能力。如处理原油为 500 万吨/年的炼油厂，是指每年可将 500 万吨原油加工炼制成各种油品。

生产能力有设计能力、现有能力之分。设计能力是设备或装置在最佳条件下可达到最大的生产能力，即设计任务书规定的生产能力。现有能力也称作计划能力，是根据现有生产技术条件和计划年度内能够实现的实际生产效果，按计划产品方案计算确定的生产能力。设计能力是编制企业长远规划的依据，而现有生产能力则是编制年度生产计划的重要依据。

生产强度为设备单位几何尺寸的生产能力。一般指单位体积或单位面积的设备在单位时间内生产的产品量或加工的原料量，其单位是 $kg/(h\cdot m^3)$、$kg/(h\cdot m^2)$、$t/(h\cdot m^2)$。

对于具有相同化学或物理过程的设备（装置），可用生产强度指标比较装置或设备性能的优劣。

空间速度（简称空速）是指单位体积催化剂通过的原料气在标准状态（0℃，101.3kPa）下的体积流量，其单位是$m^3/(m^3 \cdot h)$。空间速度是影响反应转化率和选择性的重要因素之一。在满足工艺条件的前提下，空间速度大，单位体积的催化剂所处理的物料量大，设备的生产能力大。在设备条件和进口条件一定的情况下，空间速度大，反应混合气与催化剂的接触时间缩短，使转化率降低。工业装置上空间速度的操作范围一般为4000～8000$m^3/(m^3 \cdot h)$。提高空间速度既有利于反应器的传热，又能提高反应器生产能力。

二、转化率、选择性和收率

为衡量化学反应进行的程度及其效率，常用转化率、选择性和收率等指标。

1. 转化率

转化率是指某一反应物参加反应的量占其加入量的百分比，常以符号“X_A”表示。以A+B══C反应为例，反应前加入10份A，反应后还有1份A存在，9份A参加了反应，反应转化率为90%。转化率反映了原料通过反应器之后产生化学变化的程度。一般情况下，通入系统的每一种原料都不大可能全部参加化学反应，也就是说，转化率通常小于100%。

同一个化学反应，由于着眼的反应物不同，其转化率数值也不同。连续操作物料若有循环，转化率又分为单程转化率和全程转化率，区别在于系统划分的不同，单程转化率以生产过程中的反应器为系统，其表达式为：

$$X_{A,单}=\frac{反应物A在反应器内转化的量}{输入反应器的反应物A的量}\times 100\%$$

总转化率是以整个生产过程为系统，又称为全程转化率，是指新鲜物料进入反应系统到离开反应系统所达到的转化率，其表达式为：

$$X_{A,全}=\frac{反应物A在反应器内转化的量}{进入反应系统新鲜物料中反应物A的量}\times 100\%$$

【例1-1】 乙炔与醋酸催化合成醋酸乙烯酯工艺流程，如图1-2所示。

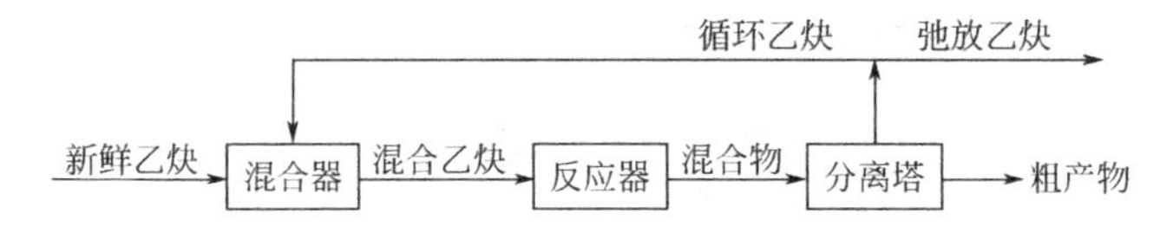

图1-2 乙炔与醋酸催化合成醋酸乙烯酯工艺流程

已知新鲜乙炔的流量为600kg/h，混合乙炔的流量为5000kg/h，反应后乙炔的流量为4450kg/h，循环乙炔的流量为4400kg/h，弛放乙炔的流量为50kg/h，计算乙炔的单程转化率和全程转化率。

解 乙炔的单程转化率 $X_{A,单}=\frac{5000-4450}{5000}\times 100\%=11\%$

乙炔的全程转化率 $X_{A,全}=\frac{600-50}{600}\times 100\%=91.67\%$

在以上计算中，以反应器为系统，我们计算出乙炔的转化率即单程转化率为11%。若以包括混合器、反应器、分离塔在内的整个生产过程为系统，乙炔的转化率即全程转化率为91.67%。未反应的乙炔经分离与新鲜的乙炔混合，再次通入反应器循环，提高了乙炔的利用率。

乙炔循环量增大，分离负荷及动力消耗随之增大，保持较高的单程转化率，在经济上是有利的；减少乙炔弛放量，可增大其循环量，但会使循环系统中的惰性物质增加并逐渐积累，导致新鲜乙炔通入量减少，影响反应质量和生产能力。

2. 选择性

化学反应过程中，往往有多种化学反应同时存在，不仅有生成目的产物的主反应，还有生成副产物的副反应，所有转化了的原料中只有占一定比率的原料生成目的产物。针对某一个既定反应产物来说，转化为目的产物的某反应物的量所占某反应物的转化总量的比率，称为选择性，常以符号“S”表示。其定义为：

$$S=\frac{\text{转化为目的产物的某反应物的量}}{\text{某反应物的转化总量}}\times 100\%$$

可见，选择性表示主反应占所发生全部反应的比例，反映了原料利用的合理性。选择性越高，说明主反应所占的比例越高，副反应所占的比例越低，原料的利用率就越高。仅仅是选择性高并不意味着过程就一定经济合理，因为选择性高只能说明过程副反应少，假如通过反应器的原料只有很少一部分进行反应，则设备利用率即单位时间的生产能力大大降低。为此，引入了“收率”概念。

3. 收率

收率也称产率，是指生成目的产物所转化的某反应物的量占投入某反应物的量的百分率，常以符号“Y”表示。即：

$$Y=\frac{\text{转化为目的产物的某反应物的量}}{\text{某反应物的投入(起始)量}}\times 100\%$$

连续操作物料若有循环，与转化率相同，收率也有单程收率和总收率之分。其表达式为：

$$Y_{\text{单}}=\frac{\text{转化为目的产物的某反应物的量}}{\text{输入到反应器的某反应物的量}}\times 100\%$$

$$Y_{\text{全}}=\frac{\text{转化为目的产物的某反应物的量}}{\text{进入反应系统新鲜物料中某反应物的量}}\times 100\%$$

对于同一反应物，转化率 X、选择性 S 和收率 Y 三者存在如下关系：

$$Y=XS$$

若反应过程中无副反应，$S=1$，收率在数值上等于转化率，转化率愈高，其收率也愈高；当有副反应时，$S<1$，此时应在保持较高选择性的前提下，尽可能提高转化率。但是，在高转化率的条件下，反应选择性较低；反之，在较高的选择性条件下，转化率却很低。因此，不能单纯追求高转化率或高选择性，而应兼顾二者，以使目的产品的收率最高为目的。

第三节　生产过程热力学分析

从能量的观点看，化工、制药生产过程就是能量转化和消耗的过程。生产过程热力学分析即应用热力学第一定律和第二定律分析生产过程，只涉及化学反应过程的始态和终态，不涉及中间过程，不考虑时间和速率，仅说明过程的可行性、进行的限度。

一、热力学第一定律和热力学第二定律

热力学第一定律即能量守恒定律。热力学第一定律可以表述为：能量既不会凭空产生，也不会凭空消失，它只能从一种形式转化为其他形式，或者从一个物体转移到另一个物体，在转化或转移的过程中，能量的总量不变。根据热力学第一定律，为了获得机械能，必须消耗热能或其他能。

化工、制药生产涉及的能量主要有以下几种形式。

(1) 热能 通常利用燃料的燃烧热，因此燃料是生产过程消耗的主要能源之一。

(2) 机械能 物理学上称之为功，化工、制药生产需要的机械能主要用于流体的输送和压缩。

(3) 电能 电以各种形式做功（即产生能量）的能力，在化工、制药生产中主要转化为机械能和热能。

(4) 化学能 物质发生化学反应时所释放的能量。

热力学第二定律深刻地揭示了能量的品质问题。热力学第二定律有数种表达形式，常用的有克劳修斯表述和开尔文表述。克劳修斯表述：不可能把热量从低温热源传到高温物体而不引起其他变化；开尔文表述：不可能从单一热源吸取热量使之完全变为功而不引起其他变化。

热力学第二定律的意义是指出了能量不仅有数量之分，还有质量的区别。1kJ 的电能和 1kJ 热，依据热力学第一定律：它们的数量相等；用热力学第二定律分析：虽然它们的数量相等，它们的质量不同，电能的质量高于热，1kJ 的电能可以全部转化为 1kJ 的热，而 1kJ 的热不能全部转化为 1kJ 的电能。电能是电子作定向有序运动输出的能量。热则是分子无序运动的体现。功转化为热是分子定向有序运动转化为非定向无序运动，不受任何条件的限制。热转化为功是分子非定向无序运动转化为定向有序运动，不能全部转化。

二、化学反应限度分析

对于绝大多数化学反应来说，反应都是可逆的，可逆性是化学反应的普遍特性。可逆反应不能进行到底，随着反应的进行，正反应速率愈来愈小，逆反应速率逐渐增大，最后正反应速率等于逆反应速率。正逆反应速率相等时体系所处的状态称为化学平衡。体系达到平衡后，反应物和生成物的浓度不再随时间变化，从外表上看反应似乎停止了，实际上正、逆反应仍在继续进行，只不过正、逆两反应以相等的速率进行着，体系内各物质的浓度不再改变罢了。因此化学平衡实质上是动态平衡。平衡状态的组成说明了反应进行的限度。平衡常数 K 是反应的特性常数，其数值的大小表示在一定条件下，反应进行的限度。对同类型反应，K 值越大，表示正反应进行的程度越大，由 K 值及反应物组成等条件，可求得生成物组成和转化率，其大小表示了反应进行的程度或限度。K 值不因浓度的改变而改变，但随温度的变化而变化，对某一反应来说，一定温度下，平衡常数 K 保持为定值。

三、化学反应平衡移动分析

在一定条件下建立起来的化学反应平衡，其正反应速率等于逆反应速率。但当体系的外界条件（压力、温度等）改变时，由于对正、逆反应速率产生不同程度的影响，结果使正、逆反应速率不再相等，平衡就遭破坏，反应就会向着某一方向进行，直到在新的条件下正、逆反应速率重新相等，体系又建立了新的平衡。这种因外界条件改变使可逆反应从一种平衡

状态向另一种平衡状态转变的过程称为化学平衡的移动。平衡移动的结果，体系中各物质的浓度（或分压）就会发生相互变化。如果生成物浓度（或分压）增大，反应物浓度（或分压）减小，这种情况称为平衡向右移动；反之，称平衡向左移动。平衡移动在工业生产中的实际意义是：可以人为地选择适宜的操作条件，使化学反应尽可能向生成物方向移动。

化学反应平衡移动，可用一条普遍的规律来表示：假如改变平衡体系的条件之一（例如，浓度、压力或温度），平衡就向能减弱这个改变的方向移动。这个规律叫做吕·查德里原理。吕·查德里原理是一条普遍规律，根据此原理可以用来判断平衡移动的方向。它适用于所有的动态平衡（包括物理平衡，例如冰和水的平衡等）。但必须指出，它只能应用于已达到平衡的体系，而不适用于尚未达到平衡的体系。当外界条件变化时，化学平衡移动情况如表 1-4 所示。

表 1-4　外界条件变化时化学平衡移动情况

条件变化	平衡移动方向	移动原因
温度升高	吸热方向	吸热反应吸收热量，削弱温度升高的影响
温度下降	放热方向	放热反应放出热量，补偿了温度的下降
压力升高	物质的量减少方向	使总压下降，削弱了压力升高的影响
压力下降	物质的量增加方向	使总压升高，削弱了压力下降的影响
反应物浓度升高	向“右”移动	正反应发生，产物增加而减少反应物浓度
产物浓度升高	向“左”移动	逆反应发生，减少了产物浓度

热力学只研究了反应的方向和限度，而一个反应要实现工业化，必须满足单位时间的生产量。若单位时间的生产量很小，即使有再高的转化率，实际生产没有意义，而单位时间生产量取决于化学反应速率。

第四节　生产过程动力学分析

化学反应动力学主要研究化学反应的速率与机理，以及影响反应速率各种因素。当人们想要以某些物质为原料合成新的化学产品时，首先要对该过程进行热力学分析，得到过程可能实现的肯定性结论后，再作动力学分析，得到各种因素对实现这一生产过程的速率的影响规律。最后，从热力学和动力学两方面综合考虑，选择该反应的最佳工艺操作条件及进行反应器的选型与设计。

不同的化学反应，反应速率不同，同一反应的速率也会因条件的不同而差异很大。例如氢和氧化合成水，热力学分析该反应是可行的，但在常温下，反应速率太慢，没有反应产物的出现。而二氧化氮生成四氧化二氮的反应，虽然从热力学分析该反应的可能性很小，但实际反应速率却大到无法测定的程度。同一套化工、制药生产装置，如果反应速率加快若干倍，单位时间内的产量就有可能提高若干倍，这对企业的经济效益无疑具有极大的影响。因此如何通过改变化学反应的条件，使反应的速率加快，以满足工业生产的要求，是工业化关心的问题。

影响反应速率的因素是复杂的，其中有一些是在已有的生产装置中不便调节的，如反应器的结构、形状、大小等因素，在生产过程中已经确定。另一些因素如温度、压力、原料浓度和原料在反应区的停留时间等，在生产过程中可调节，可以达到改变化学反应速率的目的。此外，催化剂则是提高反应速率的一种最常用、也是很有效的办法。例如在常温下，氢和氧化合成水的反应速率是非常小的，但当有钯粉或105催化剂（以分子筛为载体的钯催化剂）存在时，常温、常压下氢气和氧气就可以迅速化合成水。一般情况下，温度和催化剂对速率的影响最大。

一、温度对化学反应速率的影响

对于大多数化学反应，无论是放热反应还是吸热反应，温度升高反应速率明显增大。例如，食物在夏天比在冬天更易腐烂变质；氢和氧在常温下，几年甚至几十年都观察不到水的生成，但在600℃时反应迅速进行，甚至发生爆炸。

化学反应产生的先决条件是反应物分子之间要相互碰撞，但不是每次碰撞都会发生反应。以气体间反应来说，一定温度下，只有极少数具有的能量比平均值高得多的分子，碰撞才可能发生反应，这些分子称为活化分子。活化分子具有的最低能量与反应物分子的平均能量之差，称为反应的活化能。每一个反应都有其特定的活化能，反应活化能的大小决定于反应的本性。反应的活化能越大，意味着发生化学反应所需能量越大，活化分子数越少，反应速率就越小；反之，反应的活化能越小，意味着发生化学反应所需能量越小，活化分子数越多，反应速率就越大。升高温度，一些分子获得能量成为活化分子，活化分子数增加，反应速率增大。实验测得，大多数化学反应的活化能在60～250kJ/mol之间。活化能小于40kJ/mol的反应，可在瞬间完成；活化能大于400kJ/mol的反应，其反应进行得很慢。

在大量实验的基础上，瑞典化学家阿伦尼乌斯提出了温度和反应速率常数之间的经验关系式，称为阿伦尼乌斯方程式。

$$k=A\mathrm{e}^{E_a/RT}$$

式中　A——给定反应的特征常数；

e——自然对数的底；

E_a——反应的活化能，kJ/kmol；

T——热力学温度；

R——摩尔气体常数，8.314J/(kmol·K)。

由于k和T是一个指数关系，所以T的微小改变将会使k发生显著的变化。反应的活化能越大，速率常数k随温度升高而增大的幅度越大。即活化能越大的反应，温度对反应速率的影响越大。

二、浓度对化学反应速率的影响

根据反应平衡移动原理，反应物浓度越高，越有利于平衡向产物方向移动。当有多种反应物参加反应时，往往使价廉易得的反应物过量，从而可以使价格高或难以得到的反应物更多地转化为产物，以提高其利用率。

由质量作用定律知道，反应物浓度愈高，反应速率愈快。一般在反应初期，反应物浓度高，反应速率快，随着反应的进行，反应物逐渐消耗，反应速率逐渐下降。

提高浓度的方法有：对于液相反应，采用能提高反应物溶解度的溶剂，或者在反应中蒸发或冷冻部分溶剂等；对于气相反应，可适当加压或降低惰性物的含量等。

对于可逆反应，可不断采出生成的产物、增大反应物的浓度，使反应远离平衡，既保持了高速率，又使平衡向产物方向移动，这对于受平衡限制的反应，是提高产率的有效方法之一。

三、催化剂对化学反应速率的影响

增加反应物浓度可加快反应速率，但此方法受到溶解度的限制。如果是气态反应，提高压力又需耐高压的设备。升高温度可加快反应速率，但高温可能产生副产物或使生成物分解，同时还需耐高温的设备。使用催化剂是提高反应速率的有效途径。据统计，目前化工生产中 80%以上的反应使用了催化剂。

通常情况下 H_2O_2 的分解反应十分缓慢，但若加入少量的固体 MnO_2，反应就迅猛发生，反应前后 MnO_2 的质量和性质都不发生变化。通常把这种能显著加快反应速率，而本身的质量和性质在反应前后保持不变的物质称为正催化剂，即通常所说的催化剂。催化剂之所以能提高反应速率，是因为催化剂能改变反应历程，降低反应活化能，从而使反应加快，如表 1-5 所示。

表 1-5　催化反应与非催化反应活化能的比较

反应	活化能 E_a/(kJ/mol)		催化剂
	非催化剂反应	催化剂反应	
碘化氢分解	184.1	104.6	Au
氧化氮分解	244.8	134.0	Pt
乙醛分解	190.2	136.8	I
合成氨	334.9	167.4	Fe

催化剂既能加快正向反应速率，也能加快逆向反应的速率，从而缩短化学反应达到平衡的时间，但催化剂不能改变平衡的状态，因此，实际生产中在寻找催化剂以前，应进行热力学分析，如果热力学认为不可能的反应，就不必再去浪费精力寻找催化剂了。

催化剂具有特殊的选择性，不同类型的反应，需要选择不同的催化剂。同一种反应物使用不同的催化剂，可以得到不同的产物。催化剂特殊的选择性，不仅可以合成多种多样的产品，而且抑制不必要的副反应，有选择性的合成目的产品，节省原材料，在工业上具有特别重要的意义。催化反应中，微量杂质能使催化剂的催化活性降低甚至丧失，这种现象叫催化剂中毒。因此催化反应中，必须保证原料的纯净，满足催化剂对有害物质含量的要求。

第五节　工艺条件分析

若要实现最少的原料消耗得到最多的目的产品，必须分析影响工艺过程的基本因素，选择和确定最佳的工艺操作条件，以实现化工生产的最佳效果。影响反应的因素是多方面的，有温度、压力、原料配比、催化剂、反应器形式与结构等。不同的反应过程，其影响也不尽相同。本节主要讨论一些基本工艺条件的一般选择方法。

一、温度

化学反应的速率都与温度密切相关，很多化学反应的速率，每升温 10℃，就要加快 1 倍。温度的变化同时影响其他工艺参数，如压力、转化率等。同样的反应使用不同的催化剂，需要控制的温度也不同。因此，温度的控制是保证生产过程正常进行与安全运行的重要环节。

温度的选择要根据催化剂的使用条件，在其催化活性温度范围内，结合操作压力、空间速度、原料配比和安全生产的要求及反应的效果等，综合考虑后经实验和生产实际的验证后方能确定。

提高反应温度可以加快化学反应的速率，且温度升高会更有利于活化能较高的反应。由于催化剂的存在，主反应一定是活化能最低的。由于受到设备材质的限制，所以在实际生产上，用升温的方法来提高化学反应的速率应有一定的限度，只能在有限的适宜范围内使用。

从温度变化对催化剂性能和使用的影响来看，对某一特定产品的生产过程，只有在催化剂能正常发挥活性的起始温度以上，使用催化剂才是有效的，因此，适宜的反应温度必须在催化剂活性的起始温度以上、催化剂的最大耐热温度以下。达到催化剂使用的终极温度时，催化剂会完全失去活性，因而催化剂床实际操作温度应高于催化剂的活性起始温度 20～30℃，最高点温度应低于催化剂的耐热温度。随着催化剂使用时间的增长，为提高催化剂的活性，可适当提高整个催化床的操作温度。

从温度对反应效果的影响来看，在催化剂适宜的温度范围内，当温度较低时，由于反应速率慢，原料转化率低，但选择性比较高；随着温度的升高，反应速率加快，可以提高原料的转化率。然而由于副反应速率也随温度的升高而加快，致使选择性下降，且温度越高选择性下降得越快。一般，在温度较低时，随温度的升高，转化率上升，单程收率也呈现上升趋势，若温度过高，会因为选择性下降导致单程收率也下降。因此，升温对提高反应效果有好处，但不宜升得太高，否则反应效果反而变差，而且选择性的下降还会使原料消耗量增加。

此外，适宜温度的选择还必须考虑设备材质等因素的约束。如果反应吸热，提高温度对热力学和动力学都是有利的。出于工艺上的要求，有的为了防止或减缓副反应，有的为了提高设备生产强度，希望反应在高温下进行，此时，必须考虑材质承受能力，在材质的约束下选择。

二、压力

在生产中压力是重要的操作参数之一。反应物料的聚集状态不同，压力对其的影响也不同。压力对于液-液相、液-固相反应的影响较小，所以反应多在常压下进行。对于气-液相反应，为了维持反应在液相中进行而略增加压力。气体可压缩性很大，因此压力对气相反应的影响比较大。

压力的选择应根据催化剂的性能要求，以及化学平衡和化学反应速率随压力变化的规律来确定。在选择系统压力时，要立足于系统，不能仅考虑一个反应过程，而要考虑全部反应过程；还要考虑净化、分离过程，当两者发生矛盾时，应以系统最优（投资、成本、单耗、效益等）决定弃取。还要考虑物料体系有无爆炸危险，确保生产安全进行。

对于气相反应，增加压力可以缩小气体混合物的体积，从化学平衡角度看，对分子数减少的反应是有利的。对于一定的原料处理量，意味着反应设备和管道的容积都可以缩小；对于确定的生产装置来说，则意味着可以加大处理量，即提高设备的生产能力，这对于强化生产是有利的。但随着反应压力的提高，一是对设备的材质和耐压强度要求高，设备造价和投资自然要增加；二是需要设置压缩机对反应气体加压，能量消耗增加很多。此外，压力提高后，对有爆炸危险的原料气体，其爆炸极限范围将会扩大。因此，安全条件要求就更高。

三、原料配比

原料配比是指化学反应有两种以上的原料时，原料的摩尔（或质量）比，一般多用原料摩尔比表示。原料配比应根据反应物的性能、反应的热力学和动力学特征、催化剂性能、反应效果及经济核算等综合分析后予以确定。

原料配比对反应的影响与反应本身的特点有关。如果按化学反应方程式的化学计量关系进行配比，在反应过程中原料的比例基本保持不变，是比较理想的。但根据反应的具体要求，还应结合下述情况分析确定。

从化学平衡的角度看，两种以上的原料中，任意提高任一种反应物的浓度（比例），均可达到提高另一种反应物转化率的目的。从反应速率的角度分析，若反应速率与该反应物的浓度无关，不必采用过量的配比；若反应速率随某反应物的浓度的增加而加快，可以考虑过量操作。

在提高某种原料配比时，还应注意到该种原料的转化率会下降。由于化学反应严格按反应式的化学计量比例进行，因而该种过量的物料随反应进行程度的加深，其过量的倍数就越大。这就要求在分离反应物后，实现该种物料的循环使用，以提高其总转化率与生产的经济性，即须经过对比试验，从反应效果和经济效果综合权衡来确定。

如果两种以上的原料混合物属爆炸性混合物，则首要考虑的问题是其配比应在爆炸范围之外，以保证生产的安全进行。

思考题

1-1　组成化工、制药生产过程的主要内容包括哪些？

1-2　何谓转化率？单程转化率与总转化率有何区别？

1-3　对于复杂反应为何需要同时考虑转化率和选择性？

1-4　从化学平衡移动的原理定性分析确定有利于甲醇生成的工艺条件的原则？

1-5　影响化学反应速率的因素有哪些？温度影响化学反应速率有何规律？

1-6　温度、压力、原料配比对工艺条件影响各有什么共同的规律？应根据什么原则来选择温度、压力和原料配比的最佳控制范围？

第二章

流体输送及机械

第一节 概 述

一、流体输送在化工与制药生产中的应用

流体是指具有流动性的物体，包括液体和气体。在化学与制药生产过程中所处理的物料，大多都是流体，包括原料、半成品和成品等。生产中需要将这些物料从一个车间输送到另一个车间，从一个设备输送到另一个设备。另外，设备中的传热、传质以及化学反应都是流体在流动中进行。为了完成流体的输送，需要解决流体管路的配置，流量、压力等参数的测量，输送流体所需能量的测定和输送设备选用等技术问题。因此，流体输送对保证生产过程的正常进行是十分重要的。

二、化工与制药生产过程中流体输送的实例

图 2-1 为氯碱厂电解食盐水工序的工艺流程。

自盐水工序送来的精盐水进入高位槽 1，从高位槽底部出来的盐水经盐水预热器 2 送入电解槽 3。电解槽中阳极生成的氯气从电解槽顶逸出，送入氯气处理工序，阴极生成的氢气送入氢气处理工序。生成的碱液汇集到碱液贮槽 4，经碱液泵 5 送至碱液蒸发工序。

图 2-2 为制药厂阿司匹林生产工艺流程简图。

醋酐、水杨酸加入酰化釜进行酰化反应生成乙酰水杨酸，反应后的料液在抽真空状态下进入结晶釜在低温下结晶，液固混合物在位差作用下流入离心机过滤，湿品阿司匹林送去干燥，过滤后的母液进入母液贮槽，经母液泵加压后送入酰化釜循环使用。

三、常见流体输送方式

1. 高位槽送料

利用位差，将处在高位设备内的液体送到低位设备的操作称为高位送料。高位槽送料不仅完成了流体的输送，还节省了能量。如图 2-1 的盐水高位槽，保证了盐水连续稳定地送入

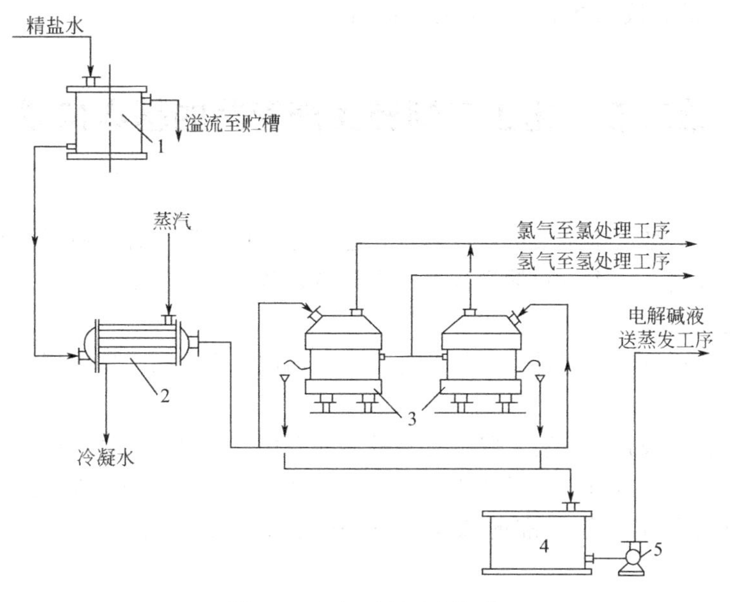

图 2-1　电解工序工艺流程

1—盐水高位槽；2—盐水预热器；3—电解槽；4—碱液贮槽；5—碱液泵

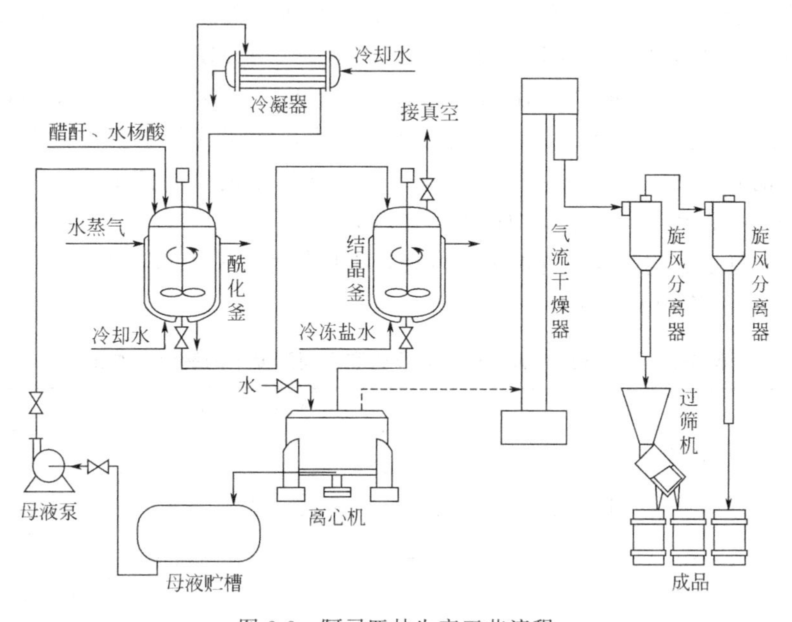

图 2-2　阿司匹林生产工艺流程

盐水预热器中。

2. 输送机械送料

借助流体输送机械将流体从一个设备输送到另一个设备是工业中最常见的输送方式。按输送物料的状态又分为气体输送机械和液体输送机械。图 2-1 的碱液泵、图 2-2 的母液泵通过电能完成流体的输送。

3. 真空抽料

通过真空系统造成的负压把流体从一个设备输送到另一个设备的操作称为真空抽料。图

2-2 中酰化釜反应的料液在真空状态下流入结晶釜。

第二节　化工与制药生产管路的基本构成

生产管路是生产装置中重要的组成部分，它就像“血管”一样，将机器与设备连接在一起，从而保证流体能从一个设备输送到另一个设备，从一个车间输送到另一个车间，保证生产过程的正常进行。

化工管路通常由管道、管件、阀门几部分连接而成，也包括一些附属于管路的管架、管卡、管撑等附件。

为了便于管道的设计和安装，降低管路的维修费用，管道、管件和阀门的生产厂家都是按国家制定的管路标准进行大批量的生产，设计和使用单位只需按标准去选用。其中，压力标准与直径标准是制定其他标准的依据，也是选择管道、管件、阀门、法兰、垫片等的依据。

一、公称压力与公称直径

公称压力一般是指工作介质的温度在 0～120℃范围内的最高允许工作压力。公称压力用符号 PN 表示，比如 PN2.45MPa，表示公称压力为 2.45MPa。工作压力用符号 p 表示，常在 p 的右下角标注介质最高工作温度除以 10 后所得整数，比如 p_{40} 3.0MPa，表示在 400℃下，工作压力是 3.0MPa。管路的实际工作压力应小于或等于公称压力。因管材的机械强度随温度的升高而下降，所以最大工作压力应随温度的升高而下降。表 2-1 为碳钢管道、管件的公称压力和不同温度下的最大工作压力。

公称直径是管道、阀门及管件的名义内径，常用符号 DN 表示，单位为 mm。例如公称直径为 200mm 的管道用 DN200 表示。

表 2-1　碳钢管道、管件的公称压力和不同温度下的最大工作压力

公称压力/MPa	试验压力(用低于100℃的水)/MPa	介质工作温度/℃						
		至 200	250	300	350	400	425	450
		最大工作压力/MPa						
		p_{20}	p_{25}	p_{30}	p_{35}	p_{40}	p_{42}	p_{45}
0.10	0.20	0.10	0.10	0.10	0.07	0.06	0.06	0.05
0.25	0.40	0.25	0.23	0.20	0.18	0.16	0.14	0.11
0.40	0.60	0.40	0.37	0.33	0.29	0.26	0.23	0.13
0.60	0.90	0.60	0.55	0.50	0.14	0.38	0.35	0.27
1.00	1.50	1.00	0.92	0.82	0.73	0.64	0.58	0.43
1.60	2.40	1.60	1.50	1.30	1.20	1.00	0.90	0.70
2.50	3.80	2.50	2.30	2.00	1.80	1.60	1.40	1.10
4.00	6.00	4.00	3.70	3.30	3.00	2.80	2.30	1.80
6.30	9.60	6.30	5.90	5.20	4.70	4.10	3.70	2.90
10.00	15.00	10.00	—	8.20	7.20	6.40	5.80	4.30

续表

公称压力/MPa	试验压力(用低于100℃的水)/MPa	介质工作温度/℃						
		至 200	250	300	350	400	425	450
		最大工作压力/MPa						
		p_{20}	p_{25}	p_{30}	p_{35}	p_{40}	p_{42}	p_{45}
16.00	24.00	16.00	14.70	13.10	11.70	10.20	9.30	7.20
20.00	30.00	20.00	18.40	16.40	14.60	12.80	11.60	9.00
25.00	35.00	25.00	23.00	20.50	18.20	16.00	14.50	11.20
32.00	43.00	32.00	29.40	26.20	23.40	20.50	18.50	14.40
40.00	52.00	40.00	36.80	32.80	29.20	25.60	23.20	18.00
50.00	62.50	50.00	46.00	41.00	36.50	32.00	29.00	22.50

管道的公称直径既不是其内径，也不是其外径，而是小于管子外径的一个数值。管子的公称直径一定，其外径也就确定，但内径随管道壁厚而变。表 2-2 为无缝钢管的公称直径和外径。

表 2-2　无缝钢管的公称直径和外径　　单位：mm

公称直径	10	15	20	25	32	40	50	65	80	100	125
外径	14	18	25	32	38	45	57	76	89	108	133
壁厚	3	3	3	3.5	3.5	3.5	3.5	4	4	4	4
公称直径	150	175	200	225	250	300	350	400	450	500	
外径	159	194	219	245	273	325	377	426	480	530	
壁厚	4.5	6	6	7	8	8	9	9	9	9	

二、管路的选择

化工、制药厂所用的管道种类繁多，按制作材料可分为金属材料和非金属材料两大类，金属材料又可分为钢管、铸铁管和有色金属管。

① 输送水、煤气、暖气、压缩空气、低压蒸汽以及无腐蚀性的流体时，可选用由低碳钢焊接而成的由缝钢管，易于加工制造，成本较低。

② 化工厂内的给水总管，煤气管及污水管等，某些用来输送碱液及浓硫酸的管道可使用铸铁管。铸铁管价廉而耐腐蚀，但强度低、紧密性差，不能用来输送带压力的蒸汽、爆炸性及有毒性气体。

③ 输送有毒、易燃易爆、强腐蚀性流体时，可选用无缝钢管。无缝钢管无接缝，质地均匀、强度高、壁厚、规格齐全，能用于各种温度和压力下流体的使用。

④ 对于浓硝酸、浓硫酸、甲酸、醋酸、硫化氢及二氧化碳等酸性介质的输送管道，可以选择铝管。但铝管不可用于输送盐酸、碱液及其他含氯离子的化合物；当温度超过 160℃时，不宜在较高压力下进行，最高使用温度为 200℃。

⑤ 输送稀硫酸、稀盐酸、60%以下的氢氟酸、80%以下的醋酸及干或湿的二氧化硫气体的管道，可选用铅管。缺点是机械强度差、笨重且性软，其工作温度不能高于 100℃。

⑥ 油压系统、润滑系统、仪表的取压管线、深冷装置管路通常选用铜管。

⑦ 对于压力低于 196kPa 和温度低于 150℃的腐蚀性流体的输送，还可选用陶瓷管，但不能用于氢氟酸的输送。

⑧ 对于低温低压的某些管道也可以选用塑料管。塑料的管材有酚醛树脂、聚氯乙烯、聚乙烯及四氟乙烯等。

对于制药工业生产，应遵守以下规定：

⑨ 纯水、注射用水及各种药液的输送常采用不锈钢管和无毒聚乙烯管。引入洁净室各支管宜用不锈钢管。输送低压液体物料常用无毒氯乙烯管，这样既可观察内部料液的情况，又利于拆装和灭菌。

⑩ 输送无菌介质的管道应有可靠的灭菌措施，且不能出现无法灭菌的“盲区”。输送纯水、注射用水的主管宜布置成环形，以避免出现盲管等死角。

三、管件的选择

用来连接管道、改变管路方向和直径的管路附件统称为管件。各种管件的名称如图 2-3 所示。

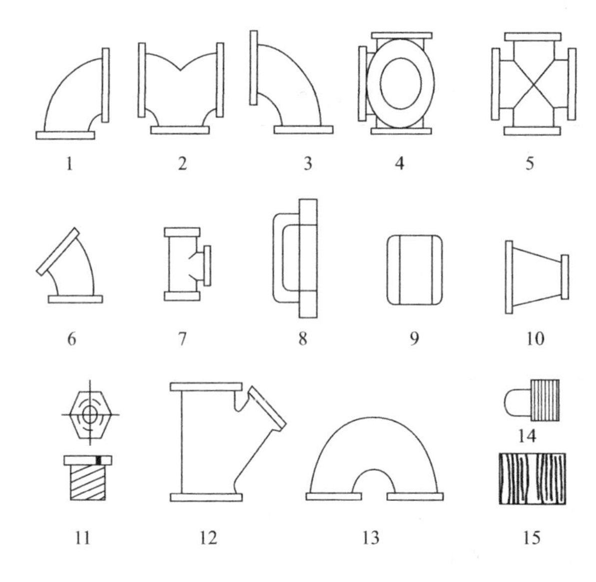

图 2-3 管件

1—90°肘管或弯头；2—双曲肘管；3—长颈肘管；4—偏面四通管；5—四通管；6—45°肘管或弯头；7—三通管；8—管帽；9—束节或内牙管；10—缩小连接管；11—内外牙管；12—Y 形管；13—回弯头；14—管塞；15—外牙管

① 改变管路方向，可选用 90°肘管或弯头、长颈肘管、45°肘管或弯头、回弯头。

② 直径不同的管道连接时，可选用缩小连接管、内外牙管、Y 形管。

③ 连接管路支管时，可选用双曲肘管、偏面四通管、四通管、三通管、Y 形管。

④ 直径相同的管道连接时，可用束节或内牙管及外牙管。

四、阀门的选择

阀门在管路中用作流量调节、切断或切换管路以及对管路起安全作用的部件。

(1) 在输送管路中，用于截断或接通介质流体时可选用截断阀类。包括闸阀、球阀、旋塞等。

图 2-4 为闸阀的结构示意图。闸阀体内有一与介质的流动方向垂直的平板阀芯，利用阀芯的升起或落下可实现阀门的启闭。闸阀一般不用于流量调节，也不适用于含固体杂质的介质。

图 2-5 为球阀的结构示意图。球阀体内有一可绕自身轴线 90°旋转的球形阀瓣，阀瓣内没有通道。球阀操作方便，旋转 90°即可启闭，可用于浆料和黏稠介质。

(2) 需要对介质的流量、压力大小进行调节时可选用调节阀。调节阀的工作原理是靠改变阀门阀瓣与阀座间的流通面积，达到调节参数的目的。调节阀主要有截止阀、减压阀、节流阀等。

图 2-6 为截止阀的结构示意图。截止阀的阀座与流体的流动方向垂直，流体向上流经阀座时要改变流动方向，因而流动阻力较大，常用于流体的流量调节，但不易于高黏度或含固体颗粒的介质，也不宜用作放空阀或真空系统阀门。

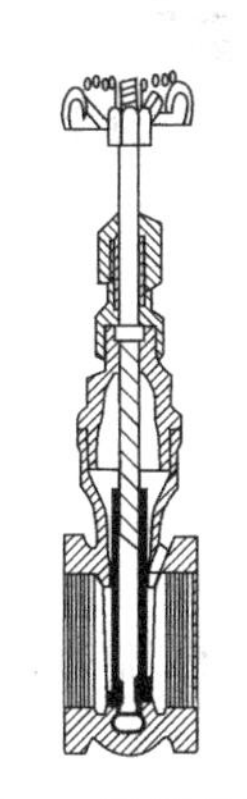

图 2-4 闸阀的结构

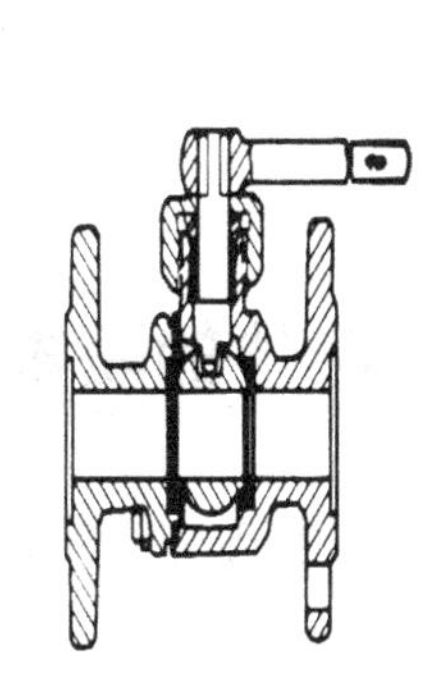

图 2-5 球阀的结构

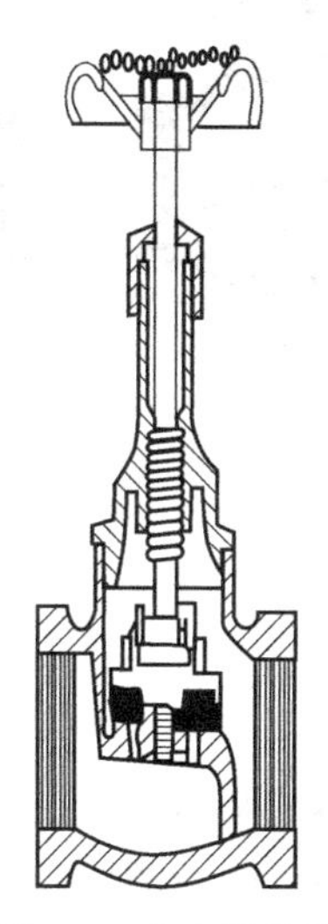

图 2-6 截止阀结构

根据调节阀中改变阀门阀瓣与阀座间的流通面积的原理不同，可分为手动调节阀和自动调节阀两类。

自动调节阀分为自动驱使控制阀和他动驱使控制阀两类。自驱使控制阀依靠介质本身动力驱动，如减压阀、稳压阀、安全阀等。他动驱使控制阀是依靠电力、压缩空气、液动力等实现压力、流量等参数的控制，如气动调节阀、电动调节阀和液动调节阀等。图 2-7 为几种典型的自动调节阀。

(3) 当管路系统中必须阻止介质倒流时，应设置止回阀。止回阀又称单向阀，其作用只

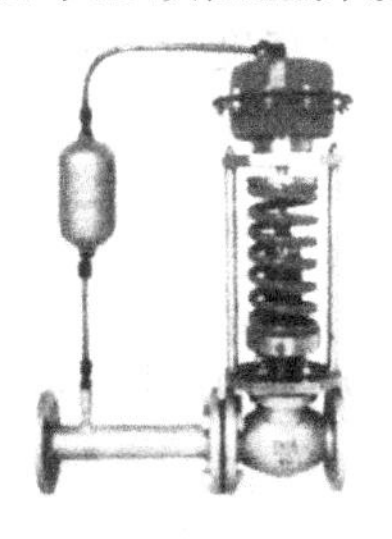

(a) 自动式压力调节阀

(b) 气动调节截止阀

(c) 电动调节截止阀

图 2-7 几种典型的自动调节阀

允许介质向一个方向流动，且阻止反方向流动，如图 2-8 所示。止回阀体内有一圆盘或摇板，当介质顺流时，阀盘或摇板即升起打开；当介质倒流时，阀盘和摇板自动关闭。止回阀一般不宜用于高黏度或含固体颗粒的介质。

(4) 对于介质超压时的安全保护作用，可选用安全阀。安全阀是用来防止管路中的压力超过规定指标的装置。当工作压力超过规定值时，阀门可自动开启，以达到泄压目的，当压力复原后，又自动关闭，用以保证化工生产的安全。安全阀可分为弹簧式和重锤式两种类型。弹簧式安全阀如图 2-9 所示。当管内压力超过弹簧的弹力时，阀门被介质顶开，管道内流体流出，压力降低；当管道内压力降到与弹簧压力平衡时，阀门则重新关闭。

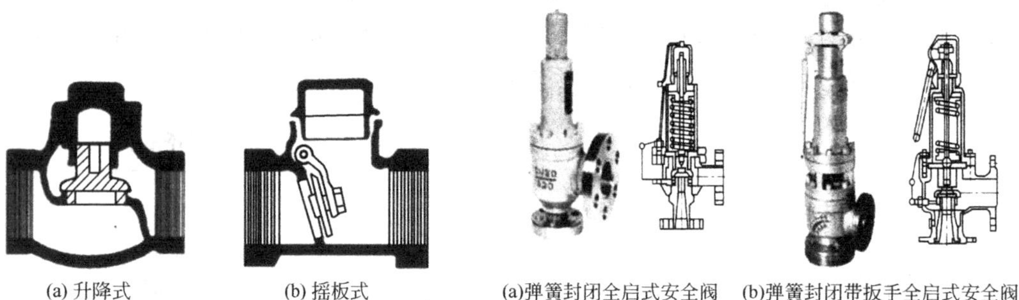

(a) 升降式　(b) 摇板式

图 2-8　止回阀的结构

(a)弹簧封闭全启式安全阀　(b)弹簧封闭带扳手全启式安全阀

图 2-9　弹簧式安全阀

第三节　流体的基本性质

流体的基本性质主要包括密度、压力、黏度等，这些性质不仅决定流体流动状态，也影响流体输送的经济性。

一、密度

1. 密度

单位体积流体所具有的质量，称为流体密度，以 ρ 表示，单位为 kg/m^3。若以 m 代表体积为 V 的流体的质量，则

$$\rho=\frac{m}{V} \tag{2-1}$$

2. 相对密度

一定温度下，某液体的密度 ρ 与 4℃（277K）时纯水的密度 $\rho_{水}$ 的比值称为该液体的相对密度，以 d_{277}^{T} 表示，无单位。即

$$d_{277}^{T}=\frac{\rho}{\rho_{水}} \tag{2-2}$$

因为水在 4℃时的密度为 $1000kg/m^3$，所以由式（2-2）知 $\rho=1000d_{227}^{T}$。

3. 密度的求取

流体的密度一般可在有关手册中查得。

任何流体的密度，都随它的温度和压力而变化。但压力对液体的密度影响很小，可忽略

不计，故常称液体为不可压缩的流体。温度对液体的密度有一定的影响，如纯水的密度在4℃时为1000kg/m³，而在20℃时则为998.2kg/m³。因此，在查取液体密度数据时，要注意该液体的温度。

气体具有可压缩性及热膨胀性，其密度随压力和温度的不同有较大的变化，因此在查取气体的密度时必须注意温度和压力。当查不到某一流体的密度时，可用公式进行计算。

二、压力

1. 流体静压力

流体垂直作用于单位面积上的力称为流体的静压力，简称为压强或压力，以符号 p 表示。若以 F（N）表示流体垂直作用在面积 A（m^2）上的力，则

$$p=\frac{F}{A} \tag{2-3}$$

压力的单位是 N/m^2，也称为帕斯卡（Pa）。

工程上习惯称为压力，本书中无特别说明，一律称为压力。

压力的大小也常以流体柱高度表示，如米水柱（mH_2O）和毫米汞柱（mmHg）等。若流体的密度为 ρ，则液柱高度 h 与压力 p 的关系为

$$p=\rho hg \tag{2-4}$$

或

$$h=\frac{p}{\rho g}$$

用液柱高度表示压力时，必须注明流体的名称，如 $10mH_2O$、760mmHg 等。

压力的单位，除采用法定计量单位制中规定的 Pa 外，有时还采用历史上沿用的 atm（标准大气压）、at（工程大气压）、kgf/cm^2 等压力单位，它们之间的换算关系为：

$$1atm=1.033kgf/cm^2=760mmHg=10.33\ mH_2O=1.0133\times10^5Pa$$

$$1at=1kgf/cm^2=735.6mmHg=10\ mH_2O=9.807\times10^4Pa$$

2. 绝对压力、表压力和真空度

流体压力的大小除了用不同的单位计量以外，还可以用不同的基准来表示：一是绝对真空；另一是大气压力。以绝对真空为基准测得的压力称为绝对压力，简称绝压，它是流体的真实压力。以大气压力为基准测得的压力称为表压力或真空度。

流体压力可用测压仪表来测量，当被测流体的绝对压力大于外界大气压力时，所用的测压仪表称为压力表。压力表上的读数表示被测流体的绝对压力比大气压力高出的数值，简称表压。

绝对压力＝大气压力＋表压力

当被测流体的绝对压力小于外界大气压力时，所用的测压仪表称为真空表。真空表上的读数表示被测流体的绝对压力低于大气压强的数值，称为真空度。

真空度＝大气压力－绝对压力

显然，设备内流体的绝对压力愈低，则它的真空度就愈高，真空度的最大值等于大气压。

绝对压力、表压力与真空度之间的关系，可以用图2-10表示。

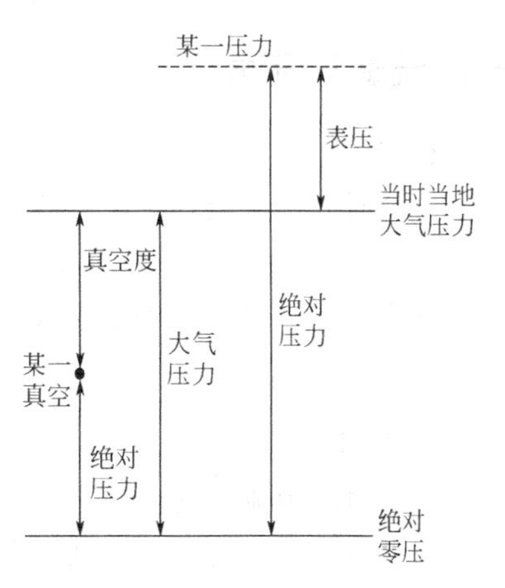

图2-10　绝对压力、表压和真空度的关系

应当指出，大气压力不是固定不变的，它随大气的温度、湿度和所在地区的海拔高度而变化，计算时应以当时当地气压计上的读数为准。另外为了避免绝对压力、表压力和真空度三者相互混淆，在以后的讨论中规定，对表压力和真空度均加以标注，如 200kPa（表压）、53kPa（真空度）等。

【例 2-1】 某精馏塔塔顶操作压力须保持 5332Pa 绝对压力。试求塔顶真空计应控制在多少 mmHg？若（1）当时当地气压计读数为 756mmHg；（2）当时当地气压计读数为 102.6kPa。

解 真空度＝大气压力－绝对压力　　查得 1mmHg＝133.3Pa

（1）情况下的真空度：756－5332/133.3＝716（mmHg）

（2）情况下的真空度：102.6×1000/133.3－5332/133.3＝730（mmHg）

三、黏度

流体流动时产生内摩擦力的性质称为黏性，衡量流体黏性大小的物理量称为动力黏度或绝对黏度，简称黏度，用符号 μ 表示，是流体的物理性质之一。黏度的大小实际上反映了流体流动时内摩擦力的大小，流体的黏度越大，流体流动时内摩擦力越大，流体的流动阻力越大。

流体的黏度主要与温度有关。液体的黏度随温度升高而减小，气体的黏度则随温度升高而增大。压力变化时，液体的黏度基本不变；气体的黏度随压力的增加而增加得很少，在一般工程计算中可忽略，只有在极高或极低的压力下，才需要考虑压力对气体黏度的影响。

流体的黏度可从有关手册中查得。在 SI 单位制中，黏度的单位是 Pa·s，在物理单位制中常用 P（泊）或 cP（厘泊）表示，它们的换算关系为

$$1\text{Pa}\cdot\text{s}=10\text{P}=1000\text{cP} \text{ 或者 } 1\text{cP}=1\text{mPa}\cdot\text{s}$$

在工业生产中常遇到各种流体混合物，在缺乏实验数据时，可参阅有关资料以选用适当的经验公式进行估算。

第四节　流体运动的基本规律

一、流量与流速

1. 流量

单位时间内流经管道任一截面的流体量，称为流量。若流量用体积来计量，则称为体积流量，以 q_V 表示，其单位为 m^3/s。若流量用质量来计量，则称为质量流量，以 q_m 表示，其单位为 kg/s。体积流量和质量流量的关系为

$$q_m=q_V\rho \tag{2-5}$$

2. 流速

单位时间内流体在流动方向上所流过的距离，称为流速，以 u 表示，其单位为 m/s。实验表明，流体流经管道任一截面上各点的流速是不同的，管道中心处流速最大，越靠近管壁流速越小，在管壁处流速为零。流体在管道截面上的速度分布较为复杂，在工程计算中为方便起见，流体的流速通常是指整个管截面上各点速度的平均值，一般以流体的体积流量除以

管路的截面积所得的值来表示。此种速度称为平均流速，简称流速。其表达式为

$$u=\frac{q_V}{A}=\frac{q_m}{\rho A} \tag{2-6}$$

式中 A——与流体流动方向相垂直的管道截面积，m^2。

由于气体的体积流量随温度和压力而变化，显然气体的流速亦随之而变。因此，对气体的计算采用质量流速就较为方便。质量流速的定义是单位时间内流体流过管道单位截面积的质量，用 G 表示，单位为 $kg/(m^2 \cdot s)$，其表达式为

$$G=\frac{q_m}{A}=\frac{q_V\rho}{A}=u\rho \tag{2-7}$$

3. 流量方程式

式（2-7）可改写为

$$q_V=uA \tag{2-8}$$

$$q_m=q_V\rho=uA\rho \tag{2-9}$$

式（2-8）、式（2-9）称为流量方程式。它表明了流量、流速和管路截面三者之间的关系。根据流量方程式可以计算流体在管路中的流量、流速和管路的直径。

4. 管路直径的估算

一般管路的截面为圆形，若以 d 表示管道的内径，则管道截面积 $A=\frac{\pi}{4}d^2$，代入流量方程式，得

$$d=\sqrt{\frac{4q_V}{\pi u}}=\sqrt{\frac{4q_m}{\pi u\rho}} \tag{2-10}$$

由上式可知，当流量一定时要确定管径，必须选定流速。流速越大，则管径越小，可以节省设备费用，但流体流动时的阻力增大，会消耗更多的动力，增加了日常操作费用。反之，流速越小，则管径越大，虽然减少日常操作费用，但生产能力降低，达到相同生产能力，设备费用增加。所以流速不宜过大或过小。最适宜的流速应使设备费用和操作费用之和为最小。适宜的流速可从手册中查取，表 2-3 列出了某些流体在管道中的适宜流速范围，可供参考。

表 2-3 某些流体在管道中的适宜流速范围

流体种类及状况	流速范围/(m/s)	流体种类及状况	流速范围/(m/s)
水及一般液体	1～3	易燃、易爆的低压气体(如乙炔等)	<8
黏度较大的液体	0.5～1	饱和水蒸气：0.8MPa 以下	40～60
低压气体	8～15	0.3MPa 以下	20～40
压力较高的气体	15～25	过热水蒸气	30～50

由于管径已标准化，所以应将计算得到的管径再圆整到标准规格。

【例 2-2】 某水管的流量为 $45m^3/h$，试选择该管路普通级水管型号。

解 已知 $q_V=\frac{45}{3600}m^3/s$，选适宜流速 $u=1.5m/s$，代入下式得

$$d=\sqrt{\frac{4q_V}{\pi u}}=\sqrt{\frac{4\times 45}{3600\times\pi\times 1.5}}=0.103(m)=103(mm)$$

参阅本书附录，管子规格中没有内径正好为 103mm 的，所以选用 DN100mm（或称 4

英寸）的水管，其外径为114mm，壁厚为4mm，内径为114－2×4＝106（mm）。

本例的实际流速为

$$u=1.5\times(103/106)^2=1.42(\mathrm{m/s})$$

二、稳定流动和不稳定流动

流体在流动系统中，若任一截面上流体的流速、压力、密度等与流动有关的物理量，仅随位置改变而不随时间变化，这种流动称为稳定流动；若流体在流动时，任一截面上的物理量不仅随位置而变，并且随时间而变的流动称为不稳定流动。

如图2-11所示，水箱3不断地有水从进水管1注入，而从排水管4不断排出。在单位时间内，进水量总是大于排水量，多余的水由水箱上方溢流管2溢出，以维持箱内水位恒定不变。若在流动系统中任意取两个截面1—1′及2—2′，经测定可知，两截面上的流速和压力虽不相等，但每一截面上的流速和压力并不随时间而变化，这种流动属于稳定流动。若将图中进水管的阀门关闭，箱内的水仍由排水管不断排出，由于箱内无水补充，则水位逐渐下降，各截面上水的流速与压力也随之而降低，并且流速与压力不但随位置而变，且随时间而变，这种流动则属于不稳定流动。

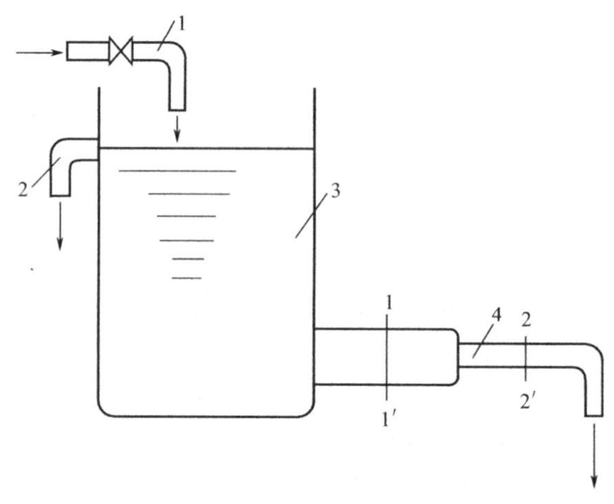

图2-11 流体流动情况示意

1—进水管；2—溢流管；3—水箱；4—排水管

化工生产中正常连续生产时，均属于稳定流动。不稳定流动仅在某些设备开停时发生。本章只讨论稳定流动。

三、流体稳定流动时的物料衡算——连续性方程

如图2-12所示的稳定流动系统，流体连续不断地从1—1′截面流入，从2—2′截面流出。当流体在密闭管路中稳定流动时，根据质量守恒定律，无论管径变化与否，通过任一截面的流体质量均相等。

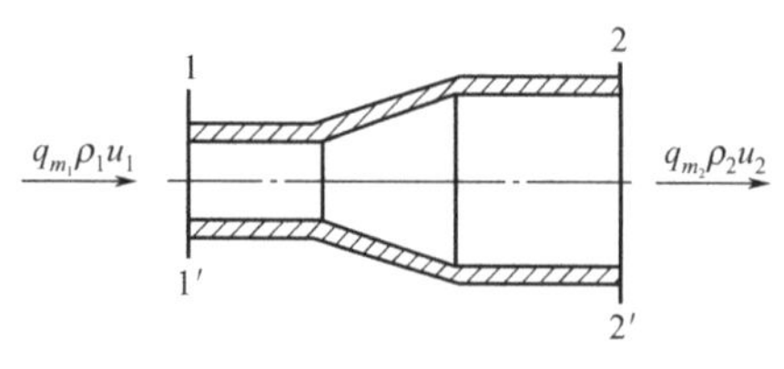

图2-12 稳定流动系统示意

流体从1—1′截面进入的质量流量q_{m_1}必然等于从2—2′截面流出的质量流量q_{m_2}，则物料衡算式为

$$q_{m_1}=q_{m_2}$$

因为$q_m=uA\rho$，故上式可写成

$$q_m=u_1A_1\rho_1=u_2A_2\rho_2 \tag{2-11}$$

若流体为不可压缩的流体，即 ρ=常数，则式（2-11）可改写为

$$q_V=u_1A_1=u_2A_2=\text{常数} \tag{2-12}$$

式（2-12）说明不可压缩流体不仅流经各截面的质量流量相等，它们的体积流量也相等。同时也表明不可压缩流体的流速与管道截面积成反比。

式（2-11）、式（2-12）均称为流体稳定流动的连续性方程。它反映了在稳定流动系统中，流量一定时，管路各截面上流速的变化规律，而此规律与管路的安排以及管路上是否装有管件、阀门或输送设备等无关。

对于圆形管道，$A=\frac{\pi}{4}d^2$，式（2-12）可改写为

$$\frac{u_1}{u_2}=\left(\frac{d_2}{d_1}\right)^2 \tag{2-13}$$

上式表明体积流量一定时，流速与管径的平方成反比。

四、流体稳定流动时的能量衡算——伯努利方程

能量是物质运动的量度，流体流动时的能量形式主要为机械能，包括位能、动能和静压能。

1. 流体流动时所具有的机械能

(1) 位能　因流体距某一基准水平面有一定高度而使流体具有的能量称为位能。显然位能是一个相对值，在基准水平面以上的位能为正值，以下的为负值，因此在计算时应先规定一个基准水平面。质量为 m（kg）的流体距基准水平面的高度为 z（m）时，流体的位能（J）为

$$m(\text{kg})\text{流体的位能}=mgz$$

衡算时常以 1kg 或 1N 流体为基准，1N 流体所具有的能量称为压头，单位为 m，m 虽然是一个长度单位，但在这里反映了如下的物理意义，即表示单位质量流体所具有的机械能，可以把自身从基准水平面升举的高度。

(2) 动能　因流体有一定速度而使流体具有的能量称为动能。质量为 m（kg）的流体，其速度为 u（m/s）时，流体的动能（J）为

$$m(\text{kg})\text{流体的动能}=\frac{mu^2}{2}$$

(3) 静压能　因流体内部有一定静压力而使流体具有的能量称为静压能。在静止流体内部任一处都有静压力。同样在流动着的流体内部任一处也都有一定的静压力。如液体充满整个管内流动时，若在管壁上开一小孔接一根垂直的玻璃管，液体就会在玻璃管内升起一定的高度，这一流体柱高度即是管内该截面处静压能大小的表现，如图 2-13 所示。质量为 m（kg）密度为 ρ（kg/m^3）的流体，其压力为 p（Pa）时，流体的静压能（J）为

$$m(\text{kg})\text{流体的静压能}=\frac{mp}{\rho}$$

位能、动能及静压能三种能量均为流体在截面处所具有的机械能，三者之和称为某截面上流体的总机械能。

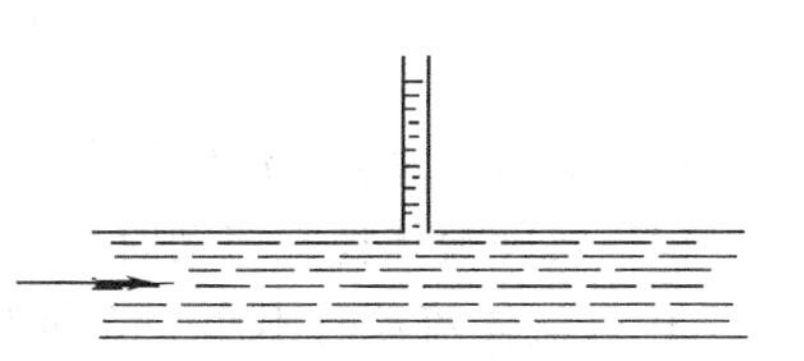

图 2-13　流动液体静压能示意

2. 理想流体稳定流动时的伯努利方程

理想流体是指无压缩性，没有黏性，在流动过程中

无任何能量损失的流体。

如图 2-14 所示。理想流体稳定从截面 1—1′流入，从截面 2—′2 流出。

根据能量守恒定律，1kg 流体从截面 1—1′流入的能量等于从截面 2—2′流出的能量，即

$$gz_1+\frac{u_1^2}{2}+\frac{p_1}{\rho}=gz_2+\frac{u_2^2}{2}+\frac{p_2}{\rho} \tag{2-14}$$

这就是著名的伯努利方程式。即理想流体在各截面上所具有总机械能相等。

但需注意的是：流体在各截面上所具有总机械能相等，而每一种形式的机械能在各截面上不一定相等，各种形式的机械能之间可以相互转换。

3. 实际流体稳态流动时的伯努利方程式

如图 2-15 所示，实际流体稳定流动系统，把流体从截面 1—1′输送到截面 2—2′，需要流体输送机械提供一定的能量，实际流体在流体输送过程中也有一定的能量损失。

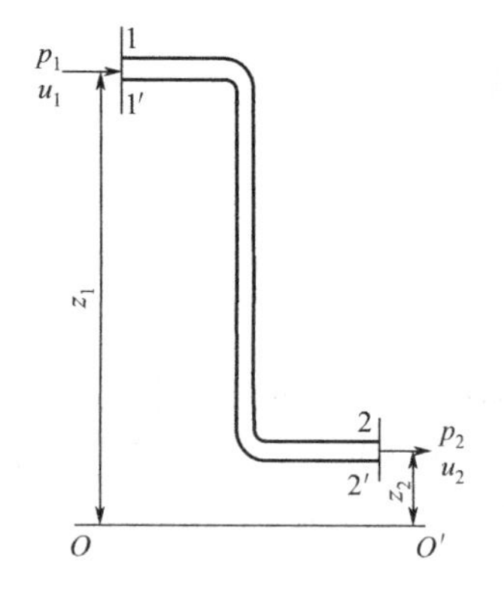

图 2-14 流体流动示意

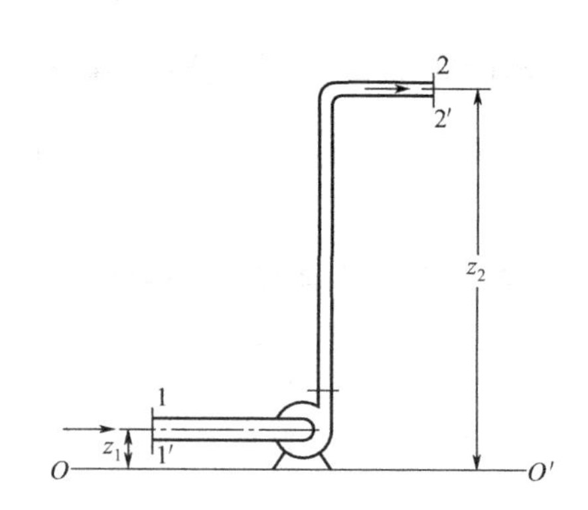

图 2-15 流体实际流动过程示意

(1) 外加能量 在实际流动系统中，需流体输送机械（如泵）向流体做功，1kg 流体从流体输送机械获得的能量称为外加功，用 W_e表示，其单位为 J/kg；1N 流体从流体输送机械获得的能量称为外加压头，用 H_e表示，其单位为 m。

(2) 损失能量 实际流体具有黏性，流动流动时有阻力，要消耗流体一部分机械能，这部分机械能转变成为热。1kg 流体在流动过程中损失的能量用符号$\sum h_f$表示，单位为 J/kg；1N 流体在流动过程中损失的能量称为压头损失，用符号 H_f 表示，单位为 m。则 $H_f=\sum h_f/g$。

(3) 实际流体稳态流动时的伯努利方程式 流体在流动过程中，根据能量守恒定律，输入系统的总机械能必须等于输出系统的总机械能，阻力损失的能量 H_f应计入输出项。若以 1kg 流体为衡算基准，则有

$$gz_1+\frac{u_1}{2}+\frac{p_1}{\rho}+W_e=gz_2+\frac{u_2^2}{2}+\frac{p_2}{\rho}+\sum h_f \tag{2-15}$$

若以 1N 流体为衡算基准，则有

$$z_1+\frac{u_1^2}{2g}+\frac{p_1}{\rho g}+H_e=z_2+\frac{u_2^2}{2g}+\frac{p_2}{\rho g}+H_f \tag{2-16}$$

式（2-16）为实际流体稳态流动时的伯努利方程式。

(4) 实际流体稳态流动时伯努利方程的分析

① 若流体流动时不产生流动阻力，即$\sum h_f=0$，这种流体称为理想流体。实际上并不存在真正的理想流体，而是一种设想，但这种设想，对解决工程实际问题具有重要意义。对于

理想流体流动而无外功加入时，则式（2-16）便可简化为

$$gz_1+\frac{u_1^2}{2}+\frac{p_1}{\rho}=gz_2+\frac{u_2^2}{2}+\frac{p_2}{\rho} \quad (2\text{-}14)$$

它表示理想流体在管道内作稳定流动而又没有外功加入时，任一截面上流体所具有位能、动能与静压能之和相等，但各截面上相同形式的机械能不一定相等，它们是可以相互转换的。

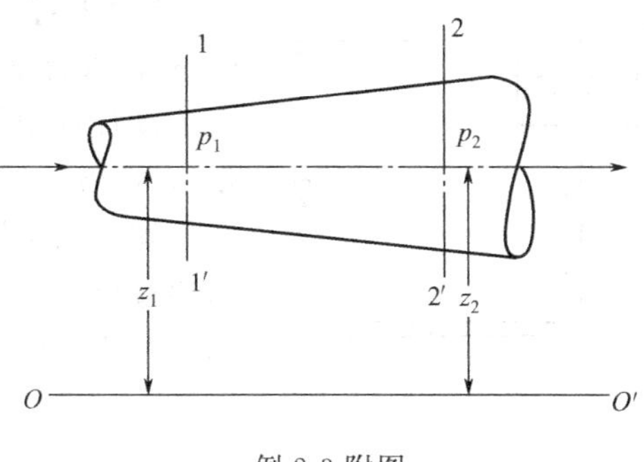

例 2-3 附图

【例 2-3】 某液体在水平管道中作稳定流动，如附图所示。若忽略流体阻力，试分析流体从 1—1′截面流向 2—2′截面能量之间的转化关系。

解 截面选取如图，取 O—O'截面为基准面，在 1—1′与 2—2′两截面间列伯努利方程式

$$gz_1+\frac{u_1^2}{2}+\frac{p_1}{\rho}=gz_2+\frac{u_2^2}{2}+\frac{p_2}{\rho}$$

式中，因为管路水平，所以 $z_1=z_2$；因为截面 1—1′的横截面积＜截面 2—2′的横截面积，所以 $u_1>u_2$。

将 $z_1=z_2$ 和 $u_1>u_2$ 代入伯努利方程式可得

$$\frac{p_1}{\rho}<\frac{p_2}{\rho}$$

上面结果表明：在两截面处，由于基准水平面不变，则位能不变，而动能由于截面增大而减小，静压能由于截面增大而增加。流体从 1—1′截面流向 2—2′截面有一部分动能转化成了静压能。因为总机械能在两截面处为一常数，所以动能的减小值应等于静压能的增大值。

② 如果所讨论的系统没有外功加入，则 $W_e=0$；又因为系统里的流体是静止的，则 $u=0$；没有运动，自然没有阻力产生，即 $\sum h_f=0$。于是式（2-14）可写为

$$gz_1+\frac{p_1}{\rho}=gz_2+\frac{p_2}{\rho} \quad (2\text{-}17)$$

上式为流体静力学基本方程式的另一种表达式。它表明静止流体内任一点的机械能之和为常数。伯努利方程式除表示流体的流动规律外，还表示了流体静止状态的规律。而流体的静止状态，只不过是流体流动状态的一种特殊形式。

③ 伯努利方程是依据不可压缩流体的能量平衡得出的，故只适用于液体。对于气体，若所取系统两截面间的绝对压力变化小于原来绝对压力的 20%，即 $(p_1-p_2)/p_1<20\%$ 时，仍可用式（2-14）与式（2-16）进行计算，但此时式中的流体密度 ρ 应以两截面间流体的平均密度 $\rho_m=(\rho_1+\rho_2)/2$ 来代替。这种处理方法所导致的误差，在工程计算上是允许的。

④ W_e 是输送设备对单位质量流体所作的有效功，是决定流体输送设备的重要依据。单位时间输送设备所作的有效功称为有效功率，以 N_e 表示，即

$$N_e=W_eq_m \quad (2\text{-}18)$$

式中，q_m 为流体的质量流量，所以 N_e 的单位为 J/s 或 W。

4. 伯努利方程的应用

(1) 确定管道中流体的流量

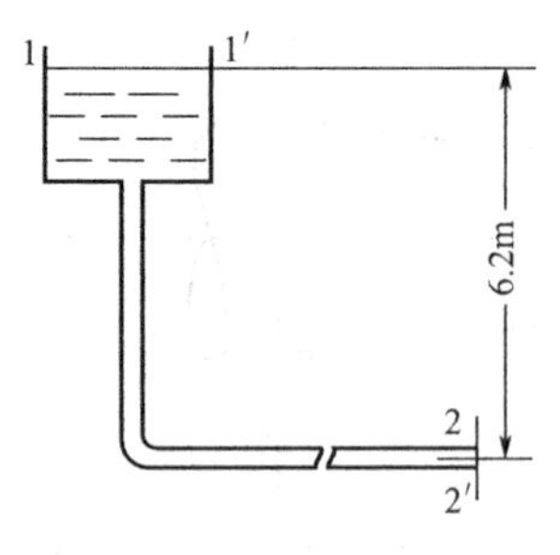

例 2-4 附图

【例 2-4】 如图所示，水槽液面至水出口管垂直距离保持在 6.2m，水管全长 330m，全管段为 ϕ114mm×4mm 的钢管，若在流动过程中能量损失为 58.84J/kg，试求导管中每小时水的流量（m^3/h）。

解 取水槽液面为截面 1—1′，管路出口为截面 2—2′，并以通过出口管道中心线的水平面为基准面。在两截面间列伯努利方程式，即

$$gz_1+\frac{u_1^2}{2}+\frac{p_1}{\rho}+W_e=gz_2+\frac{u_2^2}{2}+\frac{p_2}{\rho}+\sum h_f$$

式中，$z_1=6.2\text{m}$，$z_2=0$，$u_1\approx 0$（大截面），u_2 待求，$p_1=p_2=0$（表压），$W_e=0$，$\sum h_f=58.84\text{J/kg}$。

将以上数值代入伯努利方程式，并简化得

$$9.81\times 6.2=\frac{u_2^2}{2}+58.84$$

解得

$$u_2=1.99\text{m/s}$$

因此，每小时水的流量为

$$q_V=3600\times\frac{\pi}{4}d^2u_2=3600\times 0.785\times\left(\frac{114-2\times 4}{1000}\right)^2\times 1.99=63.2(\text{m}^3/\text{h})$$

(2) 确定用压缩空气输送液体时压缩空气的压力

【例 2-5】 某车间用压缩空气来压送 98%浓硫酸，压缩装置如图所示。每批压送量为 0.3m^3，要求在 10min 内压完，硫酸温度为 20℃。管子规格为 ϕ38mm×3mm 钢管，管子出口在硫酸贮罐液面上垂直距离为 15m，设硫酸流经全部管路的能量损失为 10J/kg。试求开始压送时压缩空气的表压。

解 取硫酸贮罐液面为截面 1—1′，硫酸管出口为截面 2—2′，并以截面 1—1′为基准水平面，在两截面间列伯努利方程式，即

$$gz_1+\frac{u_1^2}{2}+\frac{p_1}{\rho}+W_e=gz_2+\frac{u_2^2}{2}+\frac{p_2}{\rho}+\sum h_f$$

式中，$z_1=0$，$z_2=15\text{m}$，$u_1\approx 0$

$$u_2=\frac{q_V}{A}=\frac{0.3}{10\times 60\times\frac{\pi}{4}\times 0.032^2}=0.622(\text{m/s})$$

p_1 待求，$p_2=0$（表压），$\rho=1831\text{kg/m}^3$，$\sum h_f=10\text{J/kg}$。

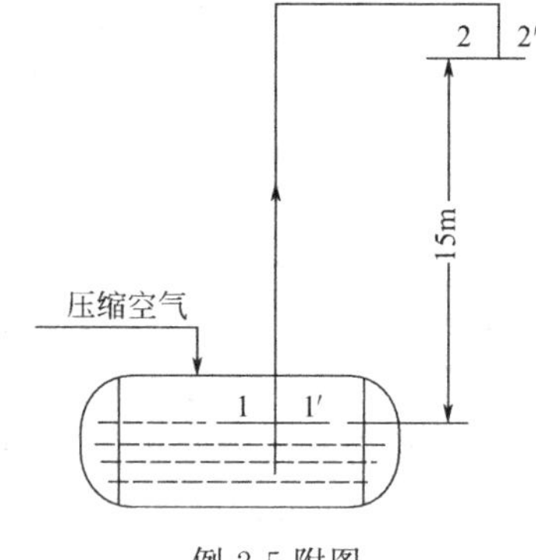

例 2-5 附图

将以上数值代入伯努利方程式，得

$$\frac{p_1}{1831}=15\times 9.81+\frac{0.622^2}{2}+10$$

$$p_1=2.88\times 10^5\ \text{Pa}(表压)$$

即压缩空气的表压在开始时最小为 $2.88\times 10^5\text{Pa}$。

伯努利方程式的应用还有许多方面，应用伯努利方程式解决实际问题时要点如下。

(1) 根据题意画出流动系统的示意图 图中要指明流体流动方向，并标以有关数据以助分析题意。

(2) 截面的选取 两截面均应与流体流动方向垂直，并且在两截面间的流体必须是连续的。一般应以上游为 1—1′截面，下游为 2—2′截面，所求的未知量应在截面上或在两截面

之间。截面上的有关物理量，除所需求取的未知量外，都应该是已知的或能通过其他关系计算出来。

(3) 基准水平面的选取　选取基准水平面是为了确定流体位能的大小，实际上在伯努利方程中反映的是位能差，所以，基准水平面可以任意选取，但必须与地面平行。为了简化计算，通常取两个截面中位置较低的一个截面为基准水平面，使该截面处的 z 值为零，另一个截面处的 z 值为正值，如果位置较低的截面不与地面平行，应选通过截面中心的水平面为基准面。

(4) 单位必须统一　在应用伯努利方程式计算之前，应把式中有关物理量换成一致的单位，然后进行计算。

(5) 压力表示方法要一致　伯努利方程式中的压力可以都用绝对压力，也可以都用表压力，但要一致，不能混用。

(6) 对于大截面，可取其流速近似为零。

五、流体在管内的流动阻力

1. 流体阻力的来源

流体在管内流动时，由于流体具有黏性，管内任一截面上各点的速度并不相同，中心处的速度最大，越靠近管壁速度越小。所以，流体在管内可以认为是被分割成无数极薄的圆筒层，一层套着一层，各层以不同的速度向前运动，如图2-16所示。由于各层速度不同，层与层之间发生了相对运动，速度快的流体层对相邻的速度慢的流体层产生一种牵引力，而同时速度慢的流体层则产生一种大小相等、方向相反的阻碍力。这种运动着的流体内部相邻两流体层间的相互作用力，称为流体的内摩擦力。流体流动时必须克服内摩擦力而做功，从而将流体的一部分机械能转变为热能而损失掉，这就是流体运动时造成能量损失的根本原因。

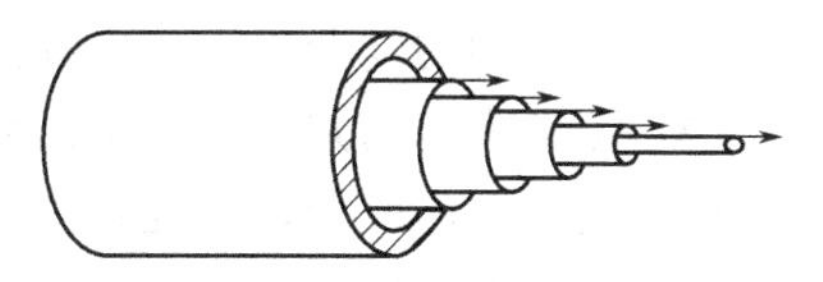

图 2-16　流体分层流动示意

当流体流动激烈呈紊乱状态时，流体质点流速的大小与方向发生急剧的变化，质点之间相互激烈地交换位置。这种运动的结果，也会损耗机械能，而使流体阻力增大，因此，流体的流动状态是产生流体阻力的另一原因。此外，管壁的粗糙程度、管子的长度和管径的大小也对流体阻力有一定的影响。

2. 流体的流动类型

(1) 两种流动类型——层流和湍流　为了直接观察流体流动时内部质点的运动情况及各种因素对流动状况的影响，可用如图2-17所示的实验装置，称为雷诺实验装置。水箱3内有溢流装置，以维持水位恒定。箱的底部安装一段入口为喇叭状，内径相同的水平玻璃管4，管口处有阀门5以调节流量。水箱上方装有带颜色液体的小瓶1，有色液体可经过细管2注入玻璃管内。在水流经玻璃管的过程中，同时把有颜色的液体送到玻璃管。

实验可以观察到，当阀门5稍开，水在玻璃管内的流速不大时，从细管引到水流中心的有色液体成一直线，平稳地流过整根玻璃管，如图2-18(a)所示。这种现象表明玻璃管里水的质点是彼此平行地沿管轴的方向作直线运动。因此可以把玻璃内的水流看成是一层层平行于管壁的圆筒形薄层，各层以不同的流速向前流动。这种流动类型为层流或滞流。

当开大阀门5，使水的流速逐渐加大到一定数值时，会看到有色液体的细线开始出现波浪形，如图2-18(b)所示；若使流速继续增大，使其速度达到某一临界值时，细线便完全

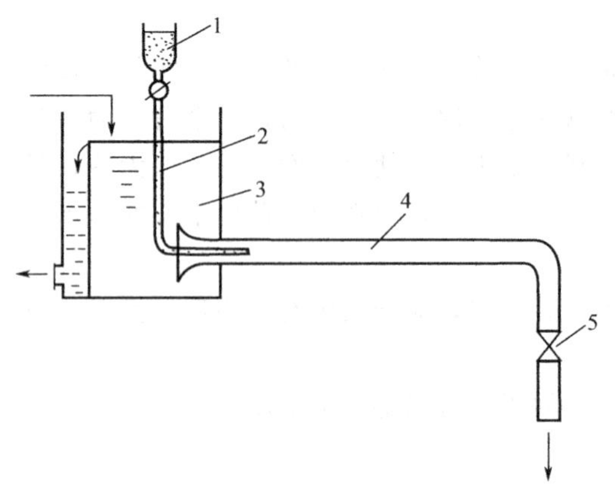

图 2-17　雷诺实验装置

1—小瓶；2—细管；3—水箱；
4—水平玻璃管；5—阀门

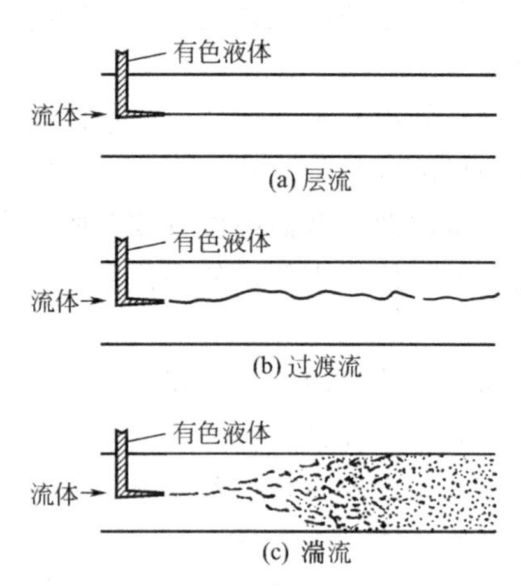

图 2-18　流体流动类型

消失，有色液体流出细管后随即散开，与水完全混合在一起，使整根玻璃管中水呈现出均匀的颜色，如图 2-18（c）所示。这种现象表明水的质点除了沿着管道向前流动以外，各质点还作不规则的杂乱运动，且彼此互相碰撞，互相混合，水流质点除了沿玻璃管轴线方向的流动外，还有径向的复杂运动。这种流动类型为湍流或紊流。

(2) 流动类型的判据——雷诺数　对于管内流体的流动来说，实验表明不仅流速 u 能引起流体流动状况的改变，而且管内径 d、流体的黏度 μ 和密度 ρ，对流体的流动状况也有影响。所以流体在管内的流动状况是同时由上述这几个因素决定的。

在实验的基础上，雷诺发现可以将上述影响因素组合成 $du\rho/\mu$ 的形式作为流型的判据。这种组合形式称为雷诺数，以符号 Re 表示，即

$$Re=\frac{du\rho}{\mu} \tag{2-19}$$

雷诺数是一个没有单位的纯数值，称为特征数。在计算特征数时，必须采用同一单位制下的单位，无论采用哪种单位制，只要式中各物理量的单位一致，计算出来的数值都相等。

实验证明，流体在圆形直管内流动时，若 $Re\leqslant2000$，流动类型为层流，此区称为层流区或滞流区；若 $Re\geqslant4000$ 时，流动类型为湍流，此区称为湍流区或紊流区；若 Re 在 2000～4000 的范围内，流体的流动处于一种过渡状态，可能是层流，也可能是湍流，或者是二者交替出现，为外界条件所左右，如在管道入口处、管道直径或方向发生改变、或外来的轻微震动，都易促成湍流的发生，此区称为过渡区。Re 值的大小，反映了流体的湍动程度，Re 值越大，流体的湍动程度越大，流体质点的碰撞和混合越剧烈，流体阻力越大。

【例 2-6】 20℃的水在内径为 50mm 的管内流动，流速为 2m/s。试计算雷诺数，并判断管中水的流动类型。

解　已知 $d=0.05\text{m}$，$u=2\text{m/s}$，查得水在 20℃时，$\rho=998.2\text{kg/m}^3$，$\mu=1.005\times10^{-3}$ Pa·s。则

$$Re=\frac{du\rho}{\mu}=\frac{0.05\times2\times998.2}{1.005\times10^{-3}}=99323$$

$Re>4000$，所以管中水的流动类型为湍流。

生产中常遇到一些非圆形管道，如有些气体的管道是方形的，套管换热器两根同心圆管

间的通道是圆环形的。计算 Re 数值时，需要用一个与圆形管直径 d 相当的“直径”来代替，这个直径，称为当量直径，用 d_e 表示，可用下式计算

$$d_e=4\times\frac{流通截面积}{润湿周边长度} \tag{2-20}$$

对于边长为 a 和 b 的矩形截面 d_e 为

$$d_e=4\times\frac{ab}{2(a+b)}=\frac{2ab}{a+b}$$

对于套管环隙，若外管的内径为 d_1，内管的外径为 d_2，则 d_e 为

$$d_e=4\times\frac{\frac{\pi}{4}(d_1^2-d_2^2)}{\pi(d_1+d_2)}=d_1-d_2$$

【例 2-7】 有一套管换热器，内管的外径为 25mm，外管的内径为 46mm，冷冻盐水在套管的环隙中流动。盐水的质量流量为 3.73t/h，密度为 1150kg/m^3，黏度为 1.2×10^{-3} Pa·s，试判断盐水的流动类型。

解 当量直径为 $d_e=46-25=21(\text{mm})=0.021(\text{m})$，$\rho=1150\text{kg/m}^3$，$\mu=1.2\times10^{-3}$ Pa·s

$$u=\frac{q_V}{\rho A}=\frac{3.73\times10^3/3600}{1150\times0.785\times(0.046^2-0.025^2)}=0.77(\text{m/s})$$

$$Re=\frac{d_e u\rho}{\mu}=\frac{0.021\times0.77\times1150}{1.2\times10^{-3}}=15496>4000$$

故管中盐水的流动类型为湍流。

3. 流动阻力的计算

流体在管路中流动时的阻力可分为直管阻力和局部阻力两种。直管阻力是流体流经一定管径的直管时，由于流体的内摩擦而产生的阻力。局部阻力是流体流经管路中的管件、阀门及截面的突然扩大或缩小等局部障碍所引起的阻力。

流体阻力除用损失能量 $\sum h_f$ 和损失压头 H_f 表示外，有时还用与其相当的压降 $\Delta p_f=\sum h_f\rho=H_f g\rho$ 表示。

(1) 直管阻力的计算

① 圆形直管　流体在圆形直管内流动时的损失能量用范宁公式计算，即

$$h_f=\lambda\frac{l}{d}\times\frac{u^2}{2} \tag{2-21}$$

式中 h_f——流体在圆形直管内流动时的损失能量，J/kg；

l——直管长度，m；

d——直管内径，m；

$\frac{u^2}{2}$——流体的动能，J/kg；

λ——摩擦系数，无单位，其值与 Re 和管壁粗糙程度有关。

② 非圆形直管　当流体流经非圆形直管时，流体阻力仍可用式（2-21）计算。但式中的 d 和 Re 中的 d，均应用当量直径 d_e 代替。流速仍按实际流道截面计算。

③ λ 值计算　层流时，对于圆形管通过理论推导，λ 与 Re 的关系为

$$\lambda=\frac{64}{Re} \tag{2-22}$$

湍流时，由于流体质点运动的复杂性，目前还不能完全用理论分析法得到 λ 的计算式，多采用查图法。如图 2-19 所示。通过实验，将 λ 与 Re 的关系标绘在双对数坐标纸上，得到图 2-19。为了应用上的方便，按管子的材料，将管子大致分为光滑管和粗糙管两大类，通常把玻璃管、铜管、铅管、塑料管等列为光滑管，把钢管、铸铁管、水泥管等列为粗糙管。λ 值可按不同情况根据 Re 值从图中查取。

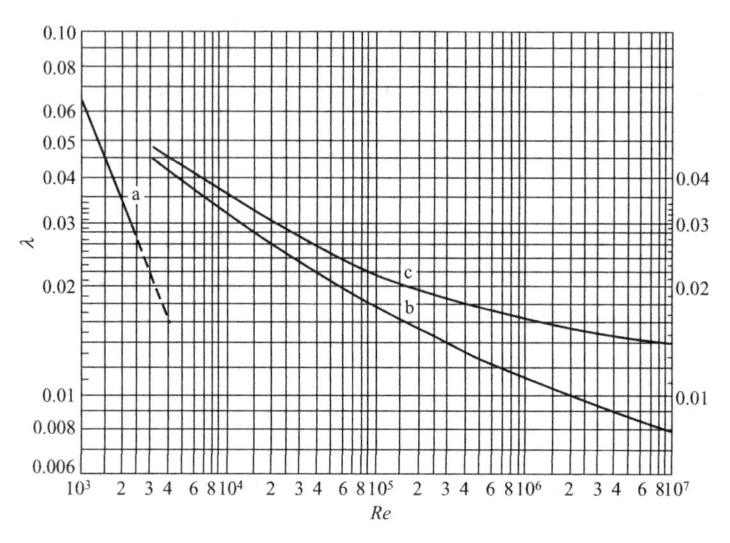

图 2-19 λ-Re 关系

层流时，λ 值均根据 Re 由图中 a 线查取。

湍流时，流体做湍流流动时，λ 不但与 Re 有关，还与管壁粗糙度有关。对于光滑管，λ 值可根据 Re 从图中 b 线查取。对于粗糙管 λ 值可根据 Re 从图中 c 线查取。

过渡区，过渡区内的流型不稳定，对于阻力计算，考虑到留有余地，λ 值可按湍流曲线的延伸线查取。

【例 2-8】 有一热交换器由 44 根外径为 30mm 的光滑管组成，各管平行而被包围在内径为 303mm 的外壳内。每小时有 $3000m^3$ 空气在管外平行流过。空气的平均温度为 30℃。热交换器长 4m。试估计空气通过热交换器时的压力降。

解 从本书附录查得空气在 30℃ 时 $\rho=1.165kg/m^3$，$\mu=1.86\times10^{-5}$ Pa·s，管长 $l=4m$，体积流量 $q_V=3000/3600=0.833\ (m^3/s)$。

则 流通截面积 $A=\frac{\pi}{4}(0.303^2-44\times0.03^2)=0.041(m^2)$

润湿周边长度 $\Pi=44\times0.03\pi+0.303\pi=5.096(m)$

环隙的当量直径 $d_e=\frac{4A}{\Pi}=\frac{4\times0.041}{5.096}=0.0322(m)$

所以
$$u=\frac{0.833}{0.041}=20.3(m/s)$$

$$Re=\frac{d_e u\rho}{\mu}=\frac{0.0322\times20.3\times1.165}{1.86\times10^{-5}}=4.09\times10^4$$

从图 2-19 光滑管的曲线上读出此 Re 值时的 $\lambda=0.022$。

将上述值代入压力降的计算式得压力降为

$$\Delta p_f=\lambda\frac{l}{d_e}\frac{\rho u^2}{2}$$

$$=0.022\times\frac{4}{0.0322}\times\frac{1.165\times20.3^2}{2}=656(\text{Pa})$$

(2) 局部阻力的计算　流体在管路的进口、出口、弯头、阀门、扩大、缩小或流量计等局部位置流过时的阻力称为局部阻力。局部阻力的计算有两种方法。

① 阻力系数法　流体克服局部阻力所引起的能量损失，可以表示为动能的某一倍数，即

$$h_f'=\zeta\frac{u^2}{2} \tag{2-23}$$

式中　h_f'——流体克服局部阻力损失的能量，J/kg；

ζ——局部阻力系数，无单位，其值由实验测定，常见管件和阀门的阻力系数见表 2-4。

表 2-4　常见管件与阀门的阻力系数

<table>
<tr><td>管件和阀件名称</td><td colspan="10">ζ值</td></tr>
<tr><td>标准弯头</td><td colspan="5">45°,ζ=0.35</td><td colspan="5">90°,ζ=0.75</td></tr>
<tr><td>90°方形弯头</td><td colspan="10">1.3</td></tr>
<tr><td>180°回弯头</td><td colspan="10">1.5</td></tr>
<tr><td>活管接</td><td colspan="10">0.4</td></tr>
<tr><td rowspan="3">弯管</td><td colspan="4">φ / R/d</td><td>30°</td><td>45°</td><td>60°</td><td>75°</td><td>90°</td><td>105°</td><td>120°</td></tr>
<tr><td colspan="4">1.5</td><td>0.08</td><td>0.01</td><td>0.14</td><td>0.16</td><td>0.175</td><td>0.19</td><td>0.20</td></tr>
<tr><td colspan="4">2.0</td><td>0.07</td><td>0.10</td><td>0.12</td><td>0.14</td><td>0.15</td><td>0.16</td><td>0.17</td></tr>
<tr><td>标准三通管</td><td colspan="3">ζ=0.4</td><td colspan="2">ζ=1.5当弯头用</td><td colspan="3">ζ=1.3当弯头用</td><td colspan="2">ζ=1</td></tr>
<tr><td rowspan="2">闸阀</td><td colspan="3">全开</td><td colspan="2">3/4 开</td><td colspan="3">1/2 开</td><td colspan="2">1/4 开</td></tr>
<tr><td colspan="3">0.17</td><td colspan="2">0.9</td><td colspan="3">4.5</td><td colspan="2">24</td></tr>
<tr><td>标准截止阀(球心阀)</td><td colspan="5">全开 ζ=6.4</td><td colspan="5">1/2 开 ζ=9.5</td></tr>
<tr><td rowspan="2">蝶阀</td><td>α</td><td>5°</td><td>10°</td><td>20°</td><td>30°</td><td>40°</td><td>45°</td><td>50°</td><td>60°</td><td>70°</td></tr>
<tr><td>ζ</td><td>0.24</td><td>0.52</td><td>1.54</td><td>3.91</td><td>10.8</td><td>18.7</td><td>30.6</td><td>118</td><td>751</td></tr>
<tr><td>管件或阀件名称</td><td colspan="10">ζ值</td></tr>
<tr><td rowspan="2">旋塞</td><td colspan="2">θ</td><td colspan="2">5°</td><td colspan="2">10°</td><td colspan="2">20°</td><td>40°</td><td>60°</td></tr>
<tr><td colspan="2">ζ</td><td colspan="2">0.05</td><td colspan="2">0.29</td><td colspan="2">1.56</td><td>17.3</td><td>206</td></tr>
<tr><td>角阀 90°</td><td colspan="10">5</td></tr>
<tr><td>单向阀(止逆阀)</td><td colspan="5">摇板式 ζ=2</td><td colspan="5">球形式 ζ=70</td></tr>
<tr><td>管件和阀件名称</td><td colspan="10">ζ值</td></tr>
<tr><td>底阀</td><td colspan="10">1.5</td></tr>
<tr><td>滤水器(或滤水网)</td><td colspan="10">2</td></tr>
<tr><td>水表(盘形)</td><td colspan="10">7</td></tr>
</table>

② 当量长度法　此法是将流体流过管件、阀门等所产生的局部阻力，折合成相当于流体流过一定长度的同直径的直管时所产生的阻力。此折合的直管长度称为当量长度，用符号 l_e 表示。这样，流体克服局部阻力所引起的能量损失可仿照式（2-21）写成如下形式，即

$$h_f'=\lambda \frac{l_e}{d}\times\frac{u^2}{2} \tag{2-24}$$

式中，l_e 值由实验测定，m。

表 2-5 列出了部分管件、阀门等以管径计的当量长度。例如，45°标准弯头的 l_e/d 值为 15，若这种弯头配置在 ϕ108mm×4mm 的管路上，则它的当量长度为 $l_e=15\times(108-2\times4)=1500\text{mm}=1.5\text{m}$。

表 2-5　部分管件、阀门等以管径计的当量长度

名　称	$\frac{l_e}{d}$	名　称	$\frac{l_e}{d}$
45°标准弯头	15	截止阀(标准式)(全开)	300
90°标准弯头	30～40	角阀(标准式)(全开)	145
90°方形弯头	60	闸阀(全开)	7
180°弯头	50～75	闸阀(3/4 开)	40
止回阀(旋启式)(全开)	135	闸阀(1/2 开)	200
蝶阀(6″以上)(全开)	20	闸阀(1/4 开)	800
盘式流量计(水表)	400	带有滤水器的底阀(全开)	420
文氏流量计	12	由容器入管口	20
转子流量计	200～300	由管口入容器	40

上面所介绍的当量长度及局部阻力系数的数值，由于管件及阀门的构造细节、制造加工情况往往差别很大，所以其数值变动范围很大，即局部阻力的计算只是一种粗略的估算。此外，由于数据不完全，在局部阻力计算时，有时将两种方法结合起来进行估算，一部分用阻力系数法，另一部分用当量长度法。

(3) 管路总阻力的计算　管路系统的总阻力为管路上全部直管阻力和各个局部阻力之和，即 $\sum h_f=h_f+\sum h_f'$。如果局部阻力都按当量长度法计算，则管路的总能量损失为

$$\sum h_f=\lambda \frac{l+\sum l_e}{d}\times\frac{u^2}{2} \tag{2-25}$$

式中，$\sum l_e$ 为管路中所有管件与阀门等的当量长度之和。

如果局部阻力都按阻力系数法计算，则管路的总能量损失为

$$\sum h_f=\left(\lambda \frac{l}{d}+\sum\zeta\right)\frac{u^2}{2} \tag{2-26}$$

式中，$\sum\zeta$ 为管路中所有管件与阀门等的局部阻力系数之和。

式（2-25）和式（2-26）适用于等径管路总阻力的计算，当管路由直径不同的管段组成时，应分段计算，然后再加和。

(4) 降低流体阻力的途径　流体阻力越大，输送流体时所消耗的动力越大，能耗和生产成本就越高，因此，要设法降低流体阻力。由总阻力计算式分析可知，降低流体阻力可采取如下措施：

① 合理布置管路，尽量减少管长，走直线，少拐弯；

② 减少不必要的管件、阀门，避免管路直径的突变；

③ 适当加大管径，尽量选用光滑管。

第五节　流动参数的测量

一、流量的测量

在化工生产过程中，流量是一个重要的参数，为了控制生产过程稳定进行，就必须经常测定流体的流量，并加以调节和控制。测量流量的方法很多，下面仅介绍几种根据流体流动时各种机械能的相互转化原理而工作的流量计。

1. 孔板流量计

孔板流量计是将一块中央有圆孔的金属薄板——孔板，用法兰固定在管路上，使孔板垂直于管内流体流动的方向，同时使孔的中心位于管道的中心线上，如图 2-20 所示。孔板两侧的测压孔与液柱压强计相连，由压强计上的读数 R 即可算出管路中流体的流量。

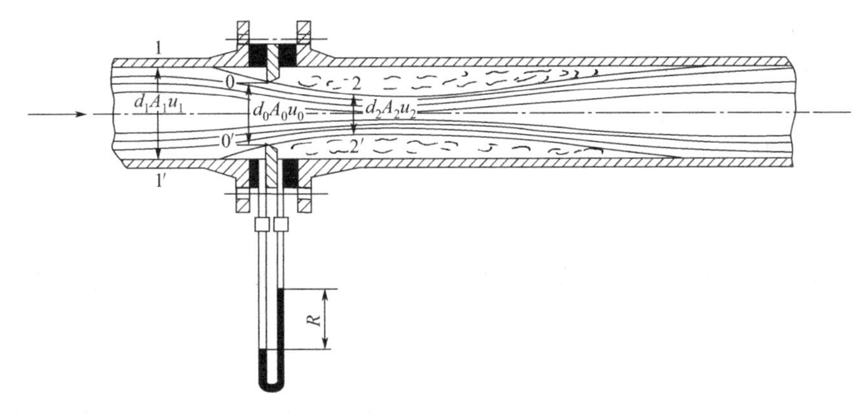

图 2-20　孔板流量计

当流体流过孔板的孔口时，由于流通截面积突然减小，动能增加，静压力降低，于是在孔板前后便产生了压强差，而且流体的流量越大，压强差越大；反之，压强差减小。流量的计算式为

$$q_V = C_0 A_0 \sqrt{\frac{2Rg(\rho_A - \rho)}{\rho}} \tag{2-27}$$

式中　q_V——管路中流体的流量，m^3/s；

C_0——孔板流量计的流量系数或孔流系数，无单位，其值可由实验测定或从手册中查得，设计合适的孔板流量计，其值约在 0.6～0.7；

A_0——孔板的孔口截面积，m^2；

ρ_A——指示液的密度，kg/m^3；

ρ——被测流体的密度，kg/m^3；

R——U 形管压差计的读数，m；

g——重力加速度，m/s^2。

孔板流量计是一种容易制造的简单装置。当流量有较大变化时，为了调整测量条件，调换孔板亦很方便，所以应用十分广泛。其主要缺点是能量损失较大，并随 A_0/A_1 的减小而加大。而且孔口边缘容易腐蚀和磨损，所以流量计应定期进行校正。孔板流量计应安装在流

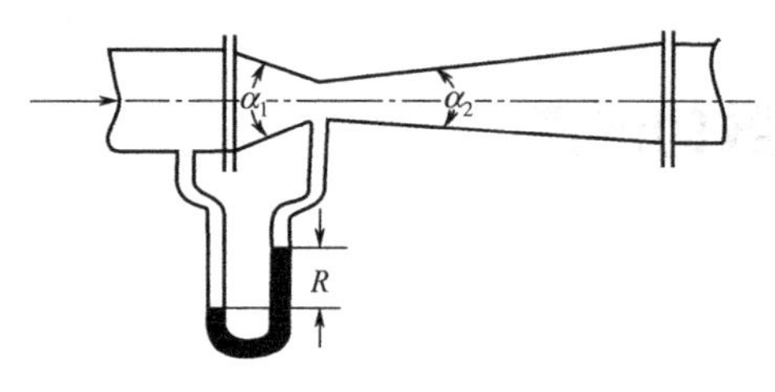

图 2-21　文丘里流量计

体流动平稳的地方，通常要求上游有（15～40）d 长的直管段，下游有 $5d$ 长的直管段作为稳定段。

2. 文丘里流量计

为了减少流体流经上述孔板时的能量损耗，可用一段渐缩渐扩的短管代替孔板，这种管称为文丘里管，用这种管构成的流量计称为文丘里流量计或文氏流量计，如图 2-21 所示。一般 $\alpha_1=15^\circ\sim20^\circ$，$\alpha_2=5^\circ\sim7^\circ$。由于有渐缩段和渐扩段，使流体在其内的流速改变平缓，涡流较少，喉管处增加的动能可于其后渐扩段中大部分转化成静压能，所以能量损失可大为减少。

文丘里流量计的流量计算式与孔板流量计相类似，计算式

$$q_V=C_VA_0\sqrt{2Rg(\rho_A-\rho)/\rho} \tag{2-28}$$

式中　C_V——文丘里流量计的流量系数，无单位，其值可由实验测定或从手册中查得，在湍流时，一般可取 0.98（直径 50～200mm 的管）或 0.99（直径 200mm 以上的管）；

A_0——喉管的截面积，m^2；

ρ_A——指示液的密度，kg/m^3；

ρ——被测流体的密度，kg/m^3；

R——U 形管压差计的读数，m；

g——重力加速度，m/s^2。

文丘里流量计的优点是能量损失小，但其各部分尺寸要求严格，需要精细加工，所以造价较高。

3. 转子流量计

转子流量计的构造如图 2-22 所示。它是由一个上粗下细但相差不太大的锥形玻璃管（或透明塑料管）和一个比被测流体密度大的转子（或称浮子）所构成。转子一般用金属或塑料制成，其上部平面略大，有的刻有斜槽，操作时可发生旋转，故称为转子。流体自底端进入，从顶端流出。

当流体自下而上流过垂直的锥形管时，转子受到两个力的作用：一是垂直向上的推动力，它等于流体流经转子与锥管间的环形截面所产生的压力差。另一个是垂直向下的静重力，它等于转子所受的重力减去流体对转子的浮力。当流体流量加大使压力差大于转子的净重力时，转子就上升，转子升起后，其环隙截面积随之增大，从而降低了环隙内的流速，增加了转子顶面上的静压强，当转子的底面和顶面所受的压力差与转子重量平衡时，转子就停留在一定的高度处。如果流量减小，转子将在较低位置上达到平衡，因此转子悬浮位置随流量而变化。流体的流量越大，其平衡位置越高，所以转子位置的高低即表示了流体流量的大小，其流量可由转子的上缘从管壁外表面上的刻度读出。

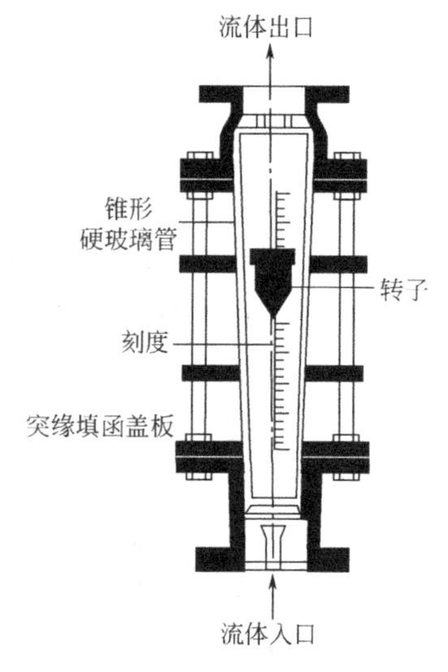

图 2-22　转子流量计

转子流量计的刻度是针对某一流体的，在出厂前均进行过标定。通常，用于液体的转子流量计是以 20℃水作为标定

刻度的依据；用于气体的是以20℃及101.3kPa的空气作为标定刻度的依据。所以当用于测定其他流体时，则需要对原有的刻度加以校正。

转子流量计读取流量方便，测量精度高，能量损失小，能适应于腐蚀性流体的测量（因转子可用各种耐腐蚀性材料制成），所以应用很广。但因管壁大多为玻璃制品，易破碎，所以不能耐高温及高压，在操作时也应缓慢启闭阀门，以防转子的突然升降而击碎玻璃管。转子流量计在安装时不需要很长的稳定段，但必须垂直安装在管路上，而且流体必须是下进上出。

二、压力测量

压力是流体流动过程的重要参数，目前工厂压力测量的仪表主要有两类：一类是机械式的压力表，另一类是液柱式的压力计。

1. 机械式的压力表

化工、制药厂使用最多的是机械式弹簧管测压表，表外观呈圆形，附有带刻度的圆盘。

弹簧管测压表可分为三类：用于正压设备的压力表，用于负压设备的真空表，既可测量表压又用来测量真空度的压力真空表，如图2-23所示。

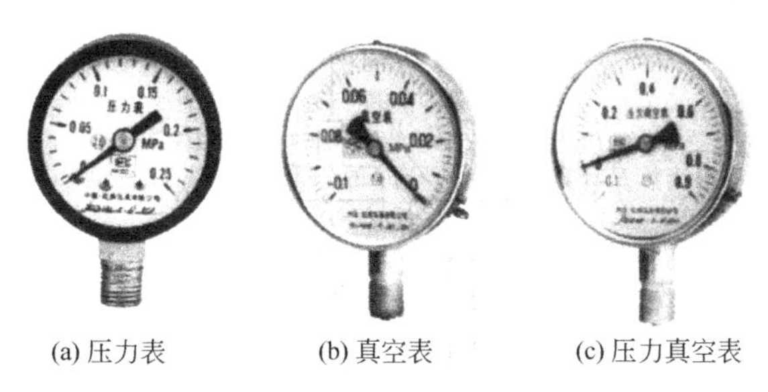

(a) 压力表　(b) 真空表　(c) 压力真空表

图2-23　弹簧管测压表分类

弹簧管压力表测量范围很广，压力表所测量的压力一般不应超过表最大读数的2/3。如测量系统的压力为500～600kPa表压时，应选取1000kPa的压力表，以免金属管发生永久性变形而引起误差或损坏。

2. 液柱式的压力计

液柱式的压力计是以静力学原理为依据的压力测量装置。这类压力计可测量液体中某点的压力，也可测两点间的压力差。结构简单，使用方便，是应用较广泛的测压装置，常见的液柱压力计有以下两种。

(1) U形压差计　其结构如图2-24所示。它是一两端开口的垂直U形玻璃管，中间配有读数标尺，管内装有液体作为指示液。指示液要与被测流体不互溶，不起化学作用，而且其密度要大于被测流体的密度。通常采用的指示液有着色水、水银、油及四氯化碳等。

图2-25为U形压差计测量管道两点压力差的示意图，U形压差计的两支管分别于管路中两个测压口相连接，因 $p_1>p_2$，左支管内指示液液面下降，右支管内的指示液液面上升，稳定时由两液面的高度差 R 可求得管路两截面的压力差，其计算公式为

$$p_1-p_2=(\rho_A-\rho_B)gR \tag{2-29}$$

式中　ρ_A——指示液密度；

ρ_B——待测流体密度；

R——U形管标尺上指示液的读数；

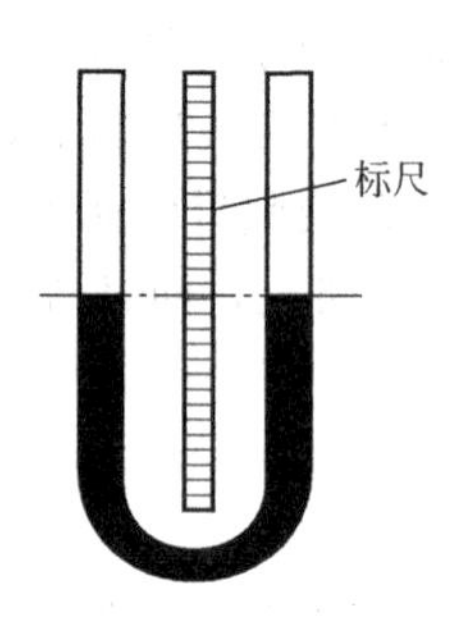

图 2-24　U 形压差计

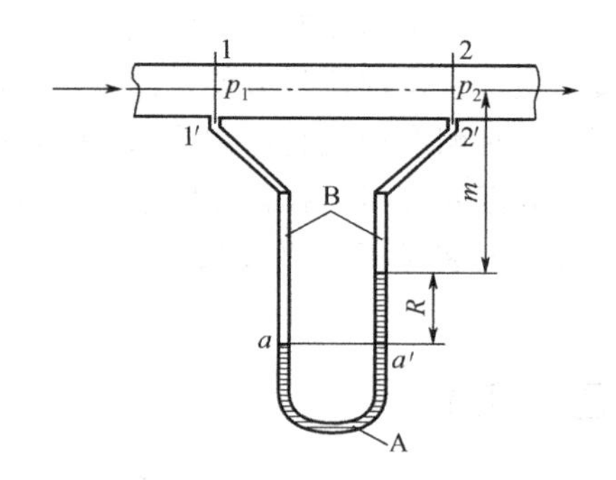

图 2-25　管道压力差测量示意

p_1-p_2——管路两截面间的压力差。

U 形管压差计也可用来测量流体的表压力或真空度。U 形管的一端通大气，另一端与设备或管道某一截面连接被测量的流体。

(2) 微差压差计　又称双液柱压差计。当测量小压差时，可采用微差压差计，如图 2-26 所示。这种压差计的特点如下。

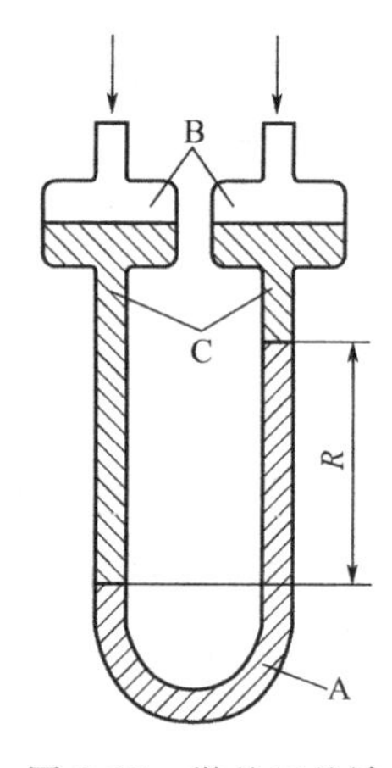

图 2-26　微差压差计

① 压差计内装有互不相溶的两种指示液 A 和 C，密度分别为 ρ_A 和 ρ_C，为使读数 R 放大，应使两种指示液的密度接近，还应注意指示液 C（若 $\rho_A>\rho_C$）与被测流体不互溶。

② U 形管两侧臂上的扩张室的截面积比 U 形管的截面积要大得多，扩张室的内径与 U 形管内径之比大于 10，两扩张室内指示液的液面变化很小，可近似认为维持在同一水平面上，所测压差可用下式计算：

$$p_1-p_2=(\rho_A-\rho_C)gR$$

第六节　流体输送机械

流体输送机械根据输送流体的性质不同可分为液体输送机械和气体输送机械。

化工、制药生产中常用的流体输送设备，按工作原理可分为：离心式、往复式、旋转式和流体作用式，如表 2-6 所示。

表 2-6　流体输送机械的类型

类型	离心式	往复式	旋转式	流体作用式
液体输送机械	离心泵、旋涡泵	往复泵、隔膜泵 计量泵、柱塞泵	齿轮泵、螺杆泵 轴流泵	喷射泵、酸蛋 空气升液器
气体输送机械	离心通风机 离心鼓风机 离心压缩机	往复压缩机 往复真空泵 隔膜压缩机	罗茨通风机 液环压缩机 水环真空泵	蒸汽喷射泵 水喷射泵

一、液体输送设备

用来输送液体的机械通常称为泵。因离心泵在化工、制药生产中使用较为广泛，重点讨论离心泵，其他类型的泵只做简单介绍。

1. 离心泵

(1) 离心泵的结构与工作原理　图 2-27 为一台单级离心泵的结构简图。主要部件是一个蜗牛形的泵壳 2 和一个固定在泵轴 3 上的叶轮 1。在泵壳轴心处的接口处连接液体吸入管 4，在泵壳切线方向上接口连接液体排出管 6。

叶轮是离心泵的核心部件，它是由 6～12 片向后弯曲的叶片构成，其功能是将原动机的机械能传给液体。按叶片两侧是否有盖板可将其分为开式、半开式和闭式三种类型，如图 2-28 所示。开式叶轮两侧无盖板，结构简单，但效率较低，适用于输送含有固体悬浮物的液体。闭式叶轮的吸入口一侧无盖板，效率也较低，适用于输送易沉淀或含有固体颗粒的液体。闭式叶轮两侧都有盖板，其效率高，适用于输送不含杂质的清洁液体，化工、制药生产中的离心泵多采用闭式叶轮。

根据叶轮的吸液方式可将叶轮分为单吸式叶轮与双吸式叶轮，如图 2-29 所示，图中 (a) 是单吸式叶轮，(b) 是双吸式叶轮，显然双吸式叶轮完全消除了轴向推力，而且具有较大的吸液推力。

离心泵一般由电动机带动。开泵前，泵内充满液体，泵启动后，泵轴带动叶轮以及其中的液体一起高速旋转，在离心力的作用下，液体从叶轮中心被甩向叶轮边缘，液体的动能和静压能增加。液体离开叶轮后进入泵壳，由于泵壳内的蜗牛形通道面积的逐渐增大，液体的动能逐渐降低，静压能逐渐增高，液体以较高的压力排出离心泵。另外叶轮中心由于液体被甩出，在叶轮中心形成一定的真空，而液面处的压力要高于叶轮中心的压力，吸入管两端的压力差，使液体源源不断地吸入泵内，只要叶轮不断地转动，液体就可以不断地被吸入和排出。

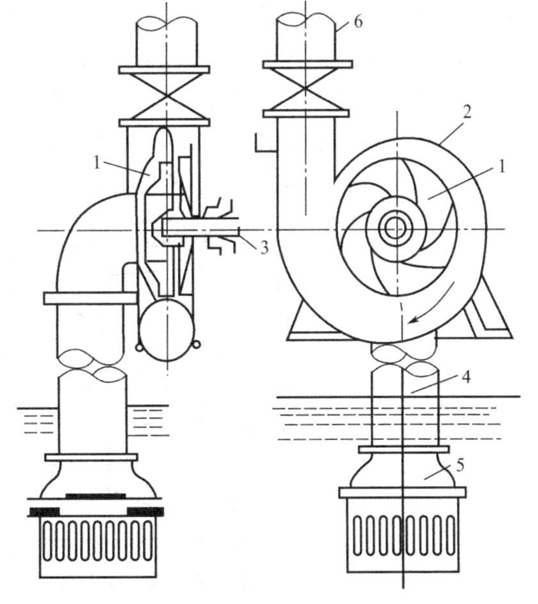

图 2-27　单级离心泵结构
1—叶轮；2—泵壳；3—泵轴；4—液体吸入管；5—单向阀；6—液体排出管

注意： 离心泵启动前一定要在泵内灌满被输送的液体。否则，由于空气密度很小，叶轮旋转时产生的离心力小，不能在叶轮中心形成应有的真空，吸入管两端形成的压差

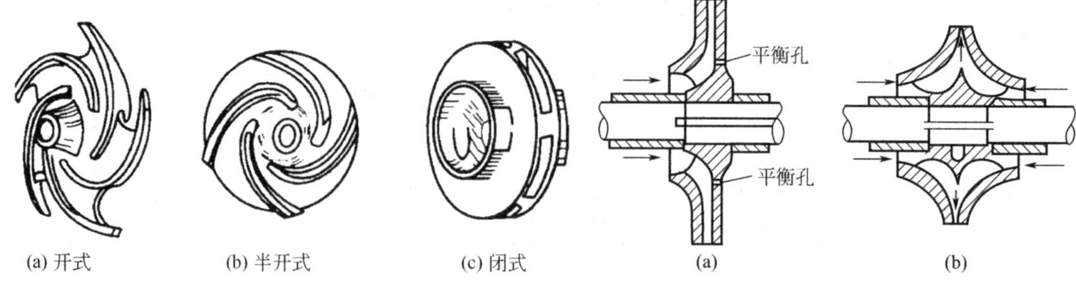

图 2-28 离心泵叶轮类型

图 2-29 叶轮的吸液方式

不能将液体吸入泵内，造成泵空转而不能输送液体。这种由于泵内存有气体而造成离心泵不能吸液的现象称为“气缚”。为使泵内能保持充满液体，常在吸入管底端安装一个带有滤网的单向阀 5。

(2) 离心泵的性能参数与特性曲线　要正确选用和使用离心泵，就要知道离心泵的工作性能。离心泵的主要性能有流量、扬程、功率和效率等，这些性能在出厂时会标注在铭牌或产品说明书上，供使用者参考。

① 流量　即泵的送液能力，指单位时间内从泵内排出的液体体积，以 Q 表示，单位为 m^3/s 或 m^3/h。离心泵的流量与离心泵的结构、尺寸和转速有关，离心泵的流量在操作中可以变化。离心泵铭牌上的流量与离心泵在最高效率下的流量，称为设计流量或额定流量。

② 扬程　扬程是指液体经泵后，单位重量（1N）液体所获得的能量，用 H 表示，单位为 m 液柱。离心泵扬程的大小取决于泵的结构、转速及流量。

注意：不要误认为泵的扬程就是提升液体的高度，泵提升液体的高度仅仅是扬程中的一部分，而扬程中的其余能量用于克服液体输送过程中的各种能量损失。

③ 功率与效率　离心泵的功率分为轴功率和有效功率。轴功率是指离心泵运转从电机中获得的功率，用 N 表示；有效功率是指离心泵提供给液体的功率，用 N_e 表示；有效功率与轴功率之比称为泵的效率，用 η 表示，$\eta=N_e/N$。

(3) 离心泵的特性曲线　离心泵的流量、扬程、功率和效率是离心泵的主要性能参数，这些参数之间存在一定的关系。生产厂家将离心泵的扬程、功率及效率与流量之间的变化关系，在一定的转速下由实验测出，并将其关系用图线表示出来，称为离心泵的特性曲线。

图 2-30 是 IS100-80-125 型离心泵在 2900r/min 转速下测定的特性曲线。

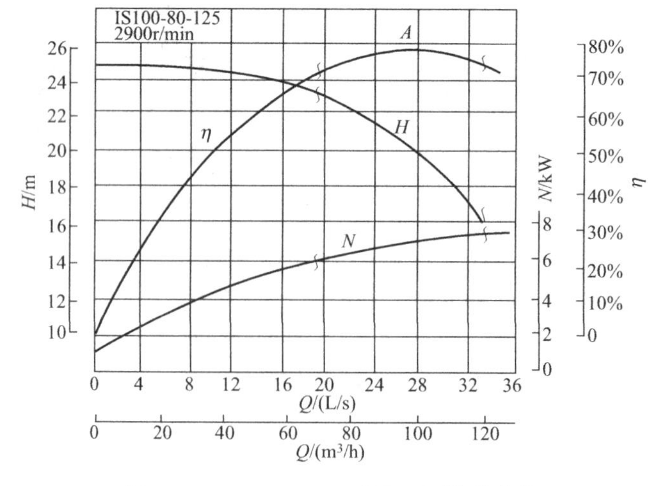

图 2-30 IS100-80-125 型离心泵特性曲线

H-Q 为扬程与流量的关系曲线，N-Q 为功率与流量的关系曲线，η-Q 为效率与流量的关系曲线。

由 H-Q 曲线可知，离心泵的扬程随流量增大而减小，这是离心泵的一个重要特性。

由 N-Q 曲线可知，离心泵的功率总是随着流量的增加而增大，当流量为零时，功率最小。因此，离心泵在启动时，应关闭出口阀，在流量为零的情况下启动，以减少电机的启动功率，防止启动功率过大而损坏电机。

由 η-Q 曲线可知，离心泵的效率先随流量增大而升高，达到最大值后，又随流量增加而下降，曲线的最高点为泵的设计点，泵在该点对应的流量及扬程下工作，效率最高。离心泵铭牌上所标注的各性能参数是最高效率点所对应数据，在使用离心泵时，应尽可能使泵在最高效率附近工作，一般工作效率不低于最高效率的 92%为宜。

(4) 离心泵的类型

① 清水泵　常用清水泵为单级单吸式，其系列代号为“IS”。以 IS100-80-125 为例，国际标准单级单吸清水泵，100 表示泵吸入口直径为 100mm，80 表示泵排出口直径为 80mm，125 表示叶轮名义直径为 125mm。

② 油泵　油泵是用来输送油类及石油产品的泵，其系列代号为“Y”。由于油类及石油产品易燃易爆，此类泵必须有较好的密封装置，必要时还有冷却装置。

③ 耐腐蚀泵　单吸单级悬臂式，其系列代号为 IH、F 型等。

IH 系列比 F 系列平均效率高 5%，所有与液体接触的部件可根据输送液体的性质，选用不同的耐腐蚀材料制造。

2. 其他类型的泵

(1) 往复式泵　往复泵是一种容积式泵，是一种通过容积的变化来对液体做功的机械，图 2-31 为一台单动往复泵的结构简图。它主要由泵缸、活塞以及吸入阀和压出阀构成，其中吸入阀和压出阀都是单向阀。往复泵工作时，活塞在缸内作往复运动，当活塞从右向左运动时，泵缸内压力升高，受泵缸内液体压力的作用。吸入阀自动关闭，压出阀自动开启，获得能量的液体沿压出管被排出泵外。当活塞从左向右运动时，泵缸内压力降低，压出阀在出口管内液体压力的作用下而自动关闭，吸入阀则受到吸入管内液体压力的作用而自动开启，液体通过吸入管被吸入泵内。活塞不断进行往复运动，液体就不断地被吸入和压出。

活塞在泵内左右移动的端点称为“死点”，两“死点”间的距离为活塞从左向右运动的最大距离，称为冲程。单动往复泵活塞每往复一次，吸入和排出各一次，其排液量是间断的不均匀的。为改善液量不均匀的情况，可以采用双动往复泵和三联泵。往复泵的流量与泵的压力无关，仅与泵缸直径、活塞的往复次数以及冲程有关。往复泵的压头与泵的几何尺寸无关，只要泵的机械强度和电动机的功率允许，管路系统需要多大的压头，往复泵都能满足其要求。因此，往复泵多用于要求流量较小而压力较高的液体输送。

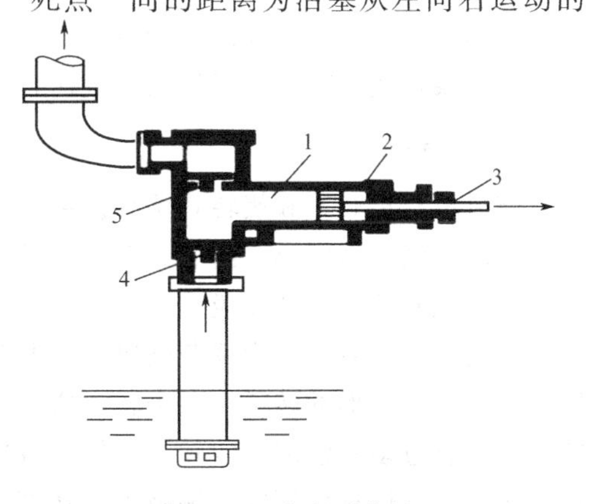

图 2-31　往复泵装置

1—泵缸；2—活塞；3—活塞杆；4—吸入阀；5—压出阀

往复泵有自吸能力，启动前不像离心泵那样需要灌液。往复泵的流量调节不能由泵排出管上的阀门调节，可以采用改变转数和活塞行程的方法调节。生产中常采用旁路调节阀来调节往复泵的流量。

(2) 齿轮泵　齿轮泵的结构如图 2-32 所示。主要由泵壳和一对互为啮合的齿轮所组成。其中一个为主动轮，与电动机相连，另一个为从动轮。两个齿轮将泵体分为吸入和排出两个空间，当齿轮按箭头方向转动时，在吸入腔处由于两轮的齿互相分开，空间增大而形成低压将液体吸入。被吸入的液体在齿缝中随齿轮旋转带到排出腔。在排出腔内，由于两齿轮的啮合，使其空间缩小而形成高压将液体排出。

齿轮泵的输送流量小，扬程高，能产生较大的压力。化工生产中常用齿轮泵输送一些黏稠液体及膏状物料，但不能输送有固体颗粒的悬浮液。

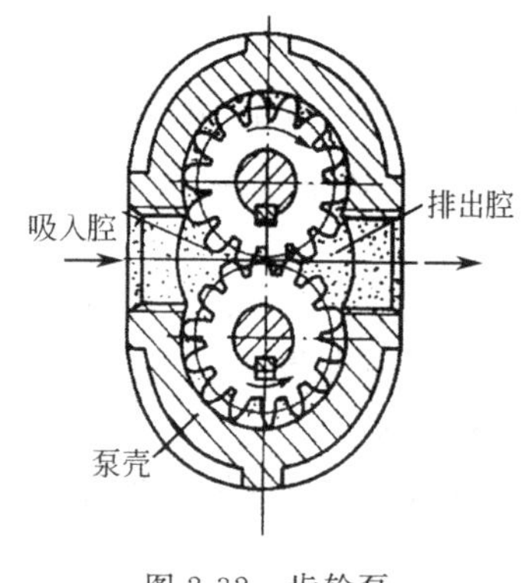

图 2-32　齿轮泵

图 2-33　罗茨鼓风机

二、气体输送设备

气体和液体都是流体，其输送设备在构造上大致相同，但由于气体具有压缩性，当压力发生变化时，其体积和温度也随之变化。因此输送和压缩气体的设备在结构上与液体输送机械有一定的差异。按其气体终压或压缩比（即气体出口压力与进口压力之比）的大小将气体的输送机械分为以下几种。

通风机：终压不大于 15kPa（表压），压缩比为 1～1.15；

鼓风机：终压为 15～300kPa（表压），压缩比小于 4；

压缩机：终压为 300kPa（表压）以上，压缩比大于 4；

真空泵：用于减压，终压为大气压，压缩比由真空度决定。

1. 鼓风机

鼓风机有离心式和旋转式两种。离心式鼓风机又称透平鼓风机，其外形结构与离心泵相似，但由于气体密度小，离心式鼓风机的机壳直径较大，叶轮上叶片数目较多，转速较快，离心鼓风机有单级式和多级式。

常用旋转式鼓风机为罗茨鼓风机。罗茨鼓风机的原理与齿轮泵相似，其构造见图 2-33。机壳内有两个腰形的转子，两个转子之间以及转子与机壳之间的缝隙很小，这样转子自由旋转时不会有过多的泄漏。两转子的旋转方向相反，当转子旋转时，在机壳内形成一个高压区和低压区，气体从低压区一侧吸入，从高压区一侧排出。

2. 压缩机

压缩机常见的类型有往复式和离心式。

往复式压缩机的构造和工作原理与往复泵类似，主要由气缸、活塞、吸气阀、排气阀以及曲柄、连杆等联动装置，如图 2-34 所示。

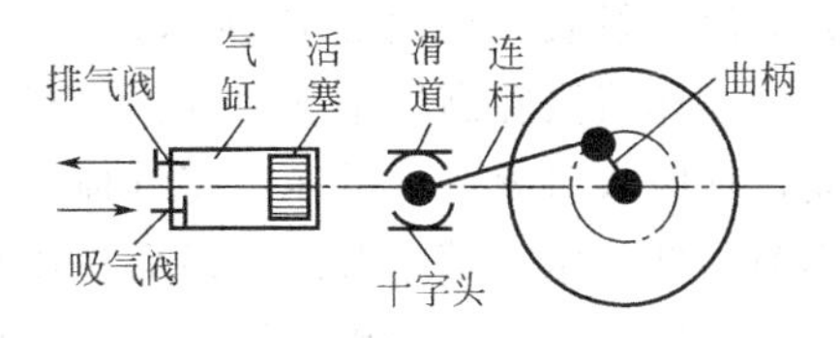

图 2-34 往复式压缩机的构造

生产上如果操作压力较高，若把压缩过程用一个气缸一次完成，往往是不可能的。压力高，压缩比大，动力消耗大，气体的温度升高也大，致使气缸内的润滑油变性，机件受损，严重时会造成爆炸。因此，当压缩比大于 8 时，需采用多级压缩。

多级压缩是把两个或两个以上的气缸串联起来，气体在一个气缸里一级压缩后，经冷却后送入下一个气缸二级压缩，再冷却，再压缩，经过几级压缩后达到最终的压力。每级之间均需设置中间冷却器以降低气体的温度，这是实现多级压缩的关键。图 2-35 为三级压缩流程，1、4、7 为气缸，2、5、8 为冷却器，3、6、9 为油水分离器。

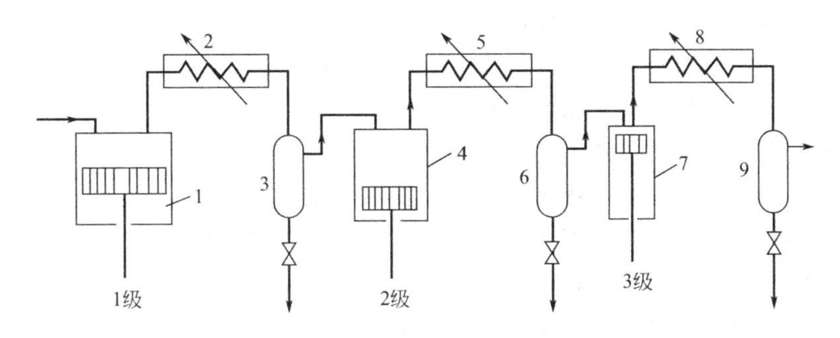

图 2-35 三级压缩流程

1，4，7—气缸；2，5，8—冷却器；3，6，9—油水分离器

往复式压缩机的类型很多，按不同的分类可有不同的名称。按被压缩气体的种类分类，可分为空压机、氧压机、氨压机等；按气缸在空间的位置可分为立式（Z)、卧式（P)、角式（L、VW）和对称平衡式（D、H、M）等。如 2D6.5-7.2/150 型压缩机表示压缩机为 2 列，对称平衡 D 型，活塞推力 6.5t，排气量 7.2m^3/min，排气压力 150at（表)。

离心压缩机也称透平压缩机，其结构、工作原理与多级离心式鼓风机相似，只是压缩机的叶轮级数较多，可达 10 级以上。当压缩比较大时，由于气体温升较大，离心式压缩机也可分为几段，段间设置冷却器以冷却气体。

与往复式压缩机比较，离心式压缩机的突出优点是体积小，质量轻，生产能力大，运转周期长，易损部件少，维护方便，气体不与润滑油系统接触，不会被油污染。目前，离心压缩机广泛应用于大型化工生产。

3. 真空泵

化工生产中常用的真空泵有往复泵和喷射泵。真空泵的主要性能参数有两个，一是抽气速率，即单位时间真空泵吸入气体的体积，单位为 m^3/h；二是真空度，即真空泵所能达到的最低压力。

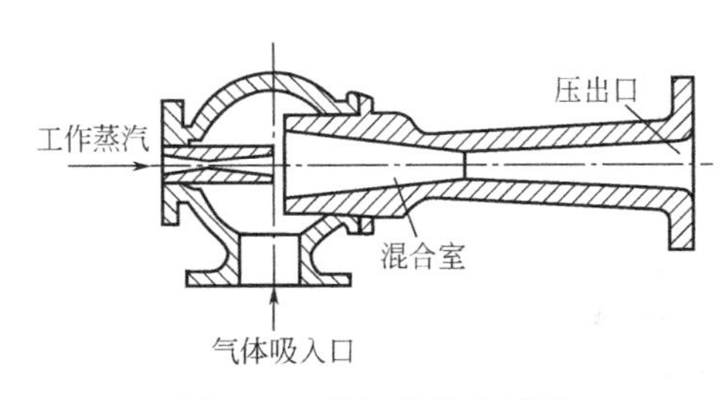

图 2-36 单级蒸汽喷射泵

往复式真空泵的工作原理与往复式压缩机基本相同，只是所用的阀门必须更轻。

喷射式真空泵是利用工作流体流动时的机械能转换关系来输送液体或气体。工作流体是水，也可以是蒸汽，用蒸汽作为工作介质的喷射泵称为蒸汽喷射泵，如图 2-36 所示。

工作蒸汽在高压下从喷嘴内以极高的流速喷出，在喷射过程中，蒸汽的静压能转化为动能，在吸入口处产生低压，将气体吸入，吸入气体与蒸汽混合后进入扩大室，流速在扩大室逐渐降低，压力随之升高，最后从压出口排出。

喷射泵的结构简单，制造容易，可用各种耐腐蚀材料制成，且能源易得，兼有冷凝蒸汽的能力，故在真空蒸发设备中广泛应用。

喷射泵的缺点是产生的压头小、效率低，其所输送的液体要与工作流体混合，因此使其应用范围受到限制。

思考题

2-1　输送以下流体需要什么材质的管路？输送中需注意什么问题？

(1) 水　　(2) 硫酸　　(3) 石油　　(4) 水蒸气

2-2　流体流动有几种类型？如何判断？

2-3　温度升高时，气体与液体的黏度如何变化？

2-4　下述几种情况下，哪种状态下更容易发生气蚀？

(1) 液体密度的大与小 (2) 夏季与冬季 (3) 流量大与小 (4) 泵安装的高与低 (5) 吸入管路的长与短 (6) 吸入液面的高与低

2-5　离心泵启动后，没有液体流出的原因是什么？如何解决？

2-6　某液体在如图 2-37 所示的三根管路中稳定流动，三根管路的直径、粗糙度均相同。若液体在三根管路 1—1′截面处的流速与压力均相等，试分析三根管路在 2—2′截面处流速、压力如何变化？

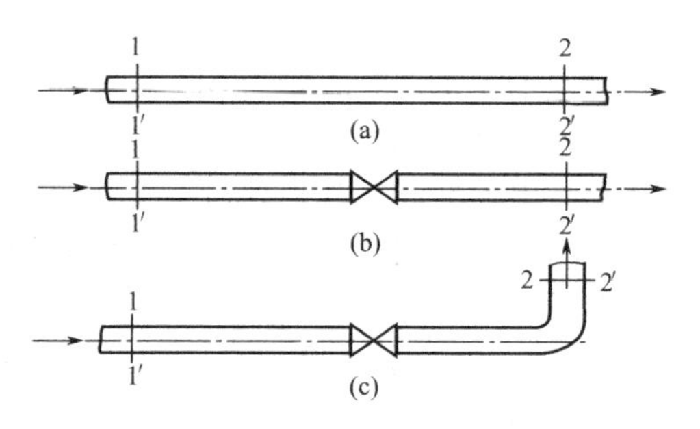

图 2-37　思考题 2-6 附图

2-7　如图 2-38 所示为一稳定流动系统。管段 ab 与 cd 的长度、直径及粗糙度均相同，流体温度保持恒定。问 (1) 流体流经两管段 ab 与 cd 的压力降是否相等？(2) 如增大阀门开度，流体流经两管段 ab 与 cd 的压力降是否相等？且压力降增大还是减小？

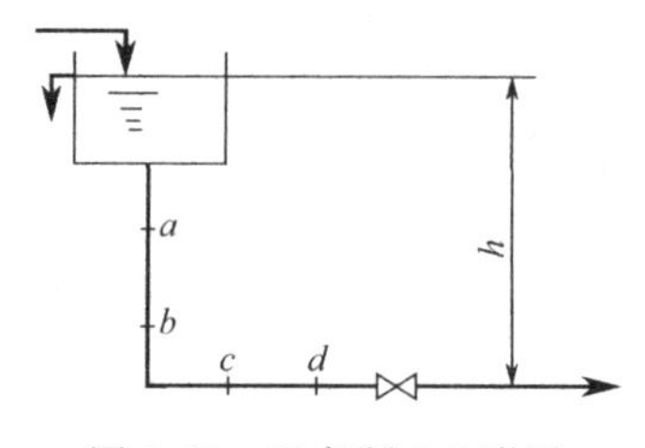

图 2-38　思考题 2-7 附图

2-8　一定量的液体在圆形直管内作滞流流动。若管长及液体物性不变，而管径减至原有的1/2，问因流动阻力而产生的能量损失为原来的多少倍？

计算题

2-1　氮和氢混合气体中，氮的体积分数为0.25。求此混合气体在400K和5MPa时的密度。

2-2　某生产设备上真空表的读数为100mmHg。已知该地区大气压力为750mmHg。试计算设备内的绝对压力与表压力各为若干（kPa）？

2-3　某水泵进口管处真空表读数为650mmHg，出口管处压力表读数为2.5at。试求水泵前后水的压力差为多少（at）？多少米水柱？

2-4　某塔高30m，现进行水压试验时，离底10m高处的压力计读数为500kPa。当地大气压力为100kPa时，求塔底及塔顶处水的压力。

2-5　用U形管压差计测定管道两点的压力差。管中气体的密度为2kg/m³，压差计中指示液为水（设水的密度为1000kg/m³），压差计中指示液读数为500mm。试计算此管道两侧点的压力差，以kPa表示。

2-6　某水管的两端设置一水银U形管压差计以测量管内的压差（图2-39），指示液的读数最大值为2cm。现因读数值太小而影响测量的精确度，拟使最大读数放大20倍左右，试问应选择密度为多少的液体为指示液？

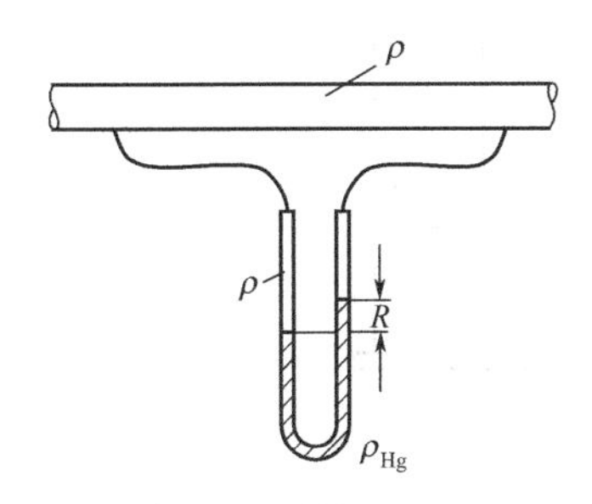

图2-39　计算题2-6附图

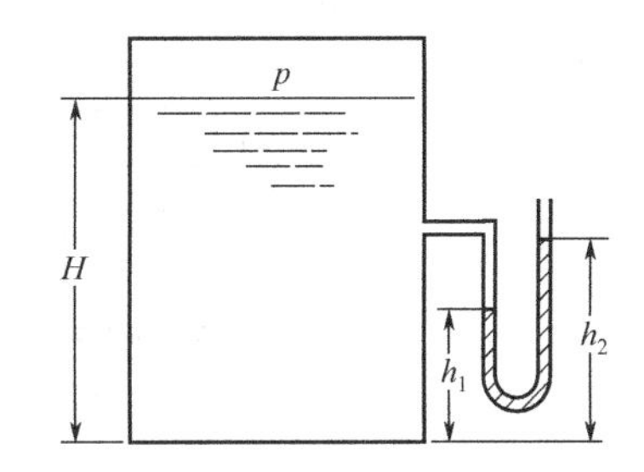

图2-40　计算题2-7附图

2-7　用U形管压差计测量某密闭容器中相对密度为1的液体液面上的压力，压差计内指示液为水银，其一端与大气相通（如图2-40所示）。已知 $H=4\text{m}$，$h_1=1\text{m}$，$h_2=1.3\text{m}$。试求液面上的表压力为多少（kPa）？

2-8　10℃的水在内径为25mm钢管中流动，流速1m/s。试计算其 Re 数值并判定其流动类型。

2-9　由一根内管及外管组合成的套管换热器，已知内管为 ϕ25mm×1.5mm，外管为 ϕ45mm×2mm。套管环隙间通以冷却用盐水，其流量为2500kg/h，密度为1150kg/m³，黏度为1.2mPa·s。试判断盐水的流动类型。

2-10　水密度为1000kg/m³，已知大气压力为100kPa。混合冷凝器在真空下操作，如真空度为66.7kPa（如图2-41所示）。试计算（1）设备内的绝对压力为多少kPa？（2）如果此设备管子下端插入水池中，管中水柱高度 H 为多少米？

2-11　管内输送的是20℃的25%$CaCl_2$ 的水溶液，其质量流量为5000kg/h。试按有缝钢管规格选择适宜的普通级管子型号。

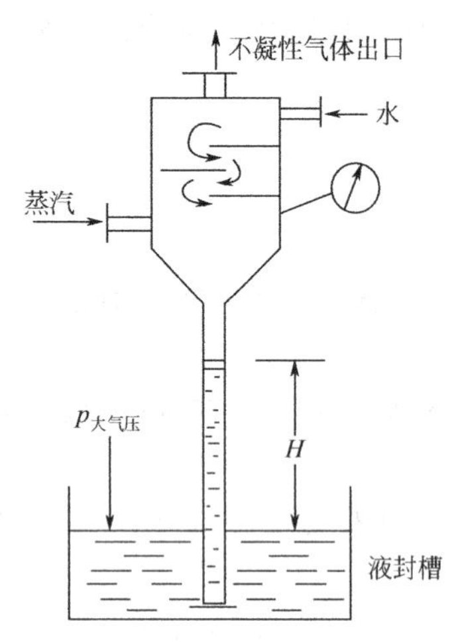

图 2-41　计算题 2-10 附图

2-12　用离心泵把 20℃的水从清水池送到水洗塔顶部，塔内的工作压力为 392.4kPa（表压），操作温度为 35℃，清水池的水面在地面以下 3m 保持恒定，水洗塔顶高出地面 11m。水洗塔供水量为 $350m^3/h$，水管直径为 $\phi325mm\times6mm$，水从水管进口处到塔顶出口的压头损失估计为 $10mH_2O$。若大气压为 100kPa，水的密度可取 $1000kg/m^3$，问此泵对水提供的有效压头应为多少？

2-13　用压缩空气将封闭贮槽中的硫酸输送到高位槽。在输送结束时，两槽的液面差为 4m，硫酸在管中的流速为 1m/s，管路的能量损失为 15J/kg，硫酸的密度为 $1800kg/m^3$。求贮槽中应保持多大的压力？

2-14　图 2-42 为 CO_2 水洗塔供水系统。水洗塔内绝对压力为 2100kPa，贮槽水面绝对压力为 300kPa。塔内水管与喷头连接处高于水面 20m，管路为 $\phi57mm\times2.5mm$ 钢管，送水量为 $15m^3/h$。塔内水管与喷头连接处的绝对压力为 2250kPa。设损失能量为 49J/kg。试求水泵的有效功率。

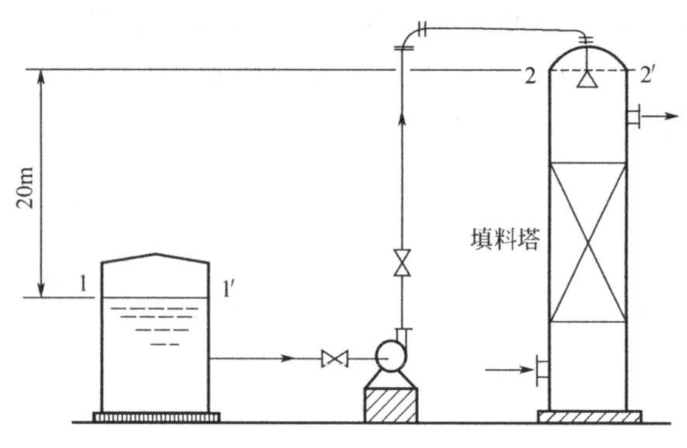

图 2-42　计算题 2-14 附图

2-15　如图 2-43 所示，用泵将贮槽中的某油品以 $25m^3/h$ 的流量输送到高位槽。两槽的液面差为 20m。输送管内径为 100mm，管子总长度为 120m（包括各种局部阻力的当量长度在内）。设两槽液面恒定，油品的密度为 $890kg/m^3$，黏度为 50mPa·s。试计算泵的有效功率。

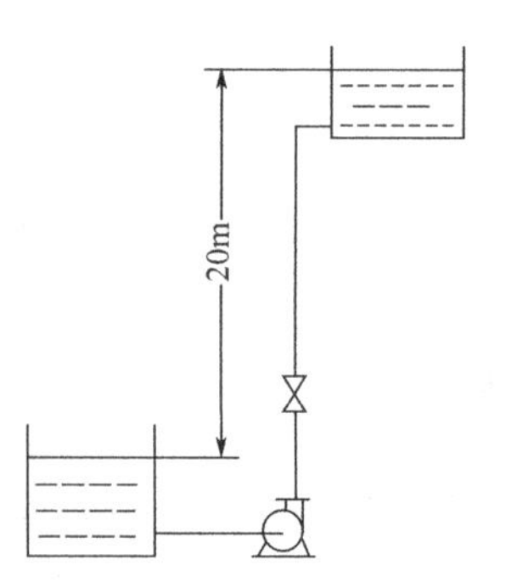

图 2-43　计算题 2-15 附图

第三章

传热与换热器

第一节　概　　述

一、传热在化工与制药生产中的应用

化工、制药生产过程，传热过程极为普遍。化学反应通常要在一定的温度下进行，流体的温度是控制化学反应顺利进行的重要条件，流体间热量的交换和传递就成为必不可少的基本操作。对吸热反应，需要外接供热；对于放热反应，需要及时移走反应热，进行冷却。对生产过程中的物理过程也有不同的温度要求，也需通过传热过程来加以实现。图 3-1 为以天然气为原料大型合成氨厂一氧化碳变换工序工艺流程。

将含有一氧化碳约 13%～15%的原料气经废热锅炉 1 降温至 370℃左右进入高变炉 2，经高变炉变换反应后的气体中一氧化碳含量可降至 3%左右，温度为 420～440℃。高变气进入高变废热锅炉 3 回收反应热，进甲烷化炉进气预热器 4 回收热量后进入低变炉 5。为提高传热效果，出低变炉反应后的气体在饱和器 6 中喷入少量水，使低变气达到饱和状态，提高在贫液再沸器 7 中的传热效果。

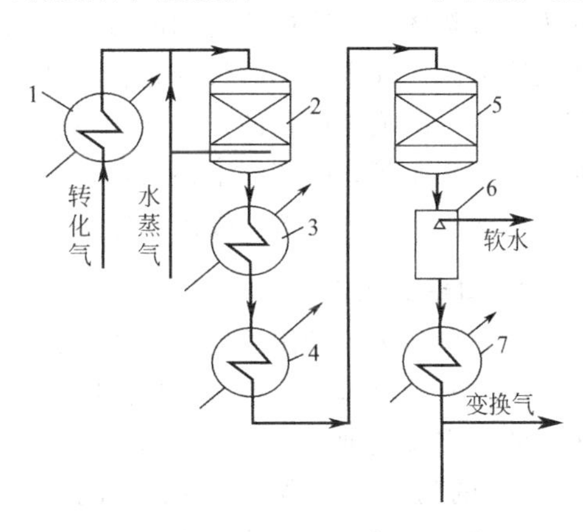

图 3-1　一氧化碳中变—低变串联流程

1—废热锅炉；2—高变炉；3—高变废热锅炉；4—甲烷化炉进气预热器；5—低变炉；6—饱和器；7—贫液再沸器

二、传热的基本方式

无论是气体、液体还是固体，凡存在着温度的差异，就必然导致热自发地从高温处向低温处传递。根据传热机理的不同，热传递有三种基本方式：热传导、对流传热和热辐射。

1. 热传导

热传导，简称导热。其机理是当物体的内部或两个直接接触的物体之间存在着温度差异时，

物体中温度较高部分的分子因振动而与相邻分子碰撞，并将能量的一部分传给后者。其特点是物体中的分子或质点不发生宏观的相对位移。在金属固体中，自由电子的扩散运动，对于导热起主要作用；在不良导体的固体和大部分液体中，导热是通过振动能从一个分子传递到另一个分子；在气体中，导热则是由于分子不规则热运动而引起的。热传导是固体中热传递的主要方式，而在流体中所进行的导热，并不显著。

2. 对流传热

对流传热，其机理是由于流体中质点发生相对位移和混合，而将热能由一处传递到另一处。若流体质点的相对移动是因流体内部各处温度不同而引起的局部密度差异所致，则称为自然对流。用机械能（如搅拌流体）使流体发生对流运动的称为强制对流。对流传热的实质是流体的质点携带着热能在不断的流动中给出或吸入，在同一种流体中，有可能同时发生自然对流和强制对流。

但在实际上，对流传热的同时，流体各部分之间还存在着导热，而形成一种较复杂的热传递过程。

3. 热辐射

热辐射，是一种以电磁波传递热能的方式。一切物体都能把热能以电磁波形式发射出去。热辐射的特点是不仅产生能量的转移，而且还伴随着能量形式的转换。如两个物体以热辐射的方式进行热能传递时，放热物体的热能先转化为辐射能，以电磁波形式向周围空间发射，当遇到另一物体，则部分或全部地被吸收，重新又转变为热能。

热传导和对流传热都是靠质点直接接触而进行热的传递，而热辐射则不需要任何物质作媒介。任何物体只要在热力学零度以上，都能发射辐射能，但是只有在高温下物体之间温度差很大时，辐射才成为主要的传热方式。

实际上，上述三种传热的基本方式，很少单独存在，往往是互相伴随着同时出现。

三、化工与制药生产中的换热方法

在化工、制药生产中，换热的具体形式虽然很多，但都不外乎加热与冷却。在换热过程中，具有较高温度而放出热量的物体，称为热载热体；具有较低温度而接受热量的物体，则称为冷载热体。生产中所遇到的载热体大多数是流体（液体、气体），所以通常称其为热流体或冷流体。如果换热的目的是将冷载热体加热，则所用的热流体称为加热剂，如水蒸气、烟道气等。若换热的目的是将热载热体冷却或冷凝，则所用的冷流体称为冷却剂或冷凝剂，如空气、冷水等，把实现上述换热过程的设备称为换热器。

工业中的换热方式，按工作原理和设备类型，可分为以下三种方式。

1. 间壁式换热

这是生产中最常用的换热方式，其主要特点是冷热两种流体被一固体间壁隔开，在换热过程中，两种流体互不接触。传热时热流体将热量传给间壁，再由间壁传给冷流体以达到换热目的，实现此种换热方式的设备，称为间壁式换热器。间壁式换热器的类型很多，如图3-2所示的列管式换热器。冷、热流体分别流经管内和管子构成的环隙空间，以进行热交换。间壁式换热适用于两流体不允许混合的场合。

2. 混合式换热

混合式换热的特点是依靠热流体和冷流体直接接触在混合中实现换热，它具有传热速率快、效率高、设备简单等优点。实现此种换热方式的设备有：凉水塔、喷洒式冷却塔、混合

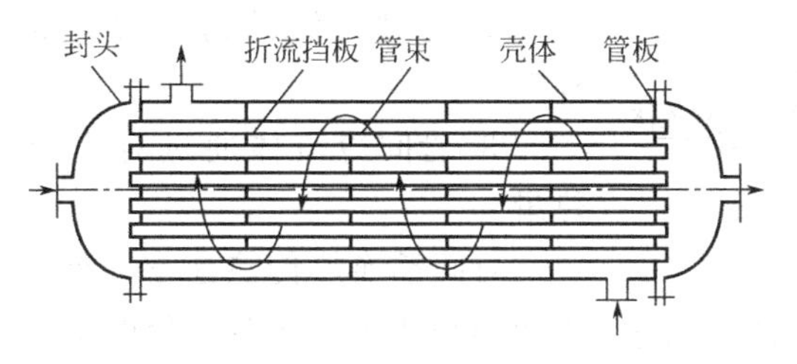

图 3-2　间壁式换热器

式冷凝器等。

如图 3-3 所示的一种机械式通风凉水塔，需冷却的热水由水泵送入塔顶，经水分布器分散成水滴或水膜自上而下流动，与自下而上送入的空气相接触，在接触过程中热水将热量传递给空气，达到了冷却热水的目的。由此可见，混合式换热适用于冷热两种流体直接接触的场合。

3. 蓄热式换热

蓄热式换热的特点为冷热两种流体间的热量交换是通过壁面周期性的加热和冷却来实现的。图 3-4 所示为一蓄热式换热器，器内装有耐火砖之类的固体填充物，用以储蓄热量。当热流体流经蓄热器时，热量被填充物壁面吸收，并储蓄在壁面内；在冷流体流过的冷却期，壁面把所储蓄的热量又传给冷流体。这样，冷、热两种流体交替地流过填充物，利用固体填充物来蓄积和释放热量而达到冷、热两种流体换热的目的。但这种换热方式在操作中难免在交替时发生两种流体的混合，所以在化工生产中使用受到限制。

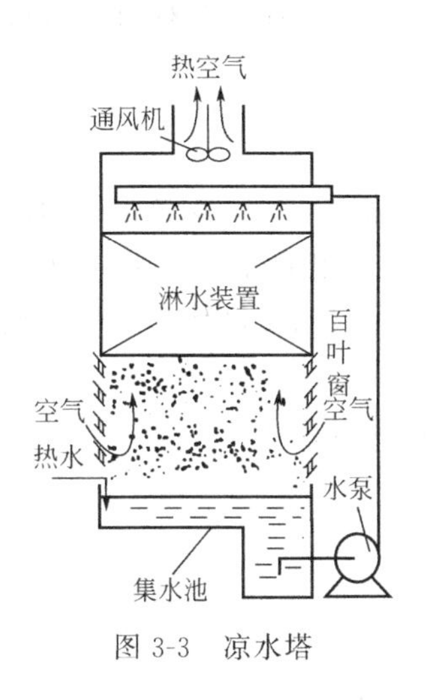

图 3-3　凉水塔

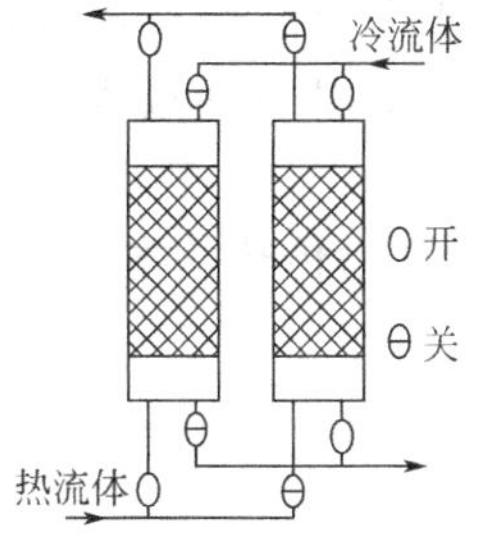

图 3-4　蓄热式换热器

第二节　间壁传热过程分析

一、间壁传热过程

在多数情况下，工艺上不允许冷热流体直接接触，工业上应用最多的是间壁式传热过程。图 3-5 为间壁式单程列管式换热器操作示意图。热流体走管内，冷流体走管间。这种热量传递过程包括以下三个步骤：

① 管内热流体通过对流传热将热量传给换热管的内壁；

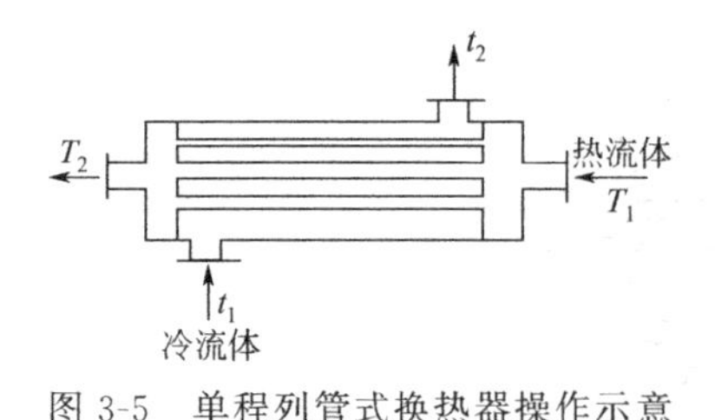

图 3-5 单程列管式换热器操作示意

② 通过热传导的方式，热量从管的内壁传至管的外壁；

③ 管间冷流体通过对流传热获取从管外壁传出的热量。

对间壁换热传热速率及影响因素等问题的研究，对于选择和使用换热器十分重要。

二、传热速率方程及应用

1. 传热速率方程

如图 3-5 所示，换热器内两种流体呈逆流流动，热流体进口温度为 T_1，出口温度下降到 T_2；冷流体进口温度为 t_1，出口温度上升到 t_2。

实践证明，两流体在单位时间内通过换热器传递的热量与传热面积成正比，与冷热流体间的温度差也成正比。倘若温度差沿传热面是变化的，则取换热器两端温度差的平均值。传热速率方程可表示为

$$Q=KA\Delta t_m \tag{3-1}$$

式中 Q——单位时间内通过换热器传递的热量，即传热速率，W；

A——换热器的传热面积，m^2；

Δt_m——冷、热流体间传热温度差的平均值，它是传热的推动力，℃；

K——比例系数，或称传热系数，是表示传热过程中强弱程度的数值。其物理意义和单位 W/（m^2·℃）可由下式看出

$$K=\frac{Q}{A\Delta t} \tag{3-2}$$

传热系数 K 的物理意义是：当冷热两流体之间温度差为 1℃时，在单位时间内通过单位传热面积，由热流体传给冷流体的热量。所以 K 值越大，在相同的温度差条件下，所传递的热量就越多，即热交换过程越强烈。在传热操作中，总是设法提高传热系数的数值以强化传热过程。

式（3-1）称为传热基本方程式。此式也可以写成如下形式

$$Q=\frac{\Delta t_m}{\frac{1}{KA}}=\frac{\Delta t_m}{R} \tag{3-3}$$

式中 $R=\frac{1}{KA}$——传热总热阻。

式（3-3）表明传热速率与传热推动力成正比，与传热热阻成反比。因此，提高传热推动力和降低传热热阻是提高换热器传热速率的主要途径。

要选择或设计换热器，必须计算完成工艺上给定的传热任务所需换热器的传热面积。由传热基本方程式得

$$A=\frac{Q}{K\Delta t_m} \tag{3-4}$$

由上式知，要计算传热面积，必须先求得传热速率 Q、平均温度差 Δt_m 和传热系数 K。下面就分别讨论它们在不同情况下的计算方法。

2. 热负荷

换热器中单位时间内冷、热流体间所交换的热量，称为换热器的热负荷，以 Q' 表示。

此值是根据生产上换热任务的需要确定的，热负荷是工艺要求换热器应具有的换热能力。一个能满足生产要求的换热器，必须使其传热速率等于（或略大于）热负荷。而在实际设计或选择热交换器时，通常将传热速率与热负荷在数值上视为相等，所以通过热负荷的计算，便可确定换热器所应具有的传热速率，依此传热速率便可计算换热器在一定条件下所具有的传热面积。

应当注意的是，热负荷和传热速率虽然在数值上一般看作相等，但其含义却不相同。热负荷是由生产上的要求所决定的，是生产上对换热能力的要求；而传热速率是换热器本身在一定操作条件下的换热能力，是换热器本身的特性。

当忽略操作中的热量损失时，则根据能量守恒的原理可知，热流体在单位时间内所放出的热量 $Q_{热}$ 等于冷流体在单位时间内吸收的热量 $Q_{冷}$，即 $Q_{热}=Q_{冷}$。在化工与制药生产中，正常连续生产时，为稳定传热过程，故热负荷可通过热流体放出的热量 $Q_{热}$ 进行计算，也可通过冷流体吸收的热量 $Q_{冷}$ 来计算，即 $Q'=Q_{热}=Q_{冷}$。具体计算热负荷的方法如下。

(1) 传热中流体只有温度变化，没有相变化时，计算式为

$$Q_{热}=q_{热}c_{热}(T_1-T_2) \tag{3-5}$$

$$Q_{冷}=q_{冷}c_{冷}(t_2-t_1) \tag{3-6}$$

式中　$c_{热}$、$c_{冷}$——热流体和冷流体在进出口温度范围内的平均比热容，J/(kg·℃)；

T_1、T_2——热流体初始温度和最终温度，℃；

t_1、t_2——冷流体初始温度和最终温度，℃；

$q_{热}$、$q_{冷}$——热流体、冷流体的流量，kg/h 或 kg/s。

(2) 传热中流体只有相变化，没有温度变化时，计算式为

$$Q_{热}=q_{热}r_{热} \tag{3-7}$$

$$Q_{冷}=q_{冷}r_{冷} \tag{3-8}$$

式中　$r_{热}$、$r_{冷}$——热流体和冷流体的汽化潜热，J/kg。

(3) 传热中流体既有温度变化又有相变化时，计算式为

$$Q_{热}=q_{热}[c_{热}(T_1-T_2)+r_{热}] \tag{3-9}$$

$$Q_{冷}=q_{冷}[c_{冷}(t_2-t_1)+r_{冷}] \tag{3-10}$$

【例 3-1】 试计算压力为 140kPa（绝对），流量为 1500kg/h 的饱和水蒸气冷凝后，并降温至 50℃时所放出的热量。

解 此题分以下两步计算：一是饱和水蒸气冷凝成水，放出潜热；二是水温降至 50℃时所放出的显热。

① 蒸汽凝成水所放出的潜热为 Q_1

查水蒸气表得：$p=140$kPa（绝对）下水的饱和温度 $t_s=109.2$℃，汽化潜热 $r_{热}=2234.4$kJ/kg

则　$$Q_1=q_{热}r_{热}=\frac{1500}{3600}\times 2234.4=931(\text{kJ/s})=931(\text{kW})$$

② 水由 109.2℃降温至 50℃时放出的显热 Q_2

$$平均温度=\frac{109.2+50}{2}=79.6(℃)$$

查得：79.6℃时水的比热容 $c_{热}=4.19$kJ/(kg·℃)

则 $Q_2=q_{热}c_{热}(t_2-t_1)=\frac{1500}{3600}\times 4.19\times(109.2-50)=103.4(\text{kJ/s})=103.4(\text{kW})$

③ 共放出热量 $Q_{热}$

$$Q_{热}=Q_1+Q_2=931+103.4=1034.4(\text{kW})$$

【例 3-2】 将0.417kg/s、80℃的硝基苯，通过一换热器冷却到40℃，冷却水初温为30℃，出口温度不超过35℃。如热损失可以忽略，试求该换热器的热负荷及冷却水用量。

解 ① 由附录查得硝基苯和水的比热容分别为1.6kJ/(kg·℃) 和 4.17kJ/(kg·℃)，由式（3-5）计算热负荷

$$Q' = Q_{热} = q_{硝}\ c_{硝}(T_1 - T_2) = 0.417 \times 1.6 \times (80-40) = 26.7(\text{kW})$$

② 依热量守恒原理可知，当 $Q_{损}$ 略去不计时，则冷却水用量可依 $Q' = Q_{热} = Q_{冷}$ 计算，得

$$Q' = Q_{热} = q_{硝}\ c_{硝}(T_1 - T_2) = q_{水} c_{水}(t_2 - t_1)$$

$$26.7 \times 10^3 = q_{水} \times 4.17 \times 10^3 (35-30)$$

$$q_{水} = 1.28\text{kg/s} = 4608\text{kg/h} \approx 4.6\text{m}^3/\text{h}$$

3. 传热温度差

在间壁式换热器中，根据冷热两种流体在传热面流动时，各点温度变化的情况，可将传热过程分为恒温传热和变温传热。两种传热过程的传热温度差计算是不相同的。

(1) 恒温传热时的传热温度差　恒温传热即两流体在进行热交换时，每一流体在换热器内的任一位置，任一时间的温度不变。例如换热器内间壁一边为液体沸腾，另一边为蒸气冷凝，则两边流体的温度都不发生变化。

显然，由于恒温传热，冷热两种流体的温度都维持恒定不变，所以两流体间的传热温度差为定值，可表示如下

$$\Delta t_m = T - t \tag{3-11}$$

式中　T——热流体的温度,℃；

　　t——冷流体的温度,℃。

(2) 变温传热时的传热温度差　对于稳流热交换过程，间壁一边或两边流体的温度沿传热面变化，但不随时间而变化的传热，称为变温传热。在变温传热中，两流体间的传热温度差，在传热面的不同点而不同，在进行传热计算时，必须取其平均值，故存在着求取平均传热温度差 Δt_m 的问题。

图 3-6 为一种流体恒温 T，另一种流体变温，由 t_1 升温到 t_2。图 3-7 为两种流体变温，一种流体从 T_1 降到 T_2，另一种流体从 t_1 升到 t_2。图 3-7（a）为并流，即两种流体方向流动相同；图 3-7（b）为逆流，即两种流体以相反的方向流动。

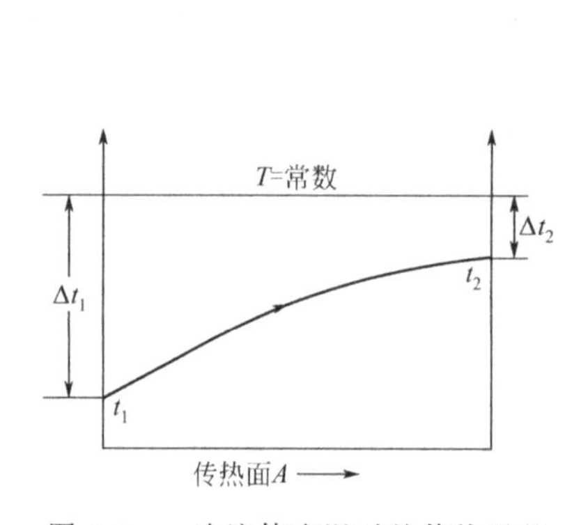

图 3-6　一边流体变温时的传热温差

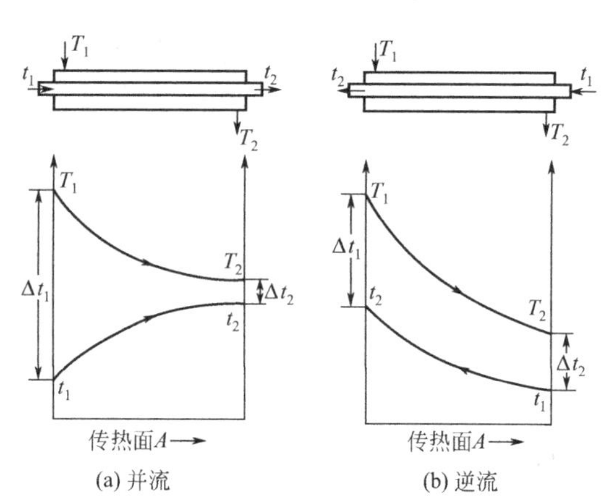

图 3-7　两边流体变温时的传热温差

无论何种情况，经过理论推导，其平均传热温度差 Δt_m 用下式计算

$$\Delta t_m=\frac{\Delta t_1-\Delta t_2}{\ln\dfrac{\Delta t_1}{\Delta t_2}} \tag{3-12}$$

式中 Δt_m——对数平均温度差，℃；

Δt_1、Δt_2——换热器两端的传热温度差（$\Delta t_1>\Delta t_2$），℃。

当 $\dfrac{\Delta t_1}{\Delta t_2}\leqslant 2$ 时，在工程计算中，可近似用算术平均值 $\Delta t_m=\dfrac{\Delta t_1+\Delta t_2}{2}$ 代替对数平均值，其误差不超过4%。

【例 3-3】 在一石油热裂解装置中，所得热裂物的温度为300℃。今拟设计一台热交换器，利用此热裂物的热量来预热进入装置的石油。石油进入热交换器的温度 $t_1=25℃$，拟预热到 $t_2=180℃$。热裂产物的终温 T_2 规定不得低于200℃，试计算热裂解产物与石油在换热器内分别采用逆流和并流时的平均传热温度差 Δt_m。

解 ① 两种流体逆流流动

热流体温度	$T_1=300℃$	$T_2=200℃$
冷流体温度	$t_2=180℃$	$t_1=25℃$
平均温度差	$\Delta t_2=120℃$	$\Delta t_1=175℃$

所以

$$\Delta t_m=\frac{\Delta t_1-\Delta t_2}{\ln\dfrac{\Delta t_1}{\Delta t_2}}=\frac{175-120}{\ln\dfrac{175}{120}}=145.9(℃)$$

由于

$$\frac{\Delta t_1}{\Delta t_2}=\frac{175}{120}=1.46<2$$

所以用算术平均值也能满足工程上的要求

$$\Delta t_m=\frac{\Delta t_1+\Delta t_2}{2}=\frac{175+120}{2}=147.5(℃)$$

② 两种流体并流流动

热流体温度	$T_1=300℃$	$T_2=200℃$
冷流体温度	$t_1=25℃$	$t_2=180℃$
平均温度差	$\Delta t_1=275℃$	$\Delta t_2=20℃$

所以

$$\Delta t_m=\frac{\Delta t_1-\Delta t_2}{\ln\dfrac{\Delta t_1}{\Delta t_2}}=\frac{275-20}{\ln\dfrac{275}{20}}=97.3(℃)$$

由上可知，参加热交换的两种流体，虽然其进出口温度分别相同，但逆流时的 Δt_m 比并流时为大。

(3) 不同流动形式的比较 由【例 3-3】可以看出，如果两流体都是变温，则在进出口温度相同的条件下，逆流时的平均温差大于并流时的平均温差，其他形式流动（如错流和折流）的平均温度差介于逆流和并流之间。因此，就提高传热推动力而言，逆流优于并流及其他流动形式。

根据传热速率方程，在换热器面积一定的情况下，只要流体进出口温度确定，被加热（或冷却）的物料量确定，热负荷确定。由于逆流传热平均温差 Δt_m 大，因此，逆流传热可以节省加热介质（或冷却介质）的用量。

由上分析可知，换热器应当尽量采用逆流流动。但是，在某些生产工艺有特殊要求时，如要求冷流体被加热时不得超过某一温度，或热流体被冷却时不能低于某一温度时，则采用

并流操作比较容易控制。

与并流和逆流比较，错流和折流的特点在于能使热交换器的结构比较紧凑合理。

4. 传热系数

如前所述，传热系数是表示间壁两侧流体间传热过程强弱程度的一个数值，影响其大小的因素十分复杂。此值主要决定于流体的物性、传热过程的操作条件及换热器的类型等，因此 K 值变化范围很大。例如，某些情况下在列管换热器中，传热系数 K 的经验值见表 3-1。K 值主要通过有关理化数据手册查取，也可用一些方法计算和测定。

表 3-1　列管式换热器中的传热系数 K 经验值

冷流体	热流体	传热系数 K/[W/(m^2·℃)]	冷流体	热流体	传热系数 K/[W/(m^2·℃)]
水	水	850～1700	水	水蒸气冷凝	1420～4250
水	气体	17～280	气体	水蒸气冷凝	30～300
水	有机溶剂	280～850	水	低沸点烃类冷凝	455～1140
水	轻油	340～910	水沸腾	水蒸气冷凝	2000～4250
水	重油	60～280	轻油沸腾	水蒸气冷凝	455～1020

第三节　换热器

换热器是化工与制药厂中重要的设备之一。由于生产中对换热器有不同的要求，所以换热设备也有各种形式，如加热器、冷却器、冷凝器、蒸发器和再沸器等。但根据冷、热流体间热量交换的方式基本上可分为三类，即本章开始所述及的间壁式、混合式和蓄热式。在这三类换热器中，以间壁式换热器最为普遍，本节主要讨论此类换热器。

按照传热面的型式，间壁式换热器可分为管式、板式、夹套式和各种异型传热面组成的特殊型式换热器。

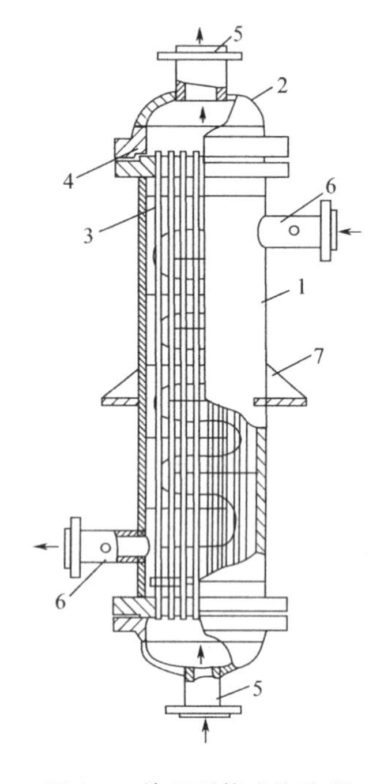

图 3-8　单程列管式换热器
1—壳体；2—顶盖；3—管束；4—管板；5，6—连接管；7—支架

一、管式换热器

1. 列管式换热器

列管式换热器又称管壳式换热器，是目前化工生产上应用最为广泛的一种换热器。主要优点是单位体积所具有的传热面积大，并且传热效果好。此外，结构较简单，制造材料也较为广泛，适应性强，尤其是在高温、高压和大型装置中采用更为普遍。

(1) 列管式换热器的构造　列管式换热器如图 3-8 所示，主要由壳体、管束、管板（又称花板）和顶盖（又称封头）等部件组成。管束 3 安装在壳体 1 内，两端固定在管板 4 上，管板分别焊在外壳的两端，并在其上连接有顶盖。顶盖和壳体上装有流体进、出口连接管 5、6。沿着管长方向，常常装有一系列垂直于管束的挡板。进行换热时，一种流体由顶盖的进口管进入，通过平行管束的管内，从另一端顶盖出口接管流出，称为管程。另一种流体则由壳体的接管进入，在壳体与管束间的空隙处流过，而由另一接管流出，称为壳程。管束的表面积即为传热面积。

流体一次通过管程的称为单管程，一次通过壳程的称为单壳程。

列管式换热器传热面积较大时，管子数目则较多，为了提高管程流体的流速，常将全部管子平均分隔成若干组，使流体在管内往返经过多次，称为多管程。如图 3-9 即为双程列管式换热器。用隔板将进口顶盖内平均分为两部分，进口流体从顶盖的一侧进入，流入一半管束内，从另一顶盖折流后，流入另外一半管束，最终从进口顶盖的另一侧流出。

为了提高壳程流体的速度，往往在壳体内安装一定数目与管束相垂直的折流挡板（简称挡板）。这样既可提高流体速度，同时迫使壳程流体按规定的路径多次错流通过管束，使湍动程度增加，以利于管外对流传热系数的增大。常用的挡板有圆缺形和圆盘形两种，如图 3-10 所示，前者应用较为广泛。

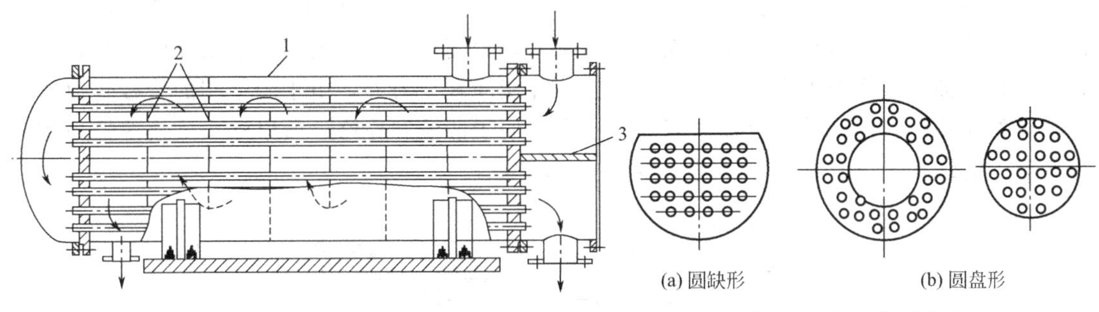

图 3-9　双程列管式换热器

1—壳体；2—挡板；3—隔板

图 3-10　折流挡板的形式

(2) 具有热补偿列管式换热器的基本形式　列管式换热器中，由于冷热两流体温度不同，使壳体和管束的温度也不同，因此它们的热膨胀程度也有差别。若两流体的温度相差较大（如 50℃以上）时，就可能由于热应力而引起设备的变形，甚至弯曲和断裂，或管子从管板上松脱，因此必须采取适当的温差补偿措施，消除或减小热应力。根据采取热补偿方法的不同，列管式换热器可分为以下几种主要形式。

① 具有补偿圈的固定管板式换热器　图 3-11 为具有补偿圈的固定管板式换热器。所谓固定管板式，即两端管板和壳体连接成一体的结构形式，因此它具有结构简单和造价低廉的优点，但壳程清洗困难，因此要求壳方流体应是较清洁且不容易结垢的物料。当外壳和管束膨胀不同时，补偿圈发生弹性变性（拉伸或压缩），以适应外壳和管束的不同热膨胀。适用于两流体温度差小于 60～70℃，壳程压强小于 588kPa 的场合。

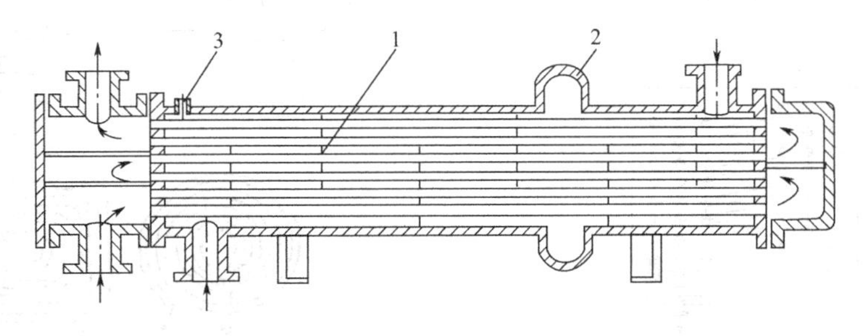

图 3-11　具有补偿圈的固定管板式换热器

1—挡板；2—补偿圈；3—放气嘴

② U形管式换热器　U形管式换热器如图3-12所示。每根管子都弯成U形，管子两端均固定在同一管板上，因此每根管子可以自由伸缩，从而解决热补偿问题。这种形式换热器的结构也较简单，质量轻，适用于高温和高压的情况。其主要缺点是管程清洗比较困难；且因管子需一定的弯曲半径，管板利用率较差。

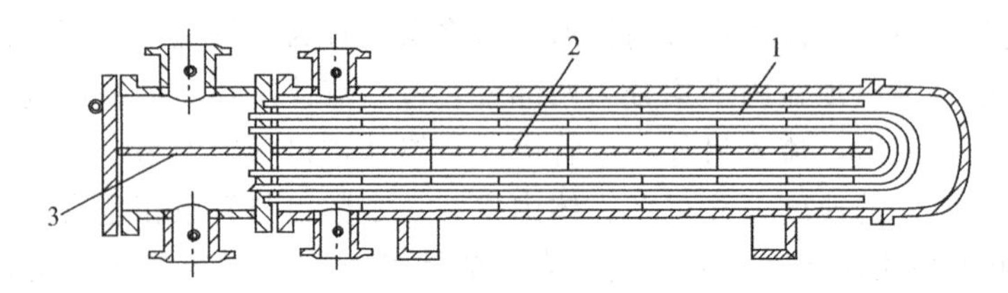

图3-12　U形管式换热器

1—U形管；2—管程隔板；3—壳程隔板

③ 浮头式换热器　浮头式换热器如图3-13所示。两端管板中有一端不与外壳固定连接，该端称为浮头，这样当管束和壳体因温度差较大而热膨胀不同时，管束连同浮头就可在壳体内自由伸缩，而与外壳无关，从而解决热补偿问题。另外，由于固定端的管板是以法兰与壳体相连接的，因此管束可以从壳体中抽出，便于清洗和检修。所以浮头式换热器应用较为普遍。但结构比较复杂，金属耗量多，造价较高。

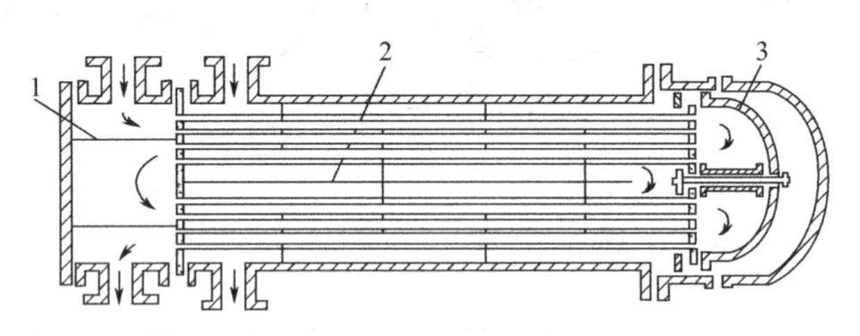

图3-13　浮头式换热器

1—管程隔板；2—壳程隔板；3—浮头

2. 沉浸式蛇管换热器

图3-14为沉浸式蛇管换热器。换热管多以金属管弯绕而成，或制成适应容器要求的形状，俗称蛇管。蛇管沉浸在容器中。图3-15为常见的几种蛇管形式。其优点是结构简单，价格低廉，便于防腐蚀，能承受高压。主要缺点是由于容器体积较蛇管的体积大得多，故管外流体的对流传热系数较小，因而传热系数K也较小。如在容器内加搅拌器或减小管外空间，则可提高传热系数。

3. 喷淋式换热器

喷淋式换热器如图3-16所示，它是将若干根管子水平排列在同一垂直面上，上下相邻

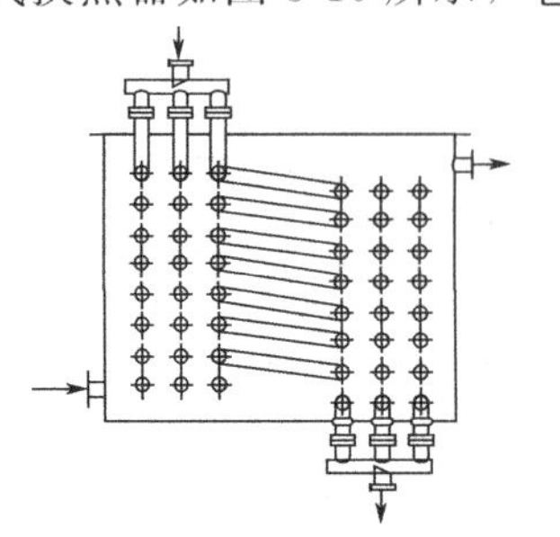

图3-14　沉浸式蛇管换热器

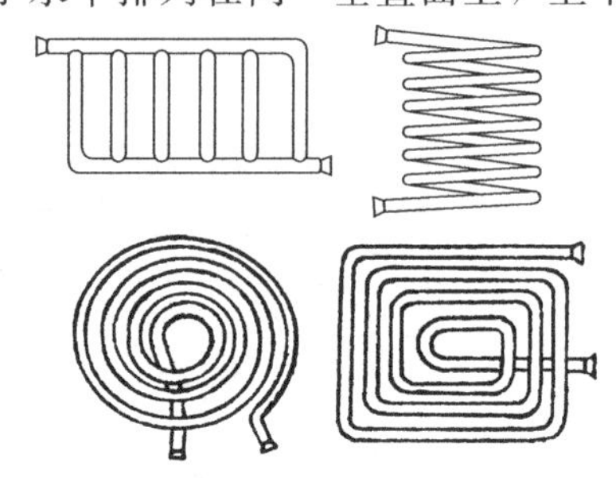

图3-15　常见几种蛇管形式

的两管用U形肘管连接起来而组成。热流体在管内流动，自最下管进入，由最上管流出。冷却水从上部的多孔分布管流下，分布在蛇管上，并沿其两侧下降到下面的管子表面，最后流入水槽。冷水在各管面上流过时，与管内流体进行热交换。这种设备常放置在室外空汽流通处，冷却水在外部汽化时，可带走部分热量，以提高冷却效果。它和沉浸式蛇管换热器相比，还具有便于检修、清洗和传热效果较好等优点。其缺点是喷淋不易均匀。

4. 套管式换热器

套管式换热器是用管件将两种直径不同的标准管连接成为同心圆的套管，然后由多段这种套管连接而成，如图3-17所示。每一段套管简称为一程，每程的内管与次一程的内管顺序地用U形肘管相连接，而外管则以支管与下一程外管相连接，程数可根据传热要求而增减。每程的有效长度为4～6m，若太长则管子向下弯曲，使环隙中流体分布不均匀。套管换热器的优点为：构造简单，能耐高压，传热面积可根据需要增减，适当地选择内管和外管的直径，可使流体的流速增大，而且两方的流体可作严格逆流，传热效果较好。

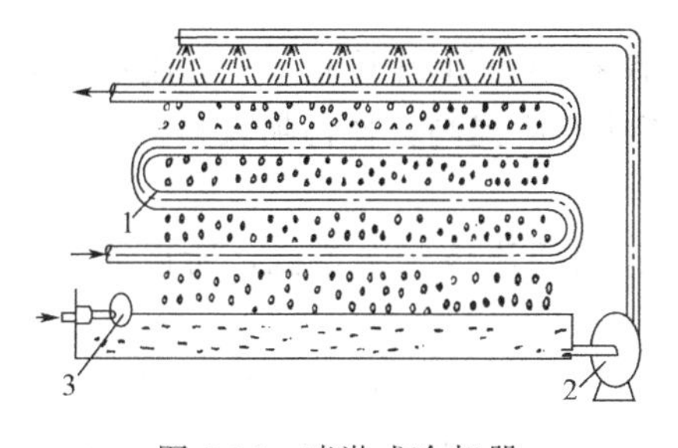

图3-16 喷淋式冷却器

1—蛇管；2—循环泵；3—控制阀

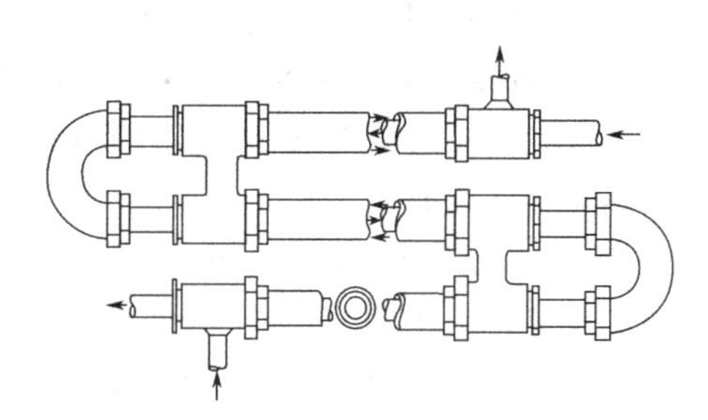

图3-17 套管式换热器

其缺点为：管间接头较多，易发生泄漏；占地面积较大，单位换热器长度具有的传热面积较小。故在要求传热面积不大，但传热效果较好的场合宜采用此种换热器。

二、板式换热器

1. 螺旋板式换热器

如图3-18所示，螺旋板式换热器是由两块薄金属板焊接在一块分隔挡板（图中心的短板）上，并卷成螺旋形而构成，在器内形成两条螺旋形通道。进行热交换时，使冷、热两流体分别进入两条通道，一种流体从螺旋形通道外层的连接管进入，沿螺旋形通道向中心流

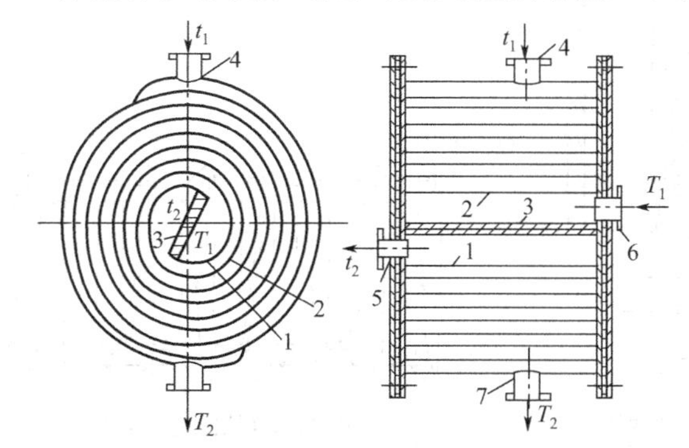

图3-18 螺旋板式换热器

1，2—金属板；3—隔板；4，5—冷流体连接管；6，7—热流体连接管

动，最后由热交换器中心室连接管流出，另一种流体则从中心室连接管进入，顺螺旋形通道沿相反方向向外流动，最后由外层的连接管流出。两流体在换热器内作严格的逆流流动。螺旋板换热器的直径一般在1.6m以下，板宽200～1200mm，板厚2～4mm，两板间的距离为5～25mm。常用材料为碳钢和不锈钢。

螺旋板式换热器的优点如下。

① 传热系数大　由于流体在器内螺旋通道中做旋转运动时，受离心力作用和两板间定距柱的干扰，在较低的雷诺数下即可达到湍流（一般 $Re=1400\sim1800$，有时低至500）。并且可选用较高流速（对液体为2m/s，气体为20m/s），所以其传热系数较高。如水对水的换热，其传热系数可达 $2000\sim3000\text{W}/(\text{m}^2\cdot\text{K})$，而列管式换热器一般为 $1000\sim2000\text{W}/(\text{m}^2\cdot\text{K})$。

② 结构紧凑　单位体积的传热面积约为列管式换热器的3倍。例如一台传热面积为 100m^2 的螺旋板式换热器，其直径和高仅为1.3m和1.4m，其容积仅为列管式换热器的几分之一。金属的耗用量少，热损失也小。

③ 不易堵塞　由于流体的流速较高，流体中悬浮物不易沉积下来，一旦流道某处沉积了污垢，该处的流通截面减小，流体在该处的局部流速相应提高，使污垢较易被冲刷掉，所以此换热器不易堵塞。

④ 能充分利用低温热源　由于流体在器内流道长及两流体完全逆流，所以能利用较小传热温度差进行操作。

其主要缺点是操作压力和温度不宜太高，目前操作压力为 1.96×10^3kPa以下，温度约在300～400℃。此外整个换热器被卷制而成焊为一体，一般发生泄漏时，修理内部很困难。

2. 板式换热器

板式换热器是由一组金属薄片、相邻板之间衬以垫片并用框架夹紧组装而成。如图3-19所示为矩形板片，其上四角开有圆孔，形成流体通道。冷热流体分别在板片两侧流过，通过板片进行换热。板片厚度为0.5～3mm，通常压制成各种波纹形状，以增加板的刚度，同时又可使流体分布均匀，加强湍动，提高传热系数。

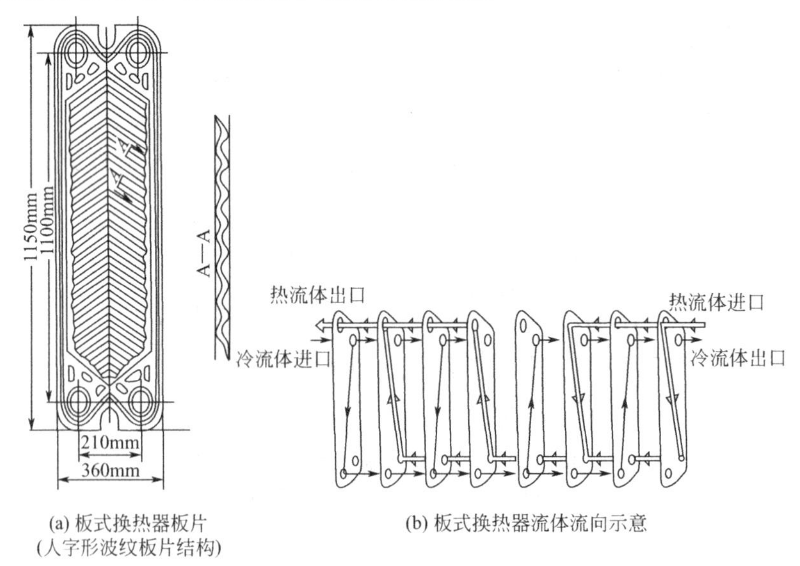

(a) 板式换热器板片（人字形波纹板片结构）　(b) 板式换热器流体流向示意

图3-19　板式换热器

板式换热器的优点是：结构紧凑，单位容积所提供的传热面积为 250～1000m^2/m^3。而管壳式换热器只有 40～150m^2/m^3，金属耗量可减少很多；传热系数较大，例如在板式换热器内，水对水的传热系数可达 1500～4700W/(m^2·℃)；可以任意增减板数以调整传热面积；另外检修、清洗都很方便。

板式换热器的主要缺点是允许的操作压力和温度比较低。通常操作压力不超过 1.96×10^3kPa，压强过高容易渗漏。操作温度受垫片材料的耐热性限制，一般不超过 250℃。

3. 板翅式换热器

板翅式换热器是一种更为高效、紧凑的换热器。图 3-20 为板翅式换热器单元体分解图，在两块平行金属薄板之间，夹入波纹状或其他形状的翅片，两边以侧封条密封，即组成一个换热基本单元体。将各单元体进行不同的叠积和适当排列，并用铅焊焊成一体，即可制成逆流式或错流式板束，再将板束放入带有流体进、出口的集流箱内用焊接固定，就组成为板翅式换热器。

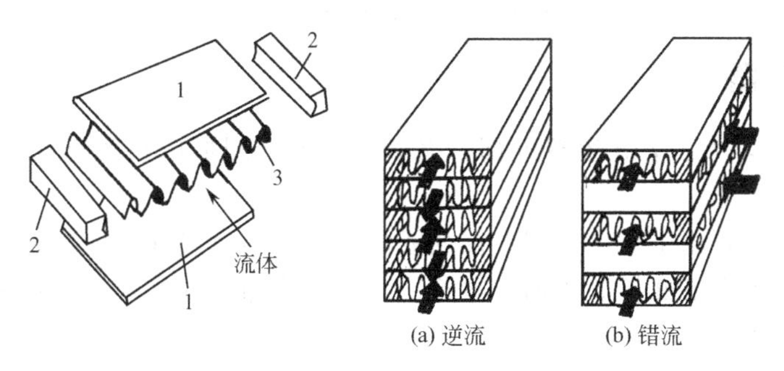

图 3-20 板翅式换热器单元体分解图

1—平隔板；2—侧封条；3—翅片

板翅式换热器结构紧凑，单位容积传热面积高达 2500～4000m^2。所用翅片形状可促进流体湍动和破坏滞流内层，故其传热系数大。例如，空气作强制对流时的传热系数为 35～350W/(m^2·℃)，油类为 120～1750W/(m^2·℃)。因翅片对隔板有支撑作用，因而板翅式换热器具有较高的强度，允许操作压力可达 4.9×10^3kPa。但其制造工艺比较复杂，且清洗和检修困难，因而要求换热介质洁净。

三、翅片式换热器

为了增加传热面积，提高传热速率，在管子表面加上径向或轴向翅片，称为翅片式换热器，如图 3-21 所示。当两种流体的对流传热系数相差很大时，例如用水蒸气加热空气，此

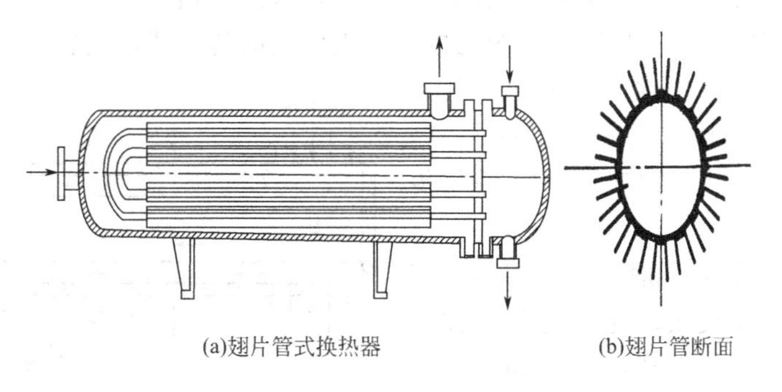

(a)翅片管式换热器　　(b)翅片管断面

图 3-21 翅片管式换热器

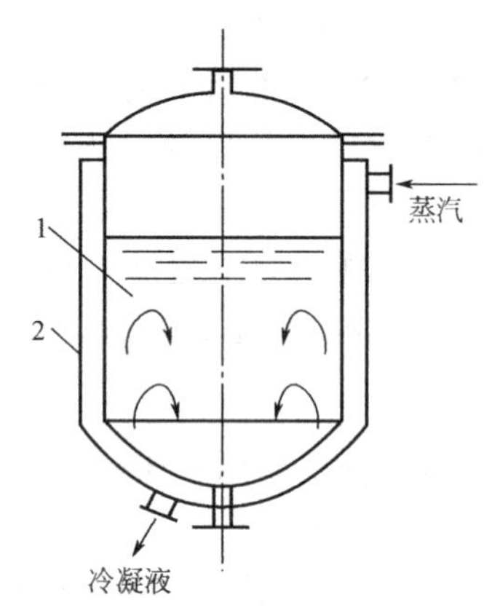

图 3-22 夹套式换热器
1—容器；2—夹套

传热过程的热阻主要是集中在壁面和空气之间的对流传热方面。要提高整个传热过程的传热速率，就必须设法提高壁面和空气间的对流传热速率。空气在管外流动时，在管外装置翅片，既可加大传热面积又可增加流体的湍流程度，使对流传热系数增大。这样，可以减少两边对流传热系数过于悬殊的影响，从而提高换热器的传热效果。一般来说，当管内、外流体的对流传热系数之比为 3∶1 或更大时，宜采用翅片式换热器。为了强化传热，则在换热管对流传热系数小的一侧加上翅片。

翅片的种类很多，按翅片的高度不同，可分为高翅片和低翅片（如螺纹管）两种。高翅片用于管内、外两流体对流传热系数相差较大的场合，如气体的加热或冷却。低翅片用于管内外两流体对流传热系数不太大的场合，如黏度较大的液体的加热或冷却等。

四、夹套式换热器

如图 3-22 所示，夹套装在容器外部，夹套与器壁之间形成封闭空间，成为加热或冷却介质通道。

夹套式换热器主要用于反应过程的加热或冷却。当用蒸汽进行加热时，蒸汽由上部接管进入夹套，冷凝水则由下部接管流出。进行冷却时，冷却剂（如冷却水）由夹套下部接管进入，而由上部接管流出。

这种换热器的传热系数较小，传热面又受容器的限制，因此适用于传热量不太大的场合。为了提高其传热性能，可在容器内安装搅拌器，使器内液体作强制对流，为了弥补传热面的不足，还可在容器内加设蛇管等。

五、热管换热器

热管是一种新型换热元件。最简单的热管是在抽出不凝性气体的金属管内充以某种工作液体，然后将两端封闭，如图 3-23 所示。管子的内表面覆盖一层具有毛细结构材料做成的芯网，由于毛细管力的作用，液体可渗透到芯网中去。当加热段吸收热流体的热量受热时，管内工作液体受热沸腾，产生的蒸气沿管子轴向流动，流至冷却段时向冷流体放出潜热而冷凝，冷凝液沿着吸液芯网回流至加热段再次受热沸腾。如此反复循环，热量则不断由热流体传给冷流体。

在热管内部，由于进行的是有相变的传热过程，对流传热系数很大，热阻主要集中在蒸发段和冷凝段的管外一侧。热管把传统的内、外表面间的传热巧妙地转化为两管外表面的传热，使冷热两侧都可方便地采用加翅片的方法进行强化。因此，用热管制成的换热器，对强化壁两侧对流传热系数都很小的气-气传热过程特别有效。

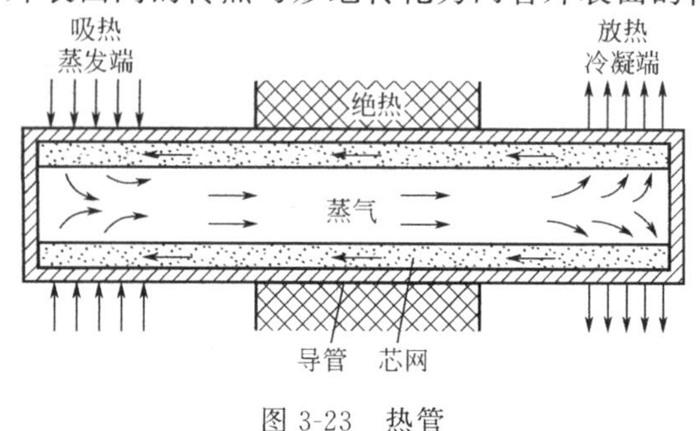

图 3-23 热管

热管的材质可用不锈钢、铜、铝等，工作液体可根据操作温度要求进行选用，如选用液氮、液氨、甲醇、水和液态金属等。这种新型换热器具有传热能力大、应用范围广、结构简单、工作可靠等优点，已受到各方面的重视。

六、强化换热器传热效果的途径

换热器传热过程的强化，就是提高冷、热流体间单位时间的传热量。从传热基本方程式 $Q=KA\Delta t_m$ 可以看出，增大传热系数 K、传热面积 A 或平均温度差 Δt_m，均可提高传热速率 Q。

1. 增大传热面积

增大传热面积，可以提高换热器的传热速率。但是增大传热面积不能靠增大换热器的尺寸来实现，而是应从改进设备的结构入手，即提高单位容积的传热面积。工业上可通过改进传热面的结构来实现，采用的方法如下。

① 用翅片来增大传热面积，并可加剧流体湍动以提高传热速率。翅片的种类和形式很多，前面介绍的翅片管式换热器和板翅式换热器均属此类。

② 在管壳式换热器中采用小直径管，可以增加单位体积的传热面积。但同时由于流道的变化，流体流动阻力会有所增加。

③ 将传热面制成各种凹凸形、波纹形等，使流道截面的形状和大小均发生变化。例如常用波纹管、螺纹管代替光滑管，这不仅可增大传热面积，而且可增加流体的扰动，从而强化传热。

2. 增大平均温度差

增大平均温度差，可以提高换热器的传热速率。平均温度差的大小主要取决于两流体的温度条件和两流体在换热器中的流动形式。一般来说，物料的温度由生产工艺来决定，不能随意变动，而加热介质或冷却介质的温度由于选取的介质不同，可以有很大的差异。例如，化工制药生产中常用的加热介质是饱和水蒸气，若提高蒸汽的压力就可以提高蒸汽的温度，从而提高平均温度差。但需指出是，提高介质的温度必须考虑到技术上的可行性和经济上的合理性。另外当两侧流体均变温时，从换热器结构上采用逆流操作或增加壳程数，均可得到较大的平均温度差。

3. 增大传热系数

增大传热系数，可以增高换热器的传热速率。要提高 K 值需减小各项热阻，在这些热阻中，若有一个热阻很大，而其他的热阻比较小时，则应从降低最大热阻着手。

在换热器中，金属壁面比较薄而且热导率较大，一般不会成为主要热阻。

污垢热阻是一个可变因素，在换热器刚投入使用时，污垢热阻很小，不会成为主要热阻，但随着使用时间的延长，污垢逐渐增多，便可能成为障碍传热的主要因素。因此，应通过定期清除传热面上的污垢，来减小污垢热阻。

对流传热热阻，是传热过程的主要热阻。当壁面两侧对流传热系数相差较大时，应设法强化对流传热系数较小一侧的对流传热。提高对流传热的方法有：①提高流体的速度，增加流体流动的湍动程度。例如增加列管式换热器中的管程数和壳体中的挡板数，可提高管程和壳体中的流速。②增加流体的扰动，以减薄滞流底层。如在管式换热器中，在管内安放或管外套装如麻花铁、螺旋圈或金属卷片等添加物。③对蒸汽冷凝传热过程，要设法减薄壁面上冷凝液膜的厚度，以减小热阻，提高对流传热系数。如对垂直壁面，可在壁面上开若干纵向沟槽使冷凝液沿沟槽流下，可减薄其余壁面上的液膜厚度，以强化冷凝对流传热过程。除开沟槽外，沿垂直壁面装若干条纵向金属丝，冷凝液会在表面张力的作用下，向金属丝附近集中并沿丝流下，从而使金属丝之间壁面上的液膜大为减薄，使对流传热系数增加。

综上所述，可见强化换热器传热的途径是多方面的。但对某个实际传热过程，应作具体分析，要结合生产实际情况，从设备结构、动力消耗、清洗检修的难易程度等作全面的考虑，而采取经济、合理的强化传热的措施。

七、换热器的选择与使用

1. 换热器的选择

换热器的选择应根据操作温度、操作压力、冷热两流体的温度差、腐蚀性和检修清理因素等综合来考虑。例如，两流体的温度差较小，又较清洁，不需经常检修，可选择结构简单的固定管板式换热器。否则，可选择浮头式换热器。从经济角度考虑，只要工艺条件允许，一般优先选用固定管板式换热器。

2. 流体流动路径的选择

冷热流体是走管程还是壳程，需合理安排，一般应考虑以下原则：

① 不洁净或易结垢的流体走管程，以方便清洗；

② 腐蚀性的流体走管程，以便于维修和更换，也避免管子和壳体同时被腐蚀；

③ 压力高的流体走管程，使壳体免受高压，降低了对壳体材料的耐压要求；

④ 饱和蒸汽走壳程，以使冷凝液易于排出；

⑤ 被冷却的流体走壳程，以便提高散热效果；

⑥ 黏度大、流量小的流体走壳程，由于壳程流通截面和流向的不断变化，在 $Re>100$ 可达到湍流，提高了传热效果。

3. 流体流速的选择

流速的大小影响到传热系数、流体阻力及换热器结构等问题。增加流速，可增加传热系数，减少污垢的形成。但流速增加，流体阻力增大，流体输送的动力消耗增加。因此流速的选择，既要考虑传热效率，又要考虑能量消耗，还要考虑操作、清洗等方面的要求。由于湍流比层流传热效果好，应尽量避免在层流下流动。

在选择流体流动路径时，上述原则往往不能同时兼顾，应视具体情况抓主要矛盾。一般首先考虑操作压力、防腐及清洗等方面的要求。

4. 换热器操作注意事项

换热器操作的好坏，对换热器的传热效果以及使用寿命有很大的影响。现以列管式换热器为例做一简要说明。

① 开车前应检查有关仪表和阀门是否完好，齐全。

② 开车时要先通入冷流体，再通入热流体，要做到先预热后加热，以免换热器受到损坏，影响使用寿命。停车时也要先停热流体，再停冷流体。

③ 换热器通入流体时，不要把阀门开得过快，否则容易造成管子受到冲击、振动，以及局部骤然胀缩，产生应力，使局部焊缝开裂或管子与管板连接处松动。

④ 用水蒸气加热时要及时排放冷凝水和定期排放不凝性气体，以提高传热效果。

⑤ 定期分析换热器低压侧流体的成分，确定有无内漏，以便及时维修。

⑥ 经常检查流体的出口温度，发现温度下降，则可能是换热器内污垢增厚，使传热系数下降，此时应视具体情况，决定是否对换热器进行除垢。

⑦ 换热器停止使用时，应将器内液体放净，防止冻裂和腐蚀。

⑧ 如果进行热交换的流体为腐蚀性较强的流体，或高压流体，应定期对换热器进行测厚检查，避免发生事故。

第四节　管路和设备的保温

在化工与制药生产中，由于设备和管道与外界环境存在一定温度差，为保证工艺温度要求，降低能量消耗，就要在其外壁上加设一层隔热材料，防止热量在设备和环境之间进行传递，这种措施称为保温。若设备温度高于环境温度，要防止热量损失，就需“保温”；若设备温度低于环境温度，要防止设备从环境吸收热量，即防止“冷量”损失，就需“保冷”，习惯上将二者统称为保温。

一、保温的目的

① 减少热量或冷量的损失，提高操作的经济程度。

② 维持设备一定的温度，保证生产在规定的温度下进行。

③ 避免某些易燃物料泄漏到裸露的高温管道上，防止引起火灾，或避免高温设备裸露在外，防止造成烫伤事故，保证安全。

④ 维持正常的车间的温度，保证良好的劳动条件。

二、保温结构

保温结构通常由绝热层和保护层构成。绝热层是保温的内层，由热导率小的材料构成，它的作用是阻止设备与外界环境之间的热量传递，是保温的主体部分；保护层是保温的外层，具有固定、保护绝热层和美观等作用。如果设备在室内，保护层可用玻璃布或轻质防水布；如果在室外，保护层应涂防潮涂料或加金属防护壳。保冷还要加防潮层，一般加在保护层的内侧。

三、对保温材料的要求

① 热导率小，一般 $\lambda<0.2\text{W/(m}\cdot\text{℃)}$。

② 空隙率大，密度小，机械强度大，膨胀系数小。

③ 化学稳定性好，对被保温的金属表面无腐蚀作用。

④ 吸水率要小，耐火性能好。

⑤ 经济耐用，施工方便。

四、保温层的厚度

增加保温层厚度，将减少热损失，可减少操作费用。但随保温层厚度的增加，保温层的费用将提高，因此应通过核算以确定保温层的经济厚度。保温层厚度的计算，一般是根据生产情况，规定一个合理的保温层外表面温度和允许的热损失，由导热方程式计算。保温层厚度除特殊要求应进行计算外，一般可根据经验加以选用（可查有关手册）。

1. 单层平壁的保温厚度

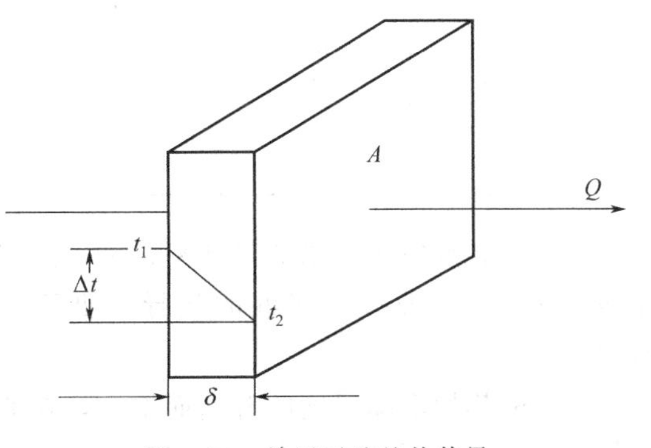

图 3-24　单层平壁的热传导

如图 3-24 所示，为一个由均匀材料构成的平壁保温层，两侧表面积等于 A，壁厚为

δ，壁的内外两侧表面上温度为 t_1 和 t_2，且 $t_1>t_2$。热量以热传导的方式，从温度为 t_1 的平面传递到温度为 t_2 的平面上。实践证明，单位时间内通过平壁的导热量 Q 与导热面积 A 和壁面两侧的温度差 $\Delta t=t_1-t_2$ 成正比，而与壁的厚度 δ 成反比，即

$$Q \propto A\frac{t_1-t_2}{\delta}$$

引入比例系数 λ，把上式改写成等式，则得

$$Q=\lambda A\frac{t_1-t_2}{\delta} \tag{3-13}$$

式中 Q——单位时间内通过平壁的导热量，即导热速率，W；

Δt——平壁两侧表面的温度差，℃；

A——垂直于导热方向的截面积，m^2；

δ——平壁的厚度，m；

λ——比例系数，材料的热导率，W/(m・℃)。

式（3-13）称热传导方程，或称傅里叶定律。式（3-13）可改写为下面的形式

$$Q=\frac{t_1-t_2}{\dfrac{\delta}{\lambda A}}=\frac{\Delta t}{R} \tag{3-14}$$

式中，$\Delta t=t_1-t_2$ 为导热的推动力，℃；$\delta/(\lambda A)$ 为导热的热阻，℃/W。

可见，导热速率与导热推动力成正比，与导热热阻成反比。

热导率［W/（m・℃）］是衡量物质导热能力的一个物理量，是物质的一种物理性质。式（3-13）可改写为

$$\lambda=\frac{\delta Q}{A\Delta t} \tag{3-15}$$

热导率 λ 值越低，则物质的导热性能越差，作为保温材料的保温性能越好。

非金属建筑材料或绝热材料的热导率与温度、组成和结构的紧密程度有关，通常其 λ 值随密度增加而增大，也随温度升高而增大。常用固体的热导率如表 3-2 所示。

表 3-2 常用固体材料的热导率

固体	温度/℃	热导率 λ/[W/(m・℃)]	固体	温度/℃	热导率 λ/[W/(m・℃)]	固体	温度/℃	热导率 λ/[W/(m・℃)]
铝	300	230	熟铁	18	61	棉毛	30	0.050
镉	18	94	铸铁	53	48	玻璃	30	1.09
铜	100	379	石棉板	50	0.17	云母	50	0.43
铅	100	33	石棉	0	0.16	硬橡胶	0	0.15
镍	100	83	石棉	100	0.19	锯屑	20	0.052
银	100	409	石棉	200	0.21	软木	30	0.043
钢(1%C)	18	45	高铝砖	430	3.1	玻璃毛		0.041
青铜		189	建筑砖	20	0.69	85%氧化镁粉	0～100	0.070
不锈钢	20	16	镁砂	200	3.8	石墨	0	151

在非金属液体中，水的热导率最大。除水和甘油外，绝大多数液体的热导率随温度升高而略有减小，一般说来溶液的热导率低于纯液体的热导率。某些液体的热导率如表 3-3 所示。

气体的热导率随温度的升高而增大，在通常压力范围内，气体的热导率随压力增减的变化很小，可忽略不计。但在过高或过低的压力下（高于 200MPa 或低于 2.7kPa），则应考虑

表 3-3 某些液体的热导率

液体	温度/℃	热导率 λ /[W/(m·℃)]	液体	温度/℃	热导率 λ /[W/(m·℃)]
乙酸(50%)	20	0.35	正庚烷	30	0.14
丙酮	30	0.17	水银	28	8.36
苯胺	0～20	0.17	水	30	0.62
苯	30	0.16	硫酸(90%)	30	0.36
乙醇(80%)	20	0.24	硫酸(60%)	30	0.43
甘油(60%)	20	0.38	30%氯化钙盐水	30	0.55
甘油(40%)	20	0.45			

压力对热导率的影响，此时热导率随压力的增高而增大。气体的热导率很小，对导热不利，我们可以利用它的这种性质进行保温和绝热。工业上所用的保温材料，如玻璃棉等，就是因为其空隙中有气体，所以其热导率较小，而适用于保温隔热。常见气体的热导率如表 3-4 所示。

表 3-4 常见气体的热导率

气体	温度/℃	热导率 λ /[W/(m·℃)]	气体	温度/℃	热导率 λ /[W/(m·℃)]	气体	温度/℃	热导率 λ /[W/(m·℃)]
氢	0	0.17	甲烷	0	0.030	乙烯	0	0.018
二氧化碳	0	0.015	水蒸气	100	0.024	乙烷	0	0.018
空气	0	0.024	氮	0	0.024			
空气	100	0.032	氧	0	0.025			

应予指出，在导热过程中，物质内不同位置的温度各不相同，因而热导率也随之而异，在工程计算中常取热导率的平均值。

2. 多层平壁的保温厚度

在工程上保温常由多层不同保温材料组成，其通常由耐火砖、保温砖以及普通建筑砖由里向外构成。如图 3-25 所示为三层平壁，各层壁厚分别为 δ_1、δ_2 和 δ_3，热导率分别为 λ_1、λ_2、λ_3，平壁面积为 A。假设层与层之间接触良好，即相接触的两表面的温度相同，各表面温度分别为 t_1、t_2、t_3 和 t_4，且 $t_1>t_2>t_3>t_4$。因为是稳定传热，所以各层导热速率均相等，即

$$Q_1=Q_2=Q_3=Q$$

于是

$$Q=\frac{\Delta t_1}{R_1}=\frac{\Delta t_2}{R_2}=\frac{\Delta t_3}{R_3}=\frac{\Delta t_1+\Delta t_2+\Delta t_3}{R_1+R_2+R_3} \tag{3-16}$$

或

$$Q=\frac{t_1-t_4}{\dfrac{\delta_1}{\lambda_1 A}+\dfrac{\delta_2}{\lambda_2 A}+\dfrac{\delta_3}{\lambda_3 A}} \tag{3-17}$$

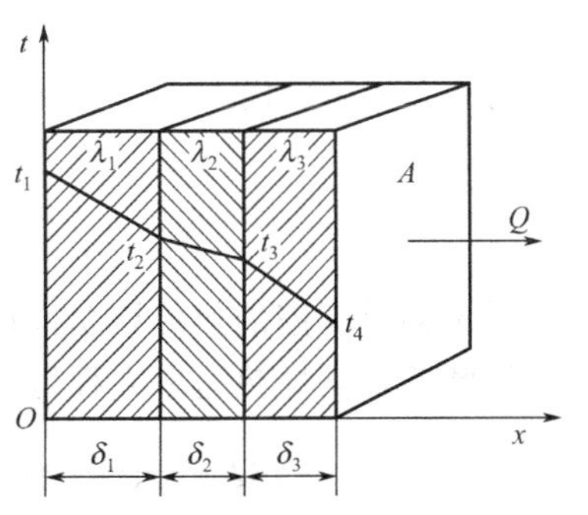

图 3-25 三层平壁的热传导

式 (3-17) 即为三层平壁的导热速率方程式。由式 (3-17) 可知，对多层平壁的导热，各层的温差与其热阻成正比，哪层的热阻大，哪层的温差就大。

【例 3-4】 锅炉的厚度 $\delta_1=20\text{mm}$，材料的热导率 $\lambda_1=58\text{W}/(\text{m}\cdot℃)$。若黏附在锅炉内壁的水垢厚 $\delta_2=1\text{mm}$，水垢的热导率 $\lambda_2=1.16\text{W}/(\text{m}\cdot℃)$。已知锅炉钢板处表面温度为 $t_1=250℃$，水垢的内表面温度为 $t_3=$

200℃，求锅炉每平方米表面积的导热速率及钢板与水垢相接触一面的温度 t_2。

解 由式（3-17）得

$$\frac{Q}{A}=\frac{t_1-t_3}{\frac{\delta_1}{\lambda_1}+\frac{\delta_2}{\lambda_2}}=\frac{250-200}{\frac{0.02}{58}+\frac{0.001}{1.16}}=\frac{50}{0.000345+0.000862}=41425(\mathrm{W/m^2})$$

由式（3-14）得

$$t_2=t_1-\frac{Q}{A}\frac{\delta_1}{\lambda_1}=250-41425\times\frac{0.02}{58}=235.7(℃)$$

由此题计算可知，虽然水垢厚度很薄，但因其热导率很小，它所产生的热阻却占总热阻的 71%，而为炉壁热阻的 2.5 倍。这就是要设法清除水垢，以增强传热的理由。

3. 圆筒壁的保温厚度

生产中保温多是圆筒壁的保温问题。如图 3-26 所示。设圆筒的内半径为 r_1，外半径为 r_2，长度为 L。圆筒内、外壁面的温度分别为 t_1 和 t_2，且 $t_1>t_2$。此时，热流的方向是从筒内到筒外，导热面积 $=2\pi rL$，其中半径 r 沿传热方向发生变化。可见，圆筒壁的导热面积 A 不再是固定不变的常量，而是随半径而变，同时温度也随半径而变。但传热速率在稳态时依然是常量。

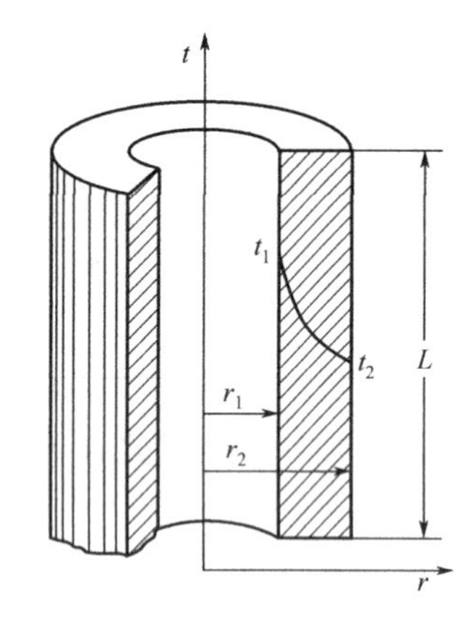

图 3-26 单层圆筒壁的热传导

圆筒壁的热传导可仿照平壁的热传导来处理，可将圆筒壁的热传导方程式写成与平壁热传导方程式相类似的形式，不过其中的导热面积 A 应采用平均值。即

$$Q=\lambda\frac{A_m(t_1-t_2)}{\delta}=\lambda\frac{A_m(t_1-t_2)}{r_2-r_1} \tag{3-18}$$

设圆筒壁的平均半径为 r_m，则圆筒壁的平均导热面积 $A_m=2\pi r_m L$，代入上式得

$$Q=\lambda\frac{2\pi r_m L(t_1-t_2)}{r_2-r_1} \tag{3-19}$$

圆筒壁的平均半径 r_m，采用对数平均值

$$r_m=\frac{r_2-r_1}{\ln\frac{r_2}{r_1}} \tag{3-20}$$

当 $r_2/r_1\leqslant 2$ 时，使用算术平均值代替对数平均值的误差在 4%以内，在工程计算中是允许的，且计算较为简便。算术平均值为

$$r_m=\frac{r_1+r_2}{2}$$

将式（3-20）代入式（3-19）得

$$Q=\frac{2\pi L\lambda(t_1-t_2)}{\ln\frac{r_2}{r_1}} \tag{3-21}$$

对于多层圆壁的热传导总推动力仍为各层推动力之和，总热阻也等于各层热阻之和。对于三层圆壁，其导热速率方程可表示为：

$$Q=\frac{t_1-t_4}{\frac{\delta_1}{\lambda_1 A_{m1}}+\frac{\delta_2}{\lambda_2 A_{m2}}+\frac{\delta_3}{\lambda_3 A_{m3}}}=\frac{t_1-t_4}{\frac{r_2-r_1}{\lambda_1 A_{m1}}+\frac{r_3-r_2}{\lambda_2 A_{m2}}+\frac{r_4-r_3}{\lambda_3 A_{m3}}}$$

$$=\frac{2\pi L(t_1-t_4)}{\frac{1}{\lambda_1}\ln\frac{r_2}{r_1}+\frac{1}{\lambda_2}\ln\frac{r_3}{r_2}+\frac{1}{\lambda_3}\ln\frac{r_4}{r_3}} \quad (3\text{-}22)$$

【例 3-5】 在一个 ϕ60mm×3.5mm 的钢管外包有两层绝热材料，里层为 40mm 的氧化镁粉，平均热导率为 λ=0.07W/(m·℃)；外层为 20mm 的石棉层，其平均热导率 λ=0.15W/(m·℃)。现测知管内壁温度为 500℃，最外层温度为 80℃，管壁的热导率 λ=45W/(m·℃)。试求每米管长的热损失及两层保温层界面的温度。

解 ① 每米管长的热损失

已知：r_1=0.0265m，r_2=0.0265+0.0035=0.03（m），r_3=0.03+0.04=0.07（m），r_4=0.07+0.02=0.09（m），t_1=500℃，t_4=80℃，λ_1=45W/(m·℃)，λ_2=0.07W/(m·℃)，λ_3=0.15W/(m·℃)。

由式（3-22）可得

$$\frac{Q}{L}=\frac{2\pi(t_1-t_4)}{\frac{1}{\lambda_1}\ln\frac{r_2}{r_1}+\frac{1}{\lambda_2}\ln\frac{r_3}{r_2}+\frac{1}{\lambda_3}\ln\frac{r_4}{r_3}}$$

$$=\frac{2\pi(500-80)}{\frac{1}{45}\ln\frac{0.03}{0.0265}+\frac{1}{0.07}\ln\frac{0.07}{0.03}+\frac{1}{0.15}\ln\frac{0.09}{0.07}}$$

$$=\frac{2638}{0.0028+12.1+1.68}=191.4(\mathrm{W/m})$$

② 保温层界面温度 t_3　以双层圆筒壁导热计算，依式（3-22）可得

$$\frac{Q}{L}=\frac{2\pi(t_1-t_3)}{\frac{1}{\lambda_1}\ln\frac{r_2}{r_1}+\frac{1}{\lambda_2}\ln\frac{r_3}{r_2}}$$

$$191.4=\frac{2\pi(500-t_3)}{\frac{1}{45}\ln\frac{0.03}{0.0265}+\frac{1}{0.07}\ln\frac{0.07}{0.03}}$$

解得　t_3=131.1℃

思考题

3-1　传热在你的生活中有哪些应用？举例说明。

3-2　传热有哪几种基本方式？各有什么特点？

3-3　工业上的换热方式有哪几种？各适用于什么场合？

3-4　传热时如何选择流向才是合理的？

3-5　对于一列管式换热器，下面哪种流体走管程？哪种流体走壳程？

（1）水和有腐蚀性的气体　　（2）低压流体和高压流体

3-6　在列管式换热器中，拟用饱和水蒸气加热空气，试问：

（1）热阻主要集中在哪一侧？

（2）管壁温度接近于哪种流体的温度？

（3）如何确定两流体的通入空间？为什么？

3-7　为什么冬季有风的日子，人觉得更冷？

3-8　为什么生产中用的保温隔热材料必须采取防潮的措施？

3-9　换热器管漏了，如何解决？

3-10　在冬季与夏季，换热器的操作有什么不同？

3-11　试分析强化传热过程的途径。

计算题

3-1　载热体流量为1590kg/h，试计算以下各过程中载热体放出或得到的热量。

（1）100℃的饱和水蒸气冷凝成100℃水；

（2）比热容为3.77kJ/(kg·℃）的NaOH溶液从17℃加热到97℃；

（3）常压下20℃的空气被加热到150℃；

（4）绝对压力为200kPa的饱和水蒸气冷凝并冷却成50℃的水。

3-2　某平壁炉的炉壁是用内层为120mm厚的某耐火材料和外层为230mm厚的普通建筑材料砌成的。两种材料的热导率未知。已测得炉内壁温度为800℃，外侧壁面温度为113℃。现在普通建筑材料外面又包一层厚度为50mm的石棉以减少热损失，$\lambda=0.15$W/(m·℃)。包扎后测得各层温度为：炉内壁温度为800℃，耐火材料与建筑材料交界面的温度为686℃，建筑材料与石棉交界面的温度为405℃，石棉外侧温度为77℃。问包扎石棉后热损失比原来减少百分之几？

3-3　某化工厂有一蒸汽管道，管内径和外径分别为160mm和170mm，管外面包扎一层厚度为60mm的保温材料，$\lambda=0.07$W/(m·℃)。保温层的内表面温度为290℃，外表面温度为50℃。试求每米长的蒸汽管热损失为多少？

3-4　一个尺寸为ϕ60mm×3mm的钢管，外包一层30mm厚的软木和一层30mm厚的保温材料（85%MgO)，管内壁的温度为－110℃，最外层保温材料的外表面温度为10℃。已知钢管$\lambda=45$W/(m·℃)，软木$\lambda=0.043$W/(m·℃)，85%MgO的$\lambda=0.07$W/(m·℃)。试求：(1）每米管长散失的冷量；(2）若将二层绝热材料互相交换位置，设互换后管内壁温度和保温材料外表面温度不变，则每米管长散失的冷量又为多少？试问哪种材料放在内层较好？

3-5　在间壁式换热器中，用水将2000kg/h的正丁醇由100℃冷却到20℃。冷却水的初温为15℃，终温为30℃。如热损失可以忽略，试求该换热器的热负荷及冷却水用量。又如冷却水的用量为9m^3/h，则冷却水的终温将是多少？

3-6　用300kPa（绝压）的饱和水蒸气在列管式换热器中将对二甲苯由80℃加热到100℃，冷流体走管内。已知对二甲苯的流量为80m^3/h，密度为860kg/m^3。若设备的热损失忽略不计，试求该换热器的热负荷及加热蒸汽用量。

3-7　在间壁式换热器中，用冷水将100℃的热水冷却到60℃，热水流量为3500kg/h。冷水在管内流动温度从20℃升至30℃。已知总传热系数为2320W/(m^2·℃)。若忽略热损失，且近似地认为冷水与热水的比热容相等，均为4.19kJ/(kg·℃)。试求：

（1）冷却水用量；

（2）两流体作并流时的平均温度差及所需的传热面积；

（3）两流体作逆流时的平均温度差及所需的传热面积；

（4）根据上面计算比较并流和逆流换热。

3-8　某套管式换热器，CO_2气体以24kg/h的流量在管内流动，其温度由50℃降至20℃。CO_2的平均比热容为$c_{p1}=0.836$kJ/(kg·℃)。冷却水以110kg/h在管外流动，其比

热容为 $c_{p2}=4.18\text{kJ/(kg}\cdot℃)$，水的进口温度为 10℃。已知管内 CO_2 侧的对流传热系数 $\alpha_1=34.89\text{W/(m}^2\cdot℃)$，管外水侧的对流传热系数 $\alpha_2=1395.6\text{W/(m}^2\cdot℃)$。忽略热损失。试求：(1) 传热量 Q；(2) 冷却水出口温度；(3) 传热系数 K；(4) 若将 α_1 提高一倍，而 α_2 保持不变，传热系数为多少？(5) 若 α_2 提高一倍，而 α_1 保持不变，传热系数为多少？(6) 通过 (4)、(5) 两项计算，得出什么结论？(K 值近似按平壁计算，并忽略管壁热阻和污垢热阻)

3-9　有一传热面积为 1.36m^2 的间壁式换热器。拟用它将流量为 350kg/h，常压下的乙醇饱和蒸气冷凝成饱和液体，常压下乙醇的沸点为 78.3℃，汽化热为 846kJ/kg。冷水的进、出口温度分别为 15℃及 35℃。已知传热系数 K 为 $700\text{W/(m}^2\cdot℃)$。试核算该换热器能否满足要求。

第四章

蒸馏与设备

第一节 概　　述

蒸馏是分离液体均相混合物的典型单元操作之一，是最早实现工业化的一种分离方法，广泛应用于化工、石油、医药、食品及环保领域。

一、蒸馏操作在化工、制药生产中的应用

1. 乙炔法合成氯乙烯反应产物分离

乙炔与氯化氢在催化剂存在下气相加成反应产物中除含有氯乙烯外，还含有5%～10%的氯化氢，少量未反应乙炔和混入的氮气、氢气、二氧化碳、惰性气体以及副反应生成的乙醛、二氯乙烯、二氯乙烷等。要使产品氯乙烯达到高纯度要求，化工生产中通常采用水洗、碱洗、蒸馏等方法将杂质除去。氯化氢、乙醛易溶于水可用水洗除去，再用10%的氢氧化钠水溶液洗涤除去残余的氯化氢和二氧化碳。然后用两个精馏塔分别除去反应产物中沸点比氯乙烯低的组分和沸点比氯乙烯高的组分，得到精制的氯乙烯单体。该分离过程工艺简图如图4-1所示。

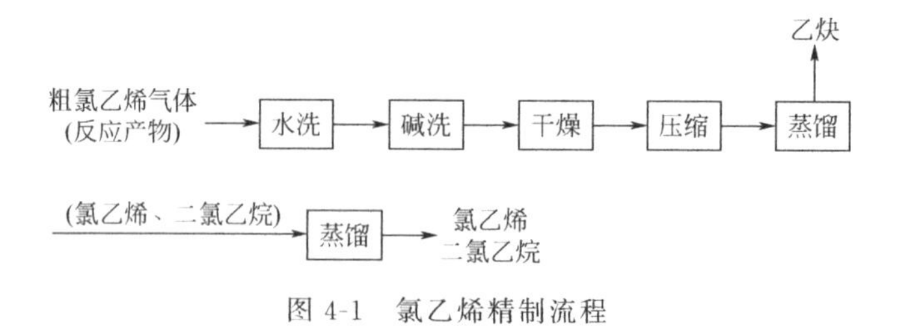

图4-1　氯乙烯精制流程

2. 青霉素生产溶剂的回收

青霉素工业生产中，青霉素的提取采用溶剂萃取法。溶剂萃取法根据青霉素与杂质在醋酸丁酯与水中溶解度的差异进行分离。在一定酸性条件下，青霉素在醋酸丁酯中的溶解度远大于在水中的溶解度，青霉素从水相转入酯相，水溶性杂质留在水相，把互不相溶的酯相和

水相分开后就实现了青霉素与水溶性杂质的分离。分离后的水相还含有约2%的醋酸丁酯，需加以回收再利用。目前，工业上常使用蒸馏塔回收水相中的醋酸丁酯。

二、蒸馏操作依据和分类

1. 蒸馏操作的依据

液体均具有挥发成为蒸气的能力，但不同液体在一定温度下的挥发能力各不相同。蒸馏是利用液体混合物中各组分挥发性不同而分离液体混合物的操作。例如，一定温度下，苯比甲苯挥发得快。如果在一定压力下，对苯和甲苯混合液进行加热使之部分汽化，因苯沸点低，易挥发，故苯较甲苯易于从液相中汽化出来。若将汽化的蒸气全部冷凝，即可得到苯组成高于原料的产品，从而使苯和甲苯得以分离。通常，将挥发能力高（沸点低）的组分称为易挥发组分或轻组分，以A表示；将挥发能力低（沸点高）的组分称为难挥发组分或重组分，以B表示。

2. 蒸馏操作分类

蒸馏操作可按不同方法进行分类。

(1) 按操作流程可分为间歇蒸馏和连续蒸馏 间歇操作主要应用于小规模生产或某些有特殊要求的场合，工业生产中多以连续操作为主。

(2) 按操作压力可分为常压、减压和加压蒸馏 常压下为气态（如空气、石油气）或常压下沸点为室温的混合物，常采用加压蒸馏；常压下沸点为室温至150℃左右的混合物，一般采用常压蒸馏；对于常压下沸点较高或热敏性混合物（在较高温度下易发生分解、聚合等变质现象），则宜采用减压蒸馏，以降低操作温度。

(3) 按蒸馏方式可分为简单蒸馏、平衡蒸馏、精馏和特殊精馏等 若混合物中各组分的挥发性相差很大、且对分离要求又不高时，可采用平衡蒸馏和简单蒸馏，它们是最简单的蒸馏方法；当混合物中各组分的挥发性相差不大、且分离要求较高时，宜采用精馏，它是工业生产中应用最为广泛的一种蒸馏方式；当混合物中各组分的挥发性差别很小或形成恒沸物时，采用普通的精馏方法达不到分离要求，则应采用特殊精馏，特殊精馏包括萃取精馏、恒沸精馏、盐效应精馏等。对于热敏性混合物，还可采用高真空操作下的分子蒸馏。

(4) 按被分离混合物中组分的数目可分为双组分蒸馏和多组分蒸馏 工业生产中，绝大多数为多组分蒸馏，但两者在过程原理、计算原则等方面均无本质区别，只是多组分蒸馏过程更为复杂，因此常以双组分蒸馏为研究基础。本章重点讨论双组分混合液的连续精馏。

第二节 精馏过程分析

一、精馏装置系统的组成

精馏过程可连续操作，也可间歇操作。精馏装置系统一般都应由精馏塔、塔顶冷凝器、塔底再沸器等相关设备组成，有时还要配原料预热器、产品冷却器、回流泵等辅助设备。

1. 连续精馏流程

连续精馏流程如图4-2所示。精馏塔，从外形看是一个圆筒形设备，高度可以是几米或者几十米；再沸器是加热设备，用来将塔釜液体加热使之部分汽化；全凝器是卧式的换热器，用来将塔顶蒸汽全部冷凝；贮槽用于贮存回流液，是一个容器；回流液泵是一个输送液体的设备。

图 4-2 所示连续精馏流程，原料液预热至指定的温度后从塔的中段适当位置加入精馏塔 1，与塔上部下降的液体汇合，然后逐板下流，最后流入塔底，部分液体作为塔底产品，其主要成分为难挥发组分，另一部分液体在再沸器 6 中被加热，产生蒸气，蒸气逐板上升，最后进入塔顶全冷凝器 2 中，经全凝器冷凝为液体，进入回流贮槽 3，一部分作为塔顶回流液，另一部分液体经冷却器 4 冷却，作为塔顶产品，其主要成分为易挥发组分。

通常，将原料加入的那层塔板称为加料板。加料板以上的塔段，起精制原料中易挥发组分的作用，称为精馏段，塔顶产品称为馏出液。加料板以下的塔段（含加料板），起提浓原料中难挥发组分的作用，称为提馏段，从塔釜排出的液体称为塔底产品或釜残液。

2. 间歇精馏流程

间歇精馏又称分批精馏，即将欲处理的物料一次加入蒸馏釜中进行精馏操作。塔顶排出的蒸气冷凝后，一部分作为塔顶产品，另一部分作为回流送回塔内。操作终了时，残液一次从釜内排出，然后再进行下一批的精馏操作。其流程如图 4-3 所示。

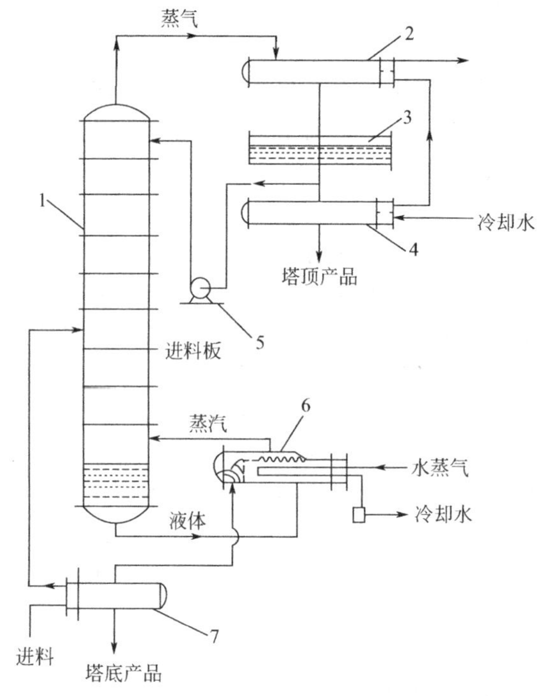

图 4-2 连续精馏流程

1—精馏塔；2—全凝器；3—贮槽；4—冷却器；5—回流液泵；6—再沸器；7—原料预热器

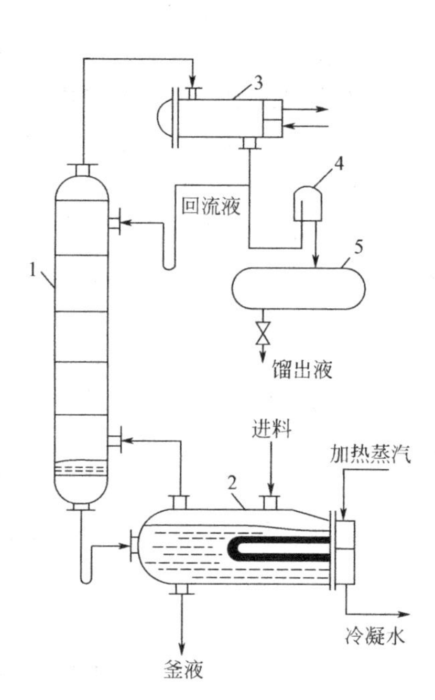

图 4-3 间歇精馏流程

1—精馏塔；2—再沸器；3—全凝器；4—观察罩；5—馏出液贮槽

间歇精馏塔只有精馏段，没有提馏段，只能获得较纯的易挥发组分的产品。蒸馏过程中，釜液浓度不断降低，各层板上气、液相状况亦相应随时变化，所以间歇精馏属于不稳定操作。当釜液组成达到规定后，精馏操作即被停止。

二、精馏原理

1. 双组分体系的气液相平衡

溶液的气液相平衡是精馏操作分析和过程计算的重要依据。根据溶液中同分子间作用力与异分子间作用力的差异，可将溶液分为理想溶液和非理想溶液。所谓理想溶液，是指在这种溶液内，组分 A、B 分子间作用力相等。反之，组分间作用力不相等，则称该溶液为非理想溶液。在实际生产中，当组成溶液的物质分子结构及化学性质相近时，如苯-甲苯、甲醇-乙醇、丙烷-丁烷、丁烷-异丁烷等都可视为理想溶液。

(1) 理想溶液的汽-液平衡

① 拉乌尔定律　实验表明，当由两个完全互溶的挥发性组分所组成的理想溶液，其汽-液平衡关系服从拉乌尔定律，即在一定温度下平衡时溶液上方蒸气中任一组分的分压，等于此纯组分在该温度下饱和蒸气压乘以其在溶液中的摩尔分数，可用下式表示

$$p=p^{\circ}x \tag{4-1}$$

式中　p——溶液上方某组分的平衡分压，Pa；

p°——在当时温度下该纯组分的饱和蒸气压，Pa；

x——溶液中组分的摩尔分数。

对于由 A（易挥发组分）和 B（难挥发组分）所组成的理想溶液而言，当溶液上方平衡总压力为 p（$p=p_A+p_B$）时，在组分 A 的沸点与 B 的沸点温度范围内存在下列关系：

对于 A 组分　$$p_A=p_A^{\circ}x_A$$

对于 B 组分　$$p_B=p_B^{\circ}x_B=p_B^{\circ}(1-x_A)$$

所以总压　$$p=p_A+p_B=p_A^{\circ}x_A+p_B^{\circ}(1-x_A)$$

整理得　$$x_A=\frac{p-p_B^{\circ}}{p_A^{\circ}-p_B^{\circ}} \tag{4-2}$$

同时溶液上方蒸气的组成 y_A 为

$$y_A=\frac{p_A}{p}=\frac{p_A^{\circ}x_A}{p} \tag{4-3}$$

式（4-2）与式（4-3）就是用饱和蒸气压表示的双组分理想溶液的汽-液平衡关系。如已知纯组分饱和蒸气压，即可依上述二式求出各温度下相应的 x、y 值。由式（4-2）与式（4-3）可以看出，在压力一定时，双组分平衡物系中必然存在着气相（或液相）组成与温度之间的一一对应关系、气液相组成之间的一一对应关系。例如，指定了温度，则两相平衡时共存的气、液相组成必随之确定而不能任意变动。精馏塔内自下而上温度不断降低，所以每一块塔板上气液两相组成均不相同。

【例 4-1】 今有苯-甲苯混合液，在 45℃时沸腾，外界压力为 20.3kPa。已知在 45℃时纯态苯的饱和蒸气压 $p_{苯}^{\circ}=22.7\text{kPa}$，纯态甲苯的饱和蒸气压 $p_{甲苯}^{\circ}=7.6\text{kPa}$。试求其气液相的平衡组成。

解　依式（4-2）可求得在平衡时苯的液相组成

$$x_{苯}=\frac{p-p_{甲苯}^{\circ}}{p_{苯}^{\circ}-p_{甲苯}^{\circ}}=\frac{20.3-7.6}{22.7-7.6}=\frac{12.7}{15.1}=0.84$$

由式（4-3）可求得与 $x_{苯}$ 相平衡时苯的气相组成

$$y_{苯}=\frac{p_{苯}^{\circ}x_{苯}}{p}=\frac{22.7\times0.84}{20.3}=0.94$$

在平衡时，甲苯在液相和气相的组成分别为

$$x_{甲苯}=1-x_{苯}=1-0.84=0.16$$

$$y_{甲苯}=1-y_{苯}=1-0.94=0.06$$

② 汽-液平衡相图　相图表达的汽-液平衡关系清晰直观，在二组分蒸馏中应用相图计算更为简便，而且影响蒸馏的因素可在相图上直接予以反映。常用的相图为恒压下的温度-组

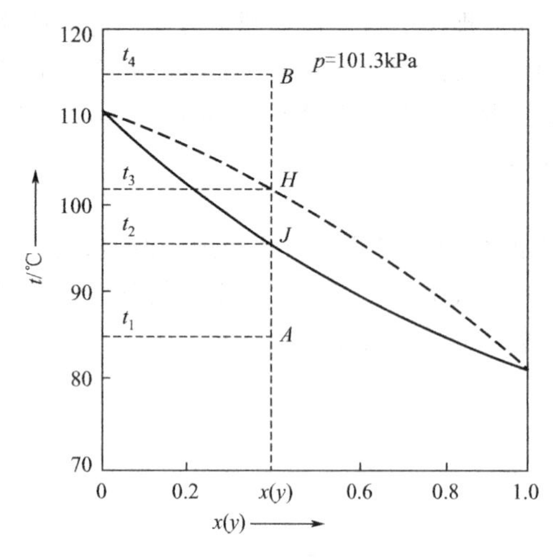

图 4-4　苯-甲苯混合液 t-x-y 图

成图和气-液相组成图。

a. 温度-组成（t-x-y）图。蒸馏操作通常是在一定外压下进行，而且在操作过程中，溶液的温度随其组成而变，故恒压下的温度-组成图对蒸馏过程的分析具有实际的意义。苯和甲苯混合液可视为理想溶液，在总压 $p=101.3\text{kPa}$ 下，苯和甲苯混合液的温度-组成（t-x-y）图如图 4-4 所示。图中以温度 t 为纵坐标，以液相组成 x 或气相组成 y 为横坐标（如不注明 x 或 y 是哪一种组分时，总是指易挥发组分的摩尔分数）。图中有两条曲线，上方曲线为 t-y 线，表示混合液的温度和平衡气相组成 y 之间的关系，此线称为饱和蒸气线，亦称气相线；下方曲线为 t-x 线，表示混合液的温度和平衡液相组成 x 之间的关系，此曲线称为饱和液体线亦称液相线。上述两条曲线将 t-x-y 图分成三个区域。饱和液体线以下区域代表未沸腾的液体，称为液相区；饱和蒸气线以上区域代表过热蒸气，称为过热蒸气区或气相区；二曲线包围的区域表示气液同时存在，称为气液共存区域或二相区。

若将温度为 t_1、组成为 x（图中 A 点所示）的混合液加热，当温度升高到 t_2（J 点）时，溶液开始沸腾，此时产生第一个气泡，相应的温度称为泡点温度，因此饱和液体线又称为泡点线。同样，若将温度为 t_4，组成为 y（B 点）的过热混合蒸气冷却，当温度降到 t_3（H 点）时，混合气开始冷凝，产生第一滴液体，相应的温度称为露点温度，因此饱和蒸气线又称为露点线。

由 t-x-y 图还可得知，就一定总压下的饱和温度来说，二元理想溶液与纯液体不同的是：① 沸点（泡点）不是一个定值，而有一个范围，随着溶液中易挥发组分含量的增加，沸点将逐渐降低；② 同样的组成下，液体开始沸腾的温度（泡点）与蒸气开始冷凝温度（露点）并不相等。

通常，t-x-y 关系的数据由实验测得。对于理想溶液也可以用纯组分的饱和蒸气压数据按拉乌尔定律和道尔顿分压定律进行计算，如例 4-2 所示。

【例 4-2】 已知苯（A）和甲苯（B）的饱和蒸气压和温度关系数据如本题附表 1 所示。试根据表 4-1 中数据作 $p=101.3\text{kPa}$ 下苯-甲苯混合液的 t-x-y 图。此溶液可视为理想溶液。

表 4-1　【例 4-2】附表 1

温度/℃	80.1	85	90	95	100	105	110.6
p_A°/kPa	101.3	116.9	135.5	155.7	179.2	204.2	240.0
p_B°/kPa	40.0	46.0	54.0	63.3	74.5	86.0	101.3

解　因苯和甲苯混合液服从拉乌尔定律，即可依式（4-2）和式（4-3）进行计算。

以 95℃ 为例，计算如下

$$x=\frac{101.3-63.3}{155.7-63.3}=0.411$$

$$y=\frac{155.7\times0.411}{101.3}=0.632$$

现将各温度下的计算结果列于表 4-2。

表 4-2 【例 4-2】附表 2

t/℃	80.1	85	90	95	100	105	110.6
x	1.000	0.780	0.581	0.411	0.258	0.130	0
y	1.000	0.900	0.777	0.632	0.456	0.261	0

根据以上计算结果，即可标绘得到如图 4-4 所示的 t-x-y 图。

b. 相平衡（x-y）图。蒸馏计算中，经常应用一定外压下的 x-y 图。图 4-5 为苯-甲苯混合液在 p=101.3kPa 下的 x-y 图。图中 x 为横坐标，y 为纵坐标，图中曲线表示液相组成和与之平衡的气相组成间的关系。例如图中曲线上任意点 D 表示组成为 x_1 的液相与组成为 y_1 的气相互成平衡。图中对角线为 $y=x$ 的直线，作为计算时的辅助线。对于大多数溶液，达到平衡时，气相中易挥发组分 y 的浓度总是大于液相的浓度 x，故平衡线位于对角线上方。平衡线偏离对角线愈远，表示该溶液愈易分离。x-y 图可以通过 t-x-y 图作出，图 4-5 就是依据图 4-4 上对应的 x 和 y 的数据标绘而成的。许多常见的两组分溶液在常压下实测出的 x-y 平衡数据，载于物理化学或化工手册中，以供查用。

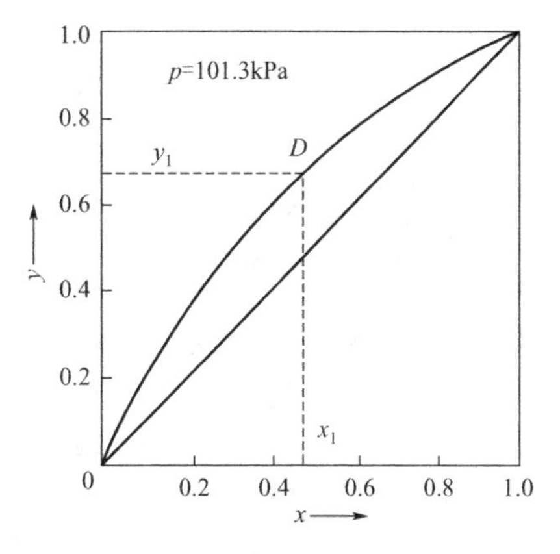

图 4-5 苯-甲苯混合液 x-y 图

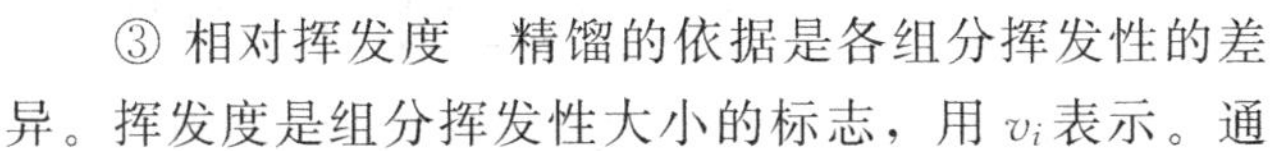

③ 相对挥发度 精馏的依据是各组分挥发性的差异。挥发度是组分挥发性大小的标志，用 v_i 表示。通常纯组分的挥发度是指液体在一定温度下的饱和蒸气压，而溶液中各组分的蒸气压因组分间的相互影响要比纯态时为低，故溶液中各组分的挥发度，则用它在一定温度下蒸气中的分压 p_i 和与之平衡的液相中该组分的摩尔分数 x_i 之比来表示。各组分挥发度的差别还可以用其挥发度的相对值来表示，这就是相对挥发度，它表明两组分挥发度之比，以 α 表示。如组分 A 对组分 B 的相对挥发度为

$$\alpha=\frac{v_A}{v_B}=\frac{p_A/x_A}{p_B/x_B} \tag{4-4}$$

由上式和拉乌尔定律可知，理想溶液中组分的相对挥发度，等于同温度下两纯组分的饱和蒸气压之比。当操作压力不高，气相服从道尔顿分压定律时，则上式改写为

$$\alpha=\frac{py_A/x_A}{py_B/x_B}=\frac{y_Ax_B}{y_Bx_A} \tag{4-5}$$

对于二元物系，$x_B=1-x_A$，$y_B=1-y_A$。由上式解出 y_A，并略去下标可得

$$y=\frac{\alpha x}{1+(\alpha-1)x} \tag{4-6}$$

上式称为相平衡方程，在精馏计算中用来表示汽-液平衡关系更为简便。

从式（4-6）可以看出：若 $\alpha>1$，则 $y>x$。α 值愈大，表示平衡时的 y 比 x 大得愈多，愈有利于分离。若 $\alpha=1$，则 $y=x$，即表示平衡时气相组成等于液相组成，这表明这种混合液不能用普通蒸馏方法分开。故相对挥发度 α 值的大小，可以用来判断某种混合液能否用普通蒸馏方法分开及其可被分离的难易程度。

α 值通常随温度的改变而有不同。但对于遵循拉乌尔定律的混合液，其 α 值随温度的变化是较小的。因此，在蒸馏计算中，常常可以把 α 值取为定值，或取它的平均值，即 $\alpha_m=$

$(\alpha_1+\alpha_2)/2$。α_1、α_2 为操作温度上、下限时的相对挥发度。

(2) 非理想溶液的气液相平衡

实际生产中遇到的大多数物系为非理想物系。图 4-6 为乙醇-水混合液的 t-x-y 图。由图可见，液相线和气相线在点 M 上重合，即点 M 所示的两相组成相等。常压下点 M 的组成为 $x_M=0.894$（摩尔分数）称为恒沸组成。点 M 的温度为 78.15℃，称为恒沸点。该点的溶液称为恒沸液。因点 M 的温度比任何组成下溶液的沸点都低，故这种溶液又称为具有最低恒沸点的溶液。图 4-7 是其 x-y 图，平衡线与对角线的交点与图 4-6 的点 M 相对应，该点溶液的相对挥发度等于 1。

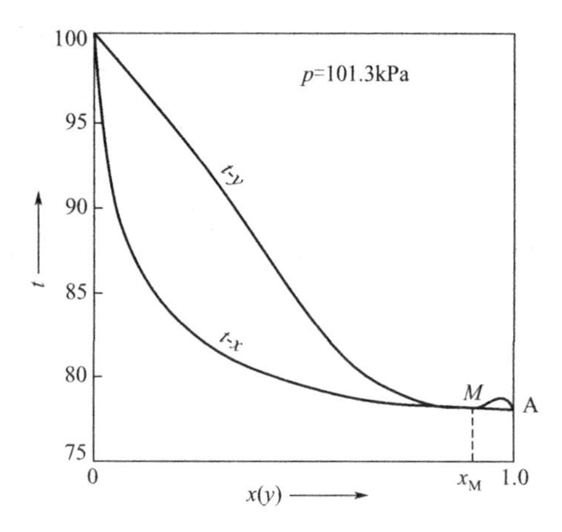

图 4-6　常压下乙醇-水混合液的 t-x-y 图

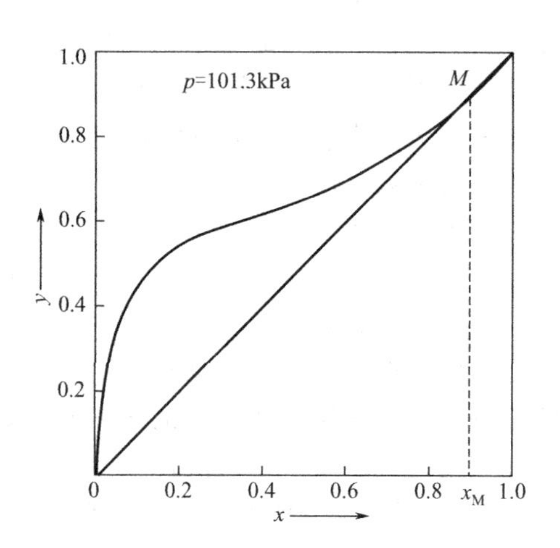

图 4-7　常压下乙醇-水混合液的 x-y 图

2. 精馏原理

在图 4-8 所示苯-甲苯的 t-x-y 图中，若将对应点 A 的混合液在恒压下加热，其受热过程如 AB 所示。当混合液温度达到泡点 t_1（Q 点）时，即已沸腾形成平衡气相，但蒸气并不引出，而使混合液继续受热到达 t_2（O 点），液相组成则变为 x_2（N 点）、平衡气相变为 y_2（M 点），蒸气量较 t_1 时增多，液相量则减少。温度继续升高到 t_3（S 点）时，液相则全部汽化，所得蒸气量就是最初混合液的全部量，其组成 y_3 也和原混合液的组成 x_1 相等。若再使之受热到 S 点以上（如 B 点）时，则蒸气成为过热状态，但组成不变，仍为 y_3。将上述混合液加热到 Q 点以上至 S 点以下的区间，称为部分汽化。加热到 S 点及 S 点以上的区间，称为全部汽化。反之，如果从混合蒸气（B 点）出发进行冷却，则将温度降到 S 点以下至 Q 点以上的区间，称为部分冷凝，将冷却到 Q 点及 Q 点以下的区间，称为全部冷凝。

如图 4-9 所示，在分离器 2 中将图 4-8 中组成为 x_1、温度为 t_A（A 点）的一定量混合液加热到 t_2（O 点）使其部分汽化，并将气相与液相分开，则可得相应的气相组成为 y_2 及液相组成为 x_2。由图 4-10 可以看出 $y_2>x_1>x_2$，显然，液体混合物进行一次部分汽化，就能起到部分分离的作用。若再将上面组成为 x_2 的饱和液体在分离器中加热到 t_3（J 点），使其在 t_3 温度下部分汽化，这时又出现了新的平衡，此时将气相与液相分开，则可获得浓度为 x_3 的液相及与之平衡的浓度为 y_3 的气相（$x_3<x_2$）。上述部分汽化过程若反复进行，最终可以得到易挥发组分苯含量很低的液相，即可获得近于纯净的甲苯 x_n，其过程示意于图 4-10中。所以将混合液多次的进行部分汽化，就可以分离出接近纯的难挥发组分。

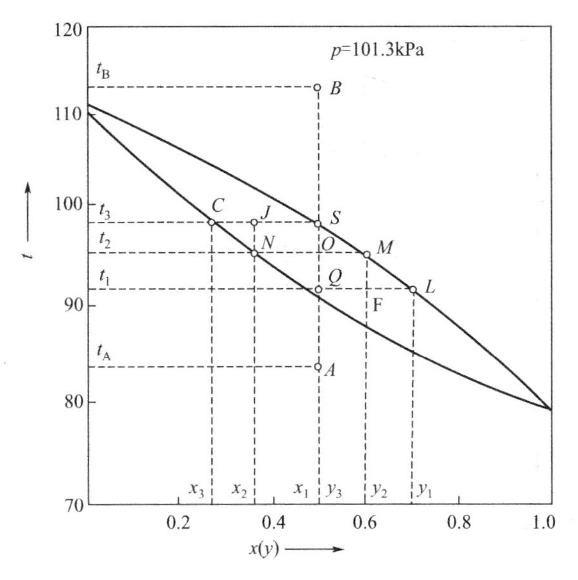

图 4-8　说明精馏原理的苯-甲苯 t-x-y 图

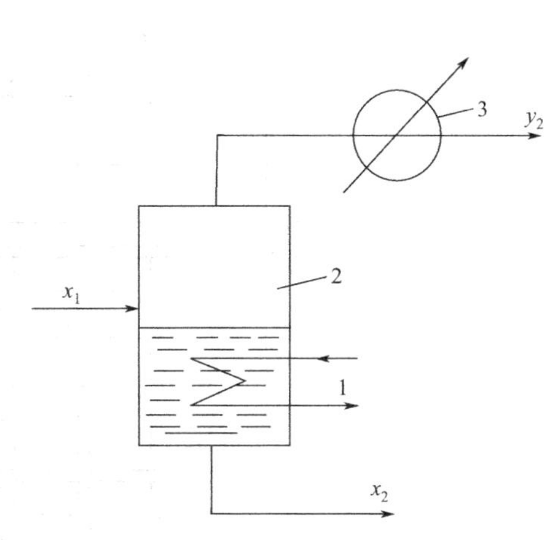

图 4-9　一次部分汽化的示意图

1—加热器；2—分离器；3—冷凝器

另一方面，将上述过程中所得组成为 y_2 的蒸气分出，冷凝至 t_1，即经部分冷凝到 F 点，则可以得到组成为 y_1 的气相及组成为 x_1 的液相，而 $y_1>y_2$，显然气体混合物进行一次部分冷凝，也能起到部分分离的作用。若将上述气液两相分开，使组成为 y_1 的气相再进行部分冷凝，即可获得较 y_1 浓度更大的气相 y。此部分冷凝过程若反复进行，最终就可以得到难挥发组分很低的气相，即可获得近于纯净的苯 y_n。其过程亦示意于图 4-10 中。所以将蒸气多次地进行部分冷凝，就可以分离出接近纯的易挥发组分。

生产中，上述过程是在精馏塔内同时进行的，温度相对较低的液体自塔顶在重力作用下从上往下流动，而温度较高的蒸气则在压力的作用下自下往上流动，当两者相遇时，气相部分冷凝而液相部分汽化，从而同时实现多次部分汽化与多次部分冷凝。

图 4-11 所示为一板式精馏塔中物料流动示意图。精馏塔内通常有若干层塔板，塔板是供气、液两相接触的场所，进行热和质的交换(即气相进行部分冷凝、液相进行部分汽化)。位于塔顶的冷凝器将上升的蒸气冷凝成液体，部分凝液作为液相回流返回塔内，其余部分为塔顶产品。位于塔底的再沸器使液体部分汽化，蒸气沿塔上升作为气相回流，余下的液体作为塔底产品。进料加在塔中间的某一层板上，进料中的蒸气和塔下段来的蒸气一起沿塔上升；进料中的液体和塔上段来的液体一起沿塔下降。在整个精馏塔中气液两相逆流接触，进行相际间的传热、传质，使液相中的易挥发组分进入气相，气相中的难挥发组分进入液相。对不形成恒沸物的物系，只要有足够的塔板数，塔顶

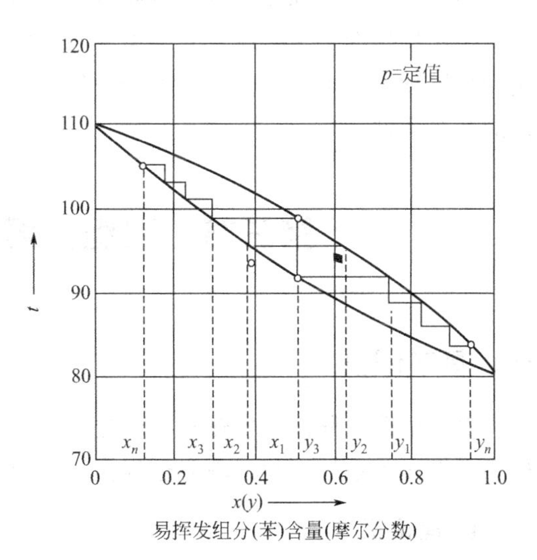

图 4-10　说明混合液多次部分汽化和混合蒸气多次部分冷凝的组成变化（苯-甲苯）示意图

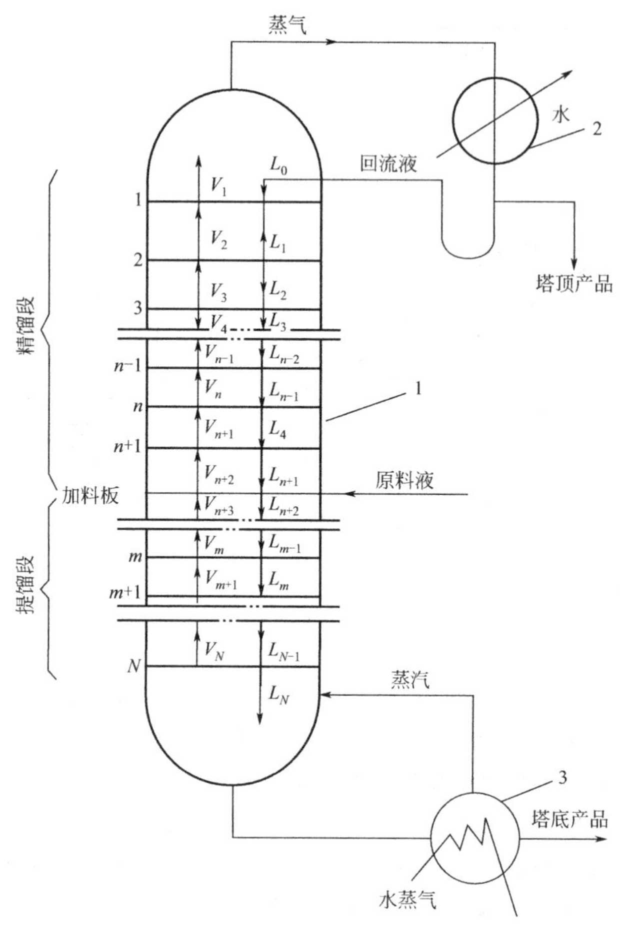

图 4-11　精馏塔中物料流动示意图

1—精馏塔；2—冷凝器；3—再沸器

将得到高纯度的易挥发组分，塔底将得到高纯度的难挥发组分。

为实现精馏分离操作，除了需要有足够多层的塔板数外，还必须从塔底引入上升的蒸气流和从塔顶引入下降的液流。上升的气流和下降的液流构成气、液两相体系，是实现精馏操作的必要条件。

第三节　双组分混合液精馏塔操作分析

一、基本假设

由于精馏过程涉及传热和传质过程，相互影响因素较多，为了便于分析，从中导出表达精馏塔操作关系的方程，现对过程作一些简化处理，提出理论板概念和恒摩尔流的假定。

1. 理论板

所谓理论板是指离开该板的气、液两相互成平衡，而且塔板上的液相组成也可视为均匀一致。例如，对图 4-12 中的第 n 层理论板而言，离开该板的气相组成 y_n 与液相组成 x_n 是符合平衡关系的。实际上，由于塔板上气液两相间接触面积和接触时间是有限的，因此在任何形式的塔板上，气液两相间难以达到平衡状态。也就是说理论板是不存在的。理论板仅是作为衡量实际板分离效率的依据和标准。通常在设计中总是先求得理论板层数，然后用恰当的校正，即可求得实际板层数。引入理论板的概念，对精馏过程的分析和计算是非常有用的。

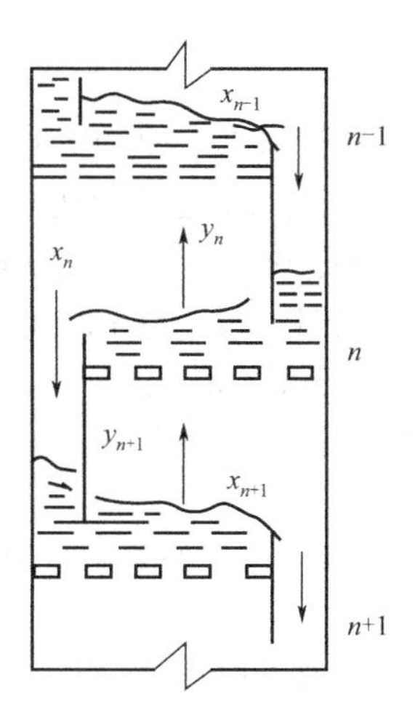

图 4-12 理论板上的两相组成示意图

2. 恒摩尔流的假定

(1) 恒摩尔气流　精馏操作时，在精馏塔的精馏段内，每层塔板上升的蒸气摩尔流量都是相等的；提馏段内每层塔板上升的蒸气摩尔流量都相等。但两段的上升蒸气摩尔流量不一定相等，即

$$V_1=V_2=\cdots=V_n=V$$
$$V_1'=V_2'=\cdots=V_m'=V'$$

式中　V——精馏段中上升蒸气的千摩尔流量，kmol/h；

V'——提馏段中上升蒸气的千摩尔流量，kmol/h。

下标表示塔板的序号。

(2) 恒摩尔液流　精馏操作时，在塔的精馏段内，每层塔板下降的液体摩尔流量都是相等的；提馏段内每层塔板上升的蒸气摩尔流量都相等。但两段的液体摩尔流量不一定相等，即

$$L_1=L_2=\cdots=L_n=L$$
$$L_1'=L_2'=\cdots=L_m'=L'$$

式中　L——精馏段中下降液体的千摩尔流量，kmol/h；

L'——提馏段中下降液体的千摩尔流量；kmol/h。

假定必须是在塔板上气液两相接触时，每 1kmol 的蒸气冷凝就相应有 1kmol 的液体汽化才能成立。为此，必须满足以下条件：① 各组分的摩尔汽化潜热相等；② 气液两相接触时，因温度不同而交换的显热可以忽略；③精馏塔保温良好，热损失可以忽略不计。

二、双组分连续精馏基本计算

1. 产品量及产品组成

通过全塔物料衡算，可以求出精馏产品的流量、组成和进料量之间的关系。图 4-13 中 F、D、W 分别表示原料液、塔顶产品（馏出液）、塔底产品（釜残液）流量，kmol/h；x_F、x_D、x_W 分别表示原料液中、馏出液中和釜残液中易挥发组分的组成（摩尔分数），现对图 4-13 所示的连续精馏塔作全塔物料衡算，并以单位时间为基准，即

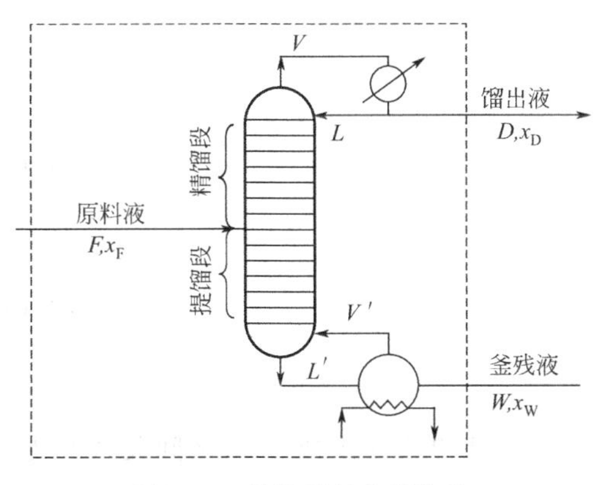

图 4-13 精馏塔的物料衡算

总物料量　$F=D+W$　(4-7)

易挥发组分量　$Fx_F=Dx_D+Wx_W$　(4-8)

联立式 (4-7)、式 (4-8) 解得

$$D=\frac{F(x_F-x_W)}{x_D-x_W} \quad (4-9)$$

$$W=\frac{F(x_D-x_F)}{x_D-x_W} \tag{4-10}$$

式（4-7）、式（4-8）、式（4-9）、式（4-10）中的单位，若改用质量流量 kg/h 表示，则 x_F、x_D、x_W 也应改用质量分数。一般情况 x_F、x_D、x_W 均已由生产条件规定，只需已知 F、D、W 中任一项，就可以求得其余各项。

【例 4-3】 每小时将 15000kg、含苯 40%和含甲苯 60%的溶液，在连续精馏塔中进行分离，要求将混合液分离为含苯 97%的馏出液和含苯不高于 2%的釜残液（以上均为质量百分数）。操作压力为 101.3kPa。试求馏出液和釜残液的流量及组成，以千摩尔流量及摩尔分数表示。

解 苯的摩尔质量为 78kg/kmol，甲苯的摩尔质量为 92kg/kmol。

进料组成
$$x_F=\frac{\frac{40}{78}}{\frac{40}{78}+\frac{60}{92}}=0.44$$

残液组成
$$x_W=\frac{\frac{2}{78}}{\frac{2}{78}+\frac{98}{92}}=0.0235$$

馏出液组成
$$x_D=\frac{\frac{97}{98}}{\frac{97}{98}+\frac{3}{92}}=0.974$$

原料液的平均摩尔质量为
$$M_F=0.44\times78+0.56\times92=85.8\text{kg/kmol}$$

进料量
$$F=\frac{15000}{85.8}=175.0\text{kmol/h}$$

全塔总物料衡算
$$D+W=175 \tag{a}$$

全塔苯的物料衡算
$$175\times0.44=D\times0.974+W\times0.0235 \tag{b}$$

联立式（a）、式（b）得
$$D=76.7\text{kmol/h}$$
$$W=98.3\text{kmol/h}$$

2. 产品回收率

塔顶易挥发组分的回收率
$$\eta_D=\frac{Dx_D}{Fx_F}\times100\% \tag{4-11}$$

塔釜难挥发组分的回收率
$$\eta_W=\frac{W(1-x_W)}{F(1-x_F)}\times100\% \tag{4-12}$$

3. 操作线方程

精馏塔内任意板下降液相组成 x_n 及由其下一层板上升的蒸气组成 y_{n+1} 之间关系称为操作关系。描述精馏塔内操作关系的方程称为操作线方程。在连续精馏塔中，因为原料液不断地从加料板进入塔内，故精馏段和提馏段的操作关系是不相同的，应分别讨论。

(1) 精馏段操作线方程　按图 4-14 的虚线范围内作物料衡算，以单位时间为基准，即

总物料量
$$V=L+D \tag{4-13}$$

易挥发组分量
$$Vy_{n+1}=Lx_n+Dx_D \tag{4-14}$$

式中　x_n——精馏段第 n 层板下降液体中易挥发组分的摩尔分数；

y_{n+1}——精馏段第 $n+1$ 层板上升蒸气中易挥发组分的摩尔分数。

将式（4-12）代入式（4-13），可得

$$y_{n+1}=\frac{L}{L+D}x_n+\frac{D}{L+D}x_D \tag{4-15}$$

或

$$y_{n+1}=\frac{\frac{L}{D}}{\frac{L}{D}+1}x_n+\frac{1}{\frac{L}{D}+1}x_D$$

令 $R=L/D$，代入上式得

$$y_{n+1}=\frac{R}{R+1}x_n+\frac{1}{R+1}x_D \tag{4-16}$$

式中 R 称为回流比，其值一般由设计者选定。

式（4-16）表明在一定操作条件下，从精馏段内任一第 n 层板溢流到下一层 $n+1$ 板的液相组成 x_n 与下一层 $n+1$ 板上升到该 n 层板的气相组成 y_{n+1} 之间的关系。将式（4-16）中的 x_n、y_{n+1} 的下标去掉，即得方程

$$y=\frac{R}{R+1}x+\frac{x_D}{R+1} \tag{4-17}$$

在稳定操作中，D、x_D 皆为定值，根据恒摩尔流的假定 L 亦为定值，故式（4-17）中的 R 亦为定值。因此式（4-17）在 x-y 直角坐标上为一直线，其斜率为 $R/(R+1)$，截距为 $x_D/(R+1)$。

当已知 $R/(R+1)$、$x_D/(R+1)$ 后，可将精馏段操作线绘于 x-y 相图上，如图 4-15 所示。该直线有时亦用两点法作出，这时除代表截距的 b 点（0，B）外，还需另找一点。设 $x=$

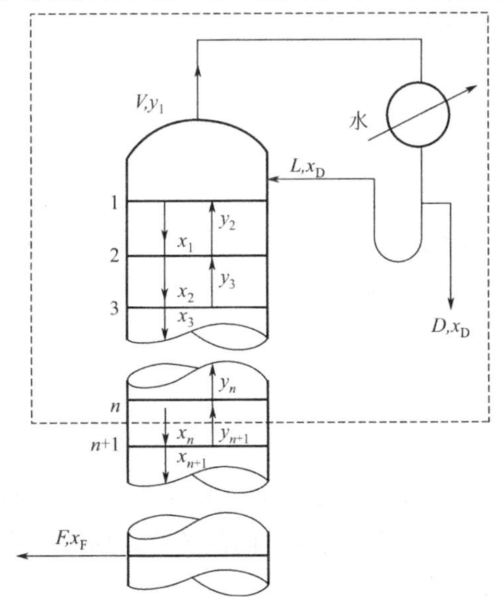

图 4-14　精馏段操作方程式的推导

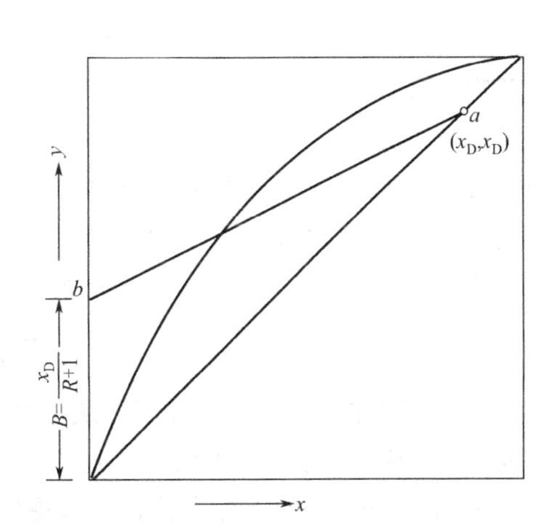

图 4-15　精馏段操作线

x_D 代入式（4-17）可得 $y=x_D$，这就是图中点 a，此点 a 在对角线上。点 a 表示第一块塔板上升的蒸气组成 y_1 与全凝器的回流液组成 x_D 相等，实际上就相当于第一块板和塔顶之间的气、液相组成关系。连接 a、b 就得精馏段操作线。

【例 4-4】 在例 4-3 中所述溶液进行精馏操作时，所采用的回流比为 3.5，试求精馏段操作线方程式，并说明该操作线的斜率和截距的数值。

解 精馏段操作线方程式为

$$y=\frac{R}{R+1}x+\frac{x_D}{R+1}$$

由题知　　$R=3.5$，且 $x_D=0.974$，代入上式

得
$$y=\frac{3.5}{3.5+1}x+\frac{0.974}{3.5+1}$$

$$y=0.78x+0.216$$

操作线的斜率为 0.78，在 y 轴上的截距为 0.216。

(2) 提馏段操作线方程　按图 4-16 的虚线范围内作物料衡算，以单位时间为基准，即

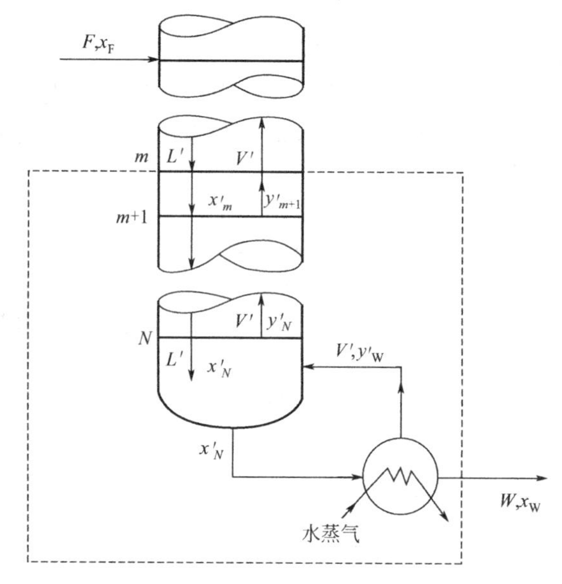

图 4-16　提馏段操作线方程式推导

总物料量　　$$L'=V'+W \tag{4-18}$$

易挥发组分量　　$$L'x'_m=V'y'_{m+1}+Wx_W \tag{4-19}$$

式中　x'_m——提馏段第 m 层板下降液体中易挥发组分的摩尔分数；

y'_{m+1}——提馏段第 $m+1$ 层板上升蒸气中易挥发组分的摩尔分数。

将式（4-18）代入式（4-19），并整理得

$$y'_{m+1}=\frac{L'}{L'-W}x'_m-\frac{W}{L'-W}x_W \tag{4-20}$$

式（4-20）表明在一定操作条件下，从提馏段内自任一第 m 层板溢流到下一层 $m+1$ 板的液相组成 x_m' 与从下一层 $m+1$ 板上升到该 m 层板的气相组成 y'_{m+1} 之间的关系。因此，将式（4-20）的 x_m、y'_{m+1} 的下标去掉，即得提馏段操作线方程

$$y'=\frac{L'}{L'-W}x'-\frac{Wx_W}{L'-W} \tag{4-21}$$

在稳定操作时 W、x_W 为定值，根据恒摩尔流假定 L'亦为定值，故式（4-21）在 x-y 直角坐标上亦为一直线，其斜率为 $L'/(L'-W)$、截距为 $-Wx_W/(L'-W')$。但因提馏段内的溢流液体 L'，除了与 L 有关以外，还受操作中进料量及其进料热状况的影响。因此，需对进料热状况作分析，从而确定 L'的数值后，才能将提馏段操作线绘于 x-y 相图上。

(3) 进料热状况对操作线的影响 在生产过程中，加入精馏塔中的原料液可能有以下五种不同的热状况：① 温度低于泡点的冷液体；② 温度等于泡点的饱和液体；③ 温度介于泡点和露点之间的气、液混合物；④ 温度等于露点的饱和蒸气；⑤ 温度高于露点的过热蒸气。

由于不同进料热状况的影响，使从进料板上升的蒸气量及下降的液体量发生变化，也即上升到精馏段的蒸气量和下降到提馏段的液体量发生了变化，图 4-17 定性地表示出在不同的进料热状况下，进料板上物料流向的示意。

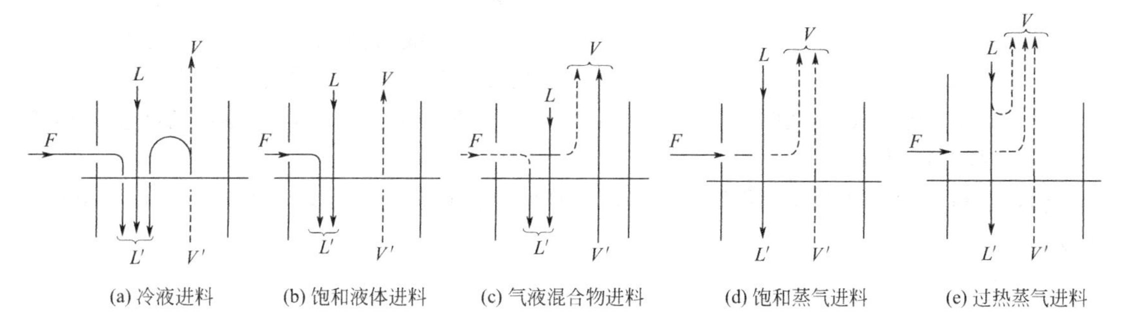

图 4-17 进料板上的物料流向示意

——→液流，- - -→气流

进料热状况对 L'的影响可通过进料热状况参数 q 来表示。q 的定义式为

$$q=\frac{L'-L}{F} \tag{4-22}$$

即每 1kmol 进料使得 L'较 L 增大的千摩尔数。通过对加料板作物料衡算及热量衡算，就能得到 q 值的计算式：

$$q=\frac{I_V-I_F}{I_V-I_L}=\frac{\text{将 1kmol 进料变为饱和蒸气所需的热量}}{\text{1kmol 原料液的汽化潜热}} \tag{4-23}$$

式中 I_F——原料液的焓，kJ/kmol；

I_V——进料组成混合液饱和蒸气的焓，kJ/kmol；

I_L——进料组成混合液饱和液体的焓，kJ/kmol。

由式（4-23）得

$$L'=L+qF \tag{4-24}$$

$$V=V'+(1-q)F \tag{4-25}$$

根据 q 的定义可得：

冷液进料	$q>1$
饱和液体进料	$q=1$
气、液混合物进料	$0<q<1$
饱和蒸气进料	$q=0$
过热蒸气进料	$q<0$

将式（4-23）代入式（4-20）得

$$y'_{m+1}=\frac{L+qF}{L+qF-W}x'_m-\frac{W}{L+qF-W}x_W \tag{4-26}$$

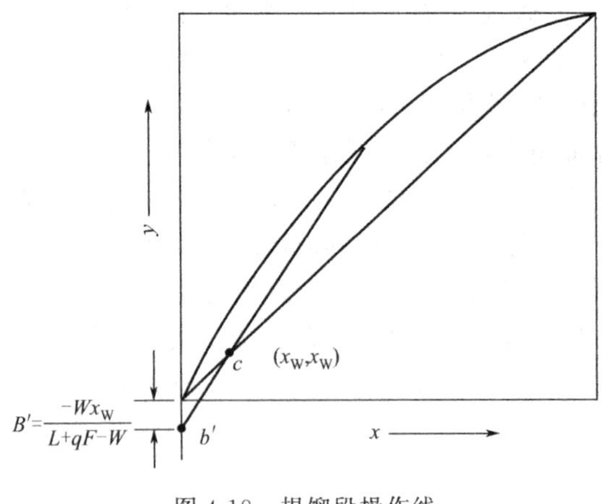

图 4-18　提馏段操作线

将上式中 x_m、y_{m+1} 的下标去掉，即得提馏段操作线方程的另一种形式，即

$$y'=\frac{L+qF}{L+qF-W}x'-\frac{W}{L+qF-W}x_W \tag{4-27}$$

对于一定操作条件下的连续精馏过程而言，式（4-27）中的 L、F、W、x_W 及 q 都是已知值或易于求算的值。此式标绘在 x-y 相图上，便是提馏段操作线，斜率为 $(L+qF)/(L+qF-W)$，在 y 轴上的截距为 $-Wx_W/(L+qF-W)$。如图 4-18 所示。该直线可用两点法作出，这时除代表截距的 b'（0，B'）外还需另找一点。

设 $x'=x_W$ 代入式（4-26）可得 $y'=x_W$，这就是图中 c 点，此点 c 在对角线上。连接 b'、c 就是提馏段操作线。

(4) 进料方程　精馏段操作线与提馏段操作线交点的轨迹方程，称为进料方程，也称 q 线方程。

联立精、提馏段操作线方程得到

$$y=\frac{q}{q-1}x-\frac{x_F}{q-1}$$

在进料热状况及进料组成确定的条件下，q 及 x_F 为定值，进料方程为一直线方程。q 线的绘制方法如下：

将 q 线方程与对角线方程联立，解得 $x=x_F$、$y=x_F$，如图 4-19 上的点 e 所示。再从 e 点作斜率为 $q/(q-1)$ 的直线，如图 4-18 上的直线 ef，即为 q 线。此 ef 线与精馏段操作线 ab 相交于点 d，连接 c、d 两点的直线，即得到提馏段操作线。

进料热状况不同，q 线位置不同，提馏段操作线的位置也相应变化，从而影响精馏塔的操作。根据不同的 q 值，将五种不同进料热状况下的 q 线斜率值及其方位标绘在图 4-20 中。

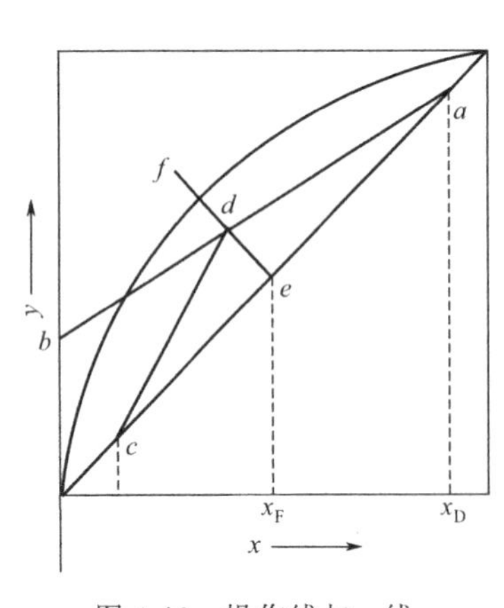

图 4-19　操作线与 q 线

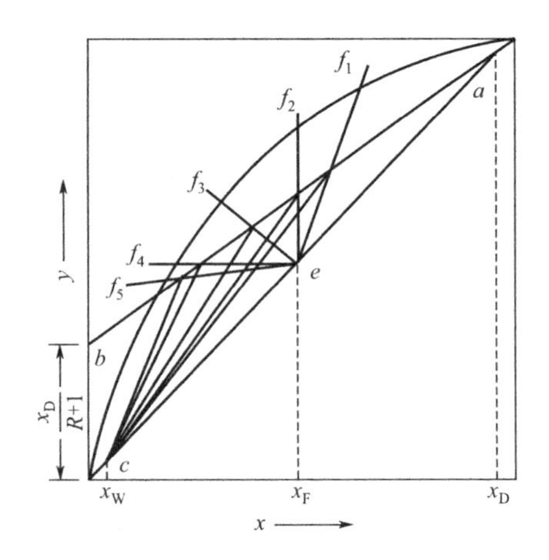

图 4-20　进料热状况对 q 线影响

4. 图解理论板

理论塔板数的计算，需要借助汽-液平衡关系和塔内气液相的操作关系。图解法的步骤

如下，参见图 4-21。

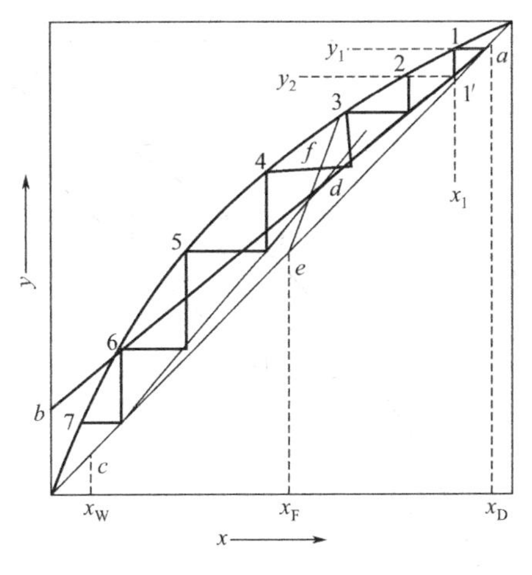

图 4-21　求理论板层数图解法

① 根据物系的相平衡关系，绘出 y-x 相图。

② 在相图中绘制精、提馏段操作线。

③ 图解计算理论板层数。从 a 点开始，在精馏段操作线与平衡线之间作由水平线和铅垂线构成的阶梯，当阶梯跨过精、提馏段交点 d 时，则在提馏段操作线与平衡线之间绘阶梯，直至阶梯的垂线达到或超过点 c 为止，如图 4-21 所示。跨过交点 d 的阶梯为进料板，最后一个阶梯为再沸器，因此，理论板层数为阶梯数减 1。图 4-21 中图解的结果表明，所需理论板层数为 6，其中精馏段与提馏段各为 3，第 4 板为加料板。

5. 实际塔板数

实际塔板由于气液两相接触时间及接触面积有限，离开塔板的气液两相难以达到平衡，达不到理论板的传质分离效果。理论塔板仅作为衡量实际塔板分离效率的依据和标准。实际操作中所需要的实际塔板数（N_P）较理论塔板数（N_T）为多。在工程计算中，先求理论塔板数，再用塔板效率予以校正，即可求得实际塔板数。

$$N_P = \frac{N_T}{E_T} \tag{4-28}$$

式中　E_T——全塔效率；

　　N_T——理论塔板数；

　　N_P——实际塔板数。

6. 回流比

由精馏原理可知，回流是保证精馏过程能连续进行稳定操作的必要条件之一，实际上在精馏中回流比还是影响设备费用和操作费用的一个重要因素。

回流比有两个极限值，上限为全回流时的回流比，下限为最小回流比。适宜的回流比介于两极限值之间。

(1) 全回流和最少理论板层数　若塔顶上升蒸气经冷凝后，全部回流到塔内，这种操作方式称为全回流。此时没有产品流出，通常是既不向塔内加料，也不从塔内取出产品，即 F、D、W 皆为零。全塔也就无精馏段和提馏段的区分，此时全塔只有一条操作线。操作线方程为 $y=x$。显然此时操作线和平衡线间距离最远；在操作线和平衡线之间所画的梯级跨度最大，因此，达到给定分离要求时，所需的理论板数最少，以 N_{min} 表示，可在 x-y 图上的平衡线和对角线之间直接图解而得，如图 4-22 所示。

全回流是回流比的上限，只用于精馏塔的开工阶段或实验研究中，对正常生产无实际意义。有时操作过程异常时，也会临时改为全回流操作，以便于过程的调节或控制。

(2) 最小回流比　由图 4-23 可以看出，当回流从全回流逐渐减小时，精馏段操作线的截距则随之逐渐增大，操作线的位置向平衡线靠近，为达到给定分离要求所需理论板数也逐渐增多，特别是当回流比减小到两段操作线交点逼近平衡线时，理论板层数的增加就更为明显。而当回流比减小到使两操作线的交点正落在平衡线上时（如图 4-23d 点所示），此时若在平衡线和操作线之间绘梯级就无法通过点 d，而且需要无限多的梯级才能达到点 d，这种

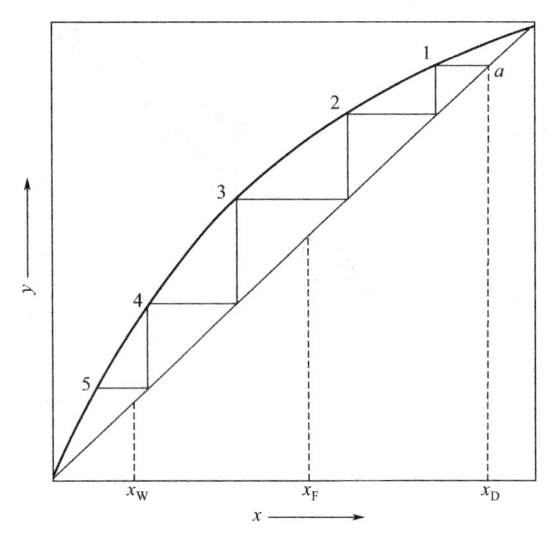

图 4-22　全回流最少理论板数的图解

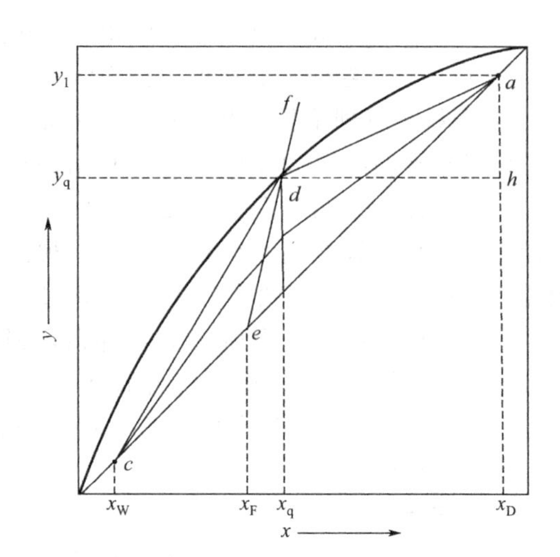

图 4-23　最小回流比的确定

情况下的回流比称为最小回流比，以 $R_{\min}$ 表示。对于给定的分离要求，它是回流比的下限值。

依作图法可得最小回流比的计算式。对于正常的相平衡曲线，参照图 4-23 可知，当回流比为最小时精馏段操作线的斜率为

$$\frac{R_{\min}}{R_{\min}+1}=\frac{ah}{dh}=\frac{y_1-y_q}{x_D-x_q}=\frac{x_D-y_q}{x_D-x_q}$$

整理上式可得

$$R_{\min}=\frac{x_D-y_q}{y_q-x_q} \tag{4-29}$$

式中　x_q、y_q——q 线与平衡线的交点坐标，可由图中读出。

(3) 适宜回流比的选择　由上面讨论可知，对于一定的分离任务，全回流和最小回流比，都不会为生产所采用。实际回流比应通过经济衡算来决定，以达到操作费用及设备折旧费用总和为最小。此时的回流比，即为适宜的回流比。在通常情况下，一般并不进行详细的经济衡算，而是根据经验选取。适宜的回流比可取为最小回流比的 1.1～2 倍，即 $R=(1.1\sim2)R_{\min}$。

第四节　精馏设备

精馏过程是在塔设备中进行的，完成精馏的塔设备称为精馏塔。根据塔内气液接触部件的结构型式，可将塔设备分为两大类：板式塔和填料塔，在本节中主要讨论板式塔，填料塔将在第五章中介绍。

一、板式塔的结构

板式塔的结构如图 4-24 所示。塔体也为圆筒体，塔内装有若干层按一定间距放置的水平塔板。操作时，塔内液体依靠重力作用，由上层塔板的降液管流到下层塔板上，然后横向流过塔板，从另一侧的降液管流至下一层塔板。汽相靠压力差推动，自下而上穿过各层塔板

及板上液层而流向塔顶。塔板是板式塔的核心，在塔板上，气液两相密切接触，进行热量和质量的交换。在正常操作下，液相为连续相，气相为分散相。

板式塔的核心部件是塔板，其功能是提供气液两相保持充分接触的场所。塔板主要由以下几部分组成：气相通道、溢流堰、降液管。根据塔板上气相通道的形式不同，可分为泡罩塔、筛板塔、浮阀塔、舌形塔、浮动舌形塔和浮动喷射塔等多种。目前从国内外实际使用情况看，主要的塔板类型为浮阀塔、筛板塔及泡罩塔，前两种使用尤为广泛，因此本节只对泡罩塔、浮阀塔、筛板塔作一般介绍。

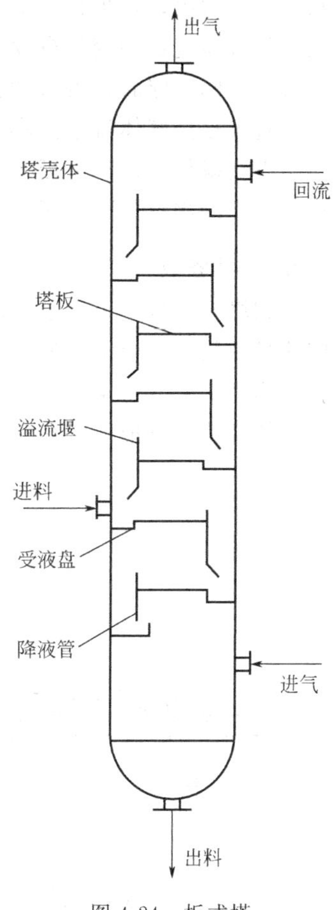

图 4-24　板式塔

1. 泡罩塔板

泡罩塔板是最早在工业上广泛应用的塔板，结构见图 4-25 所示。塔板上开有许多圆孔，每孔焊上一个圆短管，称为升气管，管上再罩一个“罩”称为泡罩。升气管顶部高于液面，以防止液体从中漏下，泡罩底缘有很多齿缝浸入在板上液层中。操作时，液体通过降液管下流，并由于溢流堰保持一定的液层。气体则沿升气管上升，折流向下通过升气管与泡罩间的环形通道，最后被齿缝分散成小股气流进入液层中，气体鼓泡通过液层形成激烈的搅拌进行传热、传质。

泡罩塔具有操作稳定可靠，液体不易泄漏，操作弹性大等优点，所以长时间被使用。但随着工业发展需要，对塔板提出了更高的要求。实践证明泡罩塔板有许多缺点，如结构复杂，造价高，气体通道曲折，造成塔板压降大，气体分布不均匀效率较低等。由于这些缺点，使泡罩塔的应用范围逐渐缩小。

2. 浮阀塔板

该塔板取消了泡罩塔板上的升气管和泡罩，改为在板上开孔，孔的上方安置可以上下浮动的阀片称为浮阀，如图 4-26 所示。操作时，由气孔上升的气流经过阀片与塔板的间隙，

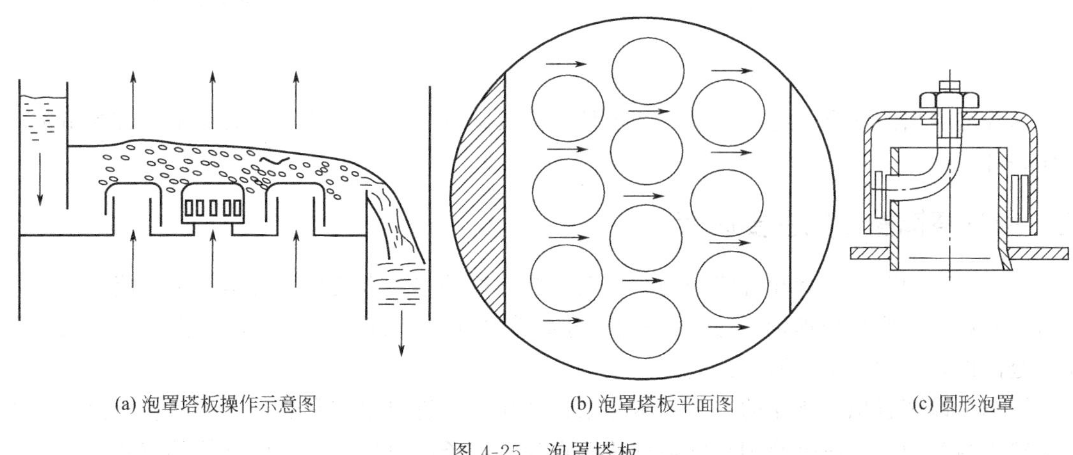
(a) 泡罩塔板操作示意图　(b) 泡罩塔板平面图　(c) 圆形泡罩

图 4-25　泡罩塔板

呈水平方向吹出，再折转向上与板上液体接触，阀片与塔板的间隙即为气体的通道。此通道的大小随气体流量的变化自动调节，气体流量低时，阀片的开度较小，气体通道小；气体流量较大时，阀片浮起，由阀“脚”钩住塔板来维持最大开度，使气体通道增大。

浮阀可根据气体流量大小上下浮动，自行调节，使气缝速度稳定在某一数值。这一改进使浮阀塔在操作弹性、塔板效率、压降、生产能力以及设备造价等方面比泡罩塔优越。但在处理黏度大的物料方面，还不及泡罩塔可靠。

3. 筛板塔板

浮阀塔在结构上采用了运动部件，不免在操作时留下隐患，而且结构复杂。最简单的结构应该是筛板。筛板结构如图 4-27 所示，塔板上设置降液管及溢流堰，并均匀地钻有若干小孔，称为筛孔。正常操作时，液体沿降液管流入塔板上并由于溢流堰而形成一定深度的液层，气体经筛孔分散成小股气流，鼓泡通过液层，造成气液两相的密切接触。

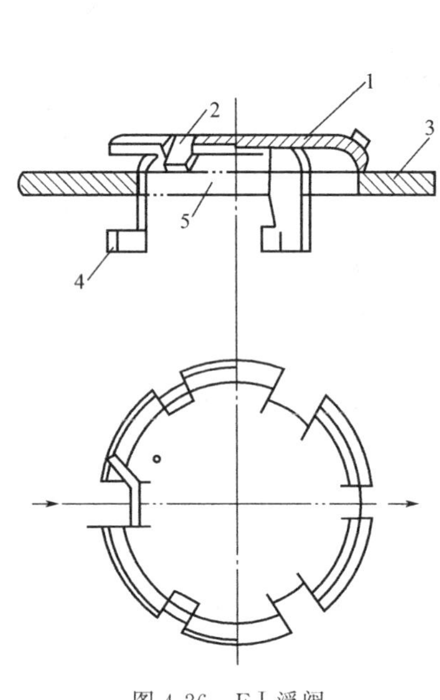

图 4-26　FⅠ浮阀

1—阀片；2—定距片；3—塔板；4—底脚；5—阀孔

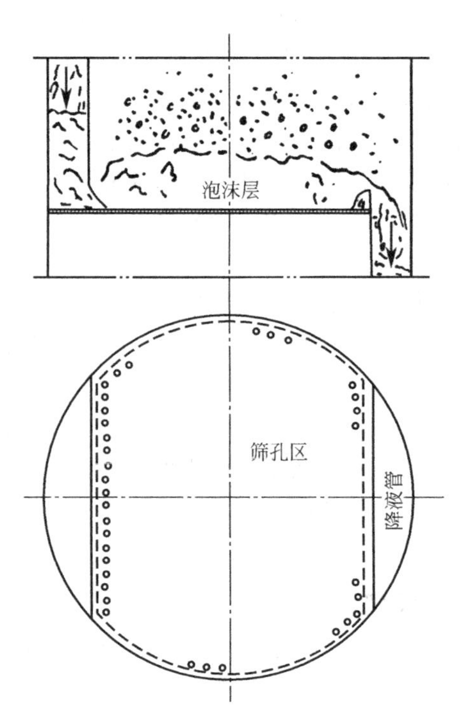

图 4-27　筛板结构和操作状态示意

筛板塔突出的优点是结构简单，造价低。但其缺点是操作弹性小，必须维持较为恒定的操作条件。

二、影响精馏操作的主要因素

对于现有的精馏装置和特定的物系，精馏操作的基本要求是使设备具有尽可能大的生产能力（即更多的原料处理量），达到预期的分离效果（规定的 x_D、x_W），操作费用最低（在允许范围内，采用较小的回流比）。

影响精馏装置稳定操作的主要因素包括操作压力、进料组成和热状况、塔顶回流、全塔的物料平衡和稳定、冷凝器和再沸器的传热性能、设备散热情况等。以下就其主要影响因素予以简要分析。

1. 物料平衡的影响和制约

保持精馏装置进出物料平衡是保证稳定操作的必要条件。根据精馏塔的总物料衡算可知，对于一定的原料液流量 F 和组成 x_F，只要确定了分离程度馏出液组成 x_D 和釜残液组成 x_W，馏出液流量 D 和釜残液 W 也就被确定了。因此馏出液流量 D 和釜残液流量 W 只能根据 x_D 和 x_W 确定，而不能任意增减。否则进、出塔的两个组分的量不平衡，必然导致塔内组成变化，操作波动，使操作不能达到预期的分离要求。保持精馏装置的物料平衡是精馏塔稳态操作的必要条件。

2. 塔顶回流的影响

回流比是影响精馏过程分离效果的主要因素，生产中经常用回流比来调节、控制产品质量。回流比增大，精馏产品质量提高（馏出液组成 x_D 增高，釜残液组成 x_W 降低）；反之，当回流比减小时，馏出液组成 x_D 减小而釜残液组成 x_W 增大，即分离效果变差。

回流比增加，使塔内上升蒸气量及下降液体量均增加，若塔内气液负荷超过允许值，则可能引起塔板效率下降，此时应减小原料液流量。回流比变化时再沸器和冷凝器的传热量也应相应发生变化。

3. 进料组成和进料热状况的影响

当进料状况（x_F 和 q）发生变化时，由前所述图解理论板，适宜进料位置要发生变化，所以应适当改变进料位置，并及时调整回流比 R。一般精馏塔常设几个进料位置，以适应生产中进料状况，保证在精馏塔的适宜位置进料。如进料状况改变而进料位置不变，必然引起馏出液和釜残液组成的变化。

对特定的精馏塔，若原料液组成 x_F 减小，则将使馏出液组成 x_D 和釜残液组成 x_W 均减小，欲保持馏出液组成 x_D 不变，则应增大回流比。

4. 塔釜温度的影响

釜温是由釜压和物料组成决定的。精馏过程中，只有保持规定的釜温，才能确保产品质量。因此釜温是精馏操作中重要的控制指标之一。

提高塔釜温度时，则使塔内液相中易挥发组分减少，并使上升蒸气的速度增大，有利于提高传质效率。如果由塔顶得到产品，则塔釜排出难挥发物中，易挥发组分减少，损失减少；如果塔釜排出物为产品，则可提高产品质量，但塔顶排出的易挥发组分中夹带的难挥发组分增多，从而增大损失。因此，在提高温度的时候，既要考虑到产品的质量，又要考虑到工艺损失。

当釜温变化时，通常是用改变再沸器的加热蒸汽量，将釜温调节至正常。当釜温低于规定值时，应加大蒸汽用量，以提高釜液的汽化量，使釜液中重组分的含量相对增加，泡点提高，釜温提高；当釜温高于规定值时，应减少蒸汽用量，以减少釜液的汽化量，使釜液中轻组分的含量相对增加，泡点降低，釜温降低。

5. 操作压力的影响

塔的压力是精馏塔主要的控制指标之一。在精馏操作中，常常规定了操作压力的调节范围。塔压波动过大，就会破坏全塔的汽-液平衡和物料平衡，使产品达不到所要求的质量。

当塔压发生变化时，首先要判断引起变化的原因，而不要简单地只从调节上使塔压恢复正常，要从根本上消除变化的原因，才能不破坏塔的正常操作。如釜温过低引起塔压降低，若不提高釜温，而单靠减少塔顶采出来恢复正常塔压，将造成釜液中轻组分大量增加。

三、精馏技术展望

蒸馏作为当代工业应用最广的分离技术，目前已具有了相当成熟的工程设计经验以及一定的理论研究基础。但是作为能量消耗很大的单元操作之一，在大型工业化生产过程中不可避免地遇到产品的高纯度与高能耗的矛盾。因此，在产品达到高纯度分离的同时又能降低能耗，成为当今蒸馏分离研究开发的重要目标。

从现有理论研究和工程经验看，强化蒸馏和传质过程的主要途径是：①改进设备结构，从而改善气液两相流动，使气液充分接触，达到最好的分离效果；②优化工艺过程，降低蒸馏过程中的能量消耗。前者通过改进塔板或采用高效填料可以达到。蒸馏工艺过程的强化主要是蒸馏过程的节能和新蒸馏过程的开发。

1. 蒸馏过程的节能技术

蒸馏过程的节能技术大致可分为三方面：蒸馏过程热能的充分回收利用，它是以热力学第一定律为基础；减少蒸馏过程本身的能量需求，它是以蒸馏原理为基础；提高蒸馏系统的热力学效率，它是以热力学第二定律为基础。

充分回收利用过程本身的热能是以热力学第一定律为依据的。据此，应使排出系统或散失于外界的热能减为最小。一般采用加强保温以及回收物料的一部分显热或潜热等节能方法。

蒸馏过程加热蒸汽的消耗量在很大程度上取决于回流比的大小。为此，应在可能条件下减小操作的回流比，或间接采用提高分离效率的方法，以较小的回流比实现相同的分离效果，从而减少过程本身对能量的需求。

从热力学第二定律观点出发，研究降低蒸馏过程能耗的途径，即提高过程的热力学效率，主要方法有：①增设中间再沸器和中间冷凝器；②采用多效蒸馏、热偶蒸馏、热泵蒸馏等方法。

上述方法均能获得不同程度的节能效果，但在大多数情况下是以增加设备费用为代价的，此外，节能措施往往使操作变得复杂，在应用节能技术时需要综合考虑，权衡利弊。

2. 新蒸馏过程的开发

对于具有恒沸点或沸点相近的物系，一般仅仅利用蒸馏是难以达到有效的分离目的的，为了达到强化传质和最好的分离效果，一些特殊的蒸馏方法以及为分离一些特殊物料（如热敏性物料）的蒸馏方法已进入探索与开发阶段。这些蒸馏方法包括以下三种。

(1) 结合反应（包括均相和非均相）、吸附等其他化工单元操作的优势提出或已经实现工业化的，如：反应精馏（主要与化学反应相结合）、催化蒸馏（主要与催化反应相结合）、吸附蒸馏（主要与吸附过程相结合）以及膜蒸馏（主要与固膜分离过程相结合）等蒸馏方法。

(2) 在蒸馏过程中引入某些添加剂，以利用溶液的非理想性质改变组分之间相对挥发度，实现高效和节能的分离目的。除了早期的萃取精馏、恒沸精馏外，近年来发展了加盐蒸馏、加盐萃取蒸馏等方法。

(3) 引入第二能量（如磁场、电场和激光）以促进传质过程的进行。目前这种方式虽未投入生产使用，但专家预计，第二能量的引入将会使蒸馏过程产生巨大的经济效益。随着超导材料和激光器制备技术的提高和生产成本的降低，相信这种蒸馏过程的实现将不会太远。

思考题

4-1　理想溶液的气液相平衡如何表示？

4-2　精馏的原理是什么？为什么精馏塔必须有回流？若取消回流将产生什么结果？

4-3　精馏塔中气相组成、液相组成以及温度沿塔高如何变化？

4-4　为了简化精馏计算，做了哪些假定？什么情况下实际和假定比较符合？

4-5　什么叫理论塔板？实际塔板数是如何求得的？

4-6　分析塔顶回流对精馏分离效果的影响。

4-7　结合 q 线说明进料组成和热状况对精馏操作的影响。

计算题

4-1　试根据书中苯-甲苯混合液的 t-x-y 图，对苯的摩尔分数为 0.40 的苯和甲苯混合蒸气求以下各项：(1) 混合蒸气开始冷凝的温度及凝液的瞬间组成；(2) 若将混合蒸气冷却到 100℃时，将成什么状态？各相的组成为何？(3) 混合蒸气被冷却到能全部冷凝成为饱和液体时的温度？

4-2　某连续操作的精馏塔，每小时蒸馏 5000kg 含乙醇 15%（质量分数，下同）的水溶液，塔底残液内含乙醇 1%，试求每小时可获得多少含乙醇 95%的馏出液及残液量。

4-3　某精馏塔的进料成分为丙烯 40%，丙烷 60%，进料为 2000kg/h。塔底产品中丙烯含量为 20%（以上均为质量分数），流量 1000kg/h。试求塔顶产品的产量及组成。

4-4　在连续操作的精馏塔中，每小时要求蒸馏 2000kg 含水 90%（质量分数，下同）的乙醇水溶液。馏出液含乙醇 95%，残液含水 98%，若操作回流比为 3.5，问回流量为多少？

4-5　用某精馏塔分离丙酮-正丁醇混合液。料液含 30%丙酮，馏出液含 95%（以上均为质量分数）的丙酮，加料量为 1000kg/h，馏出液量为 300kg/h，进料为沸点状态，回流比为 2。求精馏段操作线方程和提馏段操作线方程。

4-6　用某常压精馏塔分离酒精水溶液，其中含 30%酒精、70%的水。每小时饱和液体进料量为 4000kg。塔顶产品含 91%酒精，塔底残液中酒精不得超过 0.5%（以上均为质量分数）。试求每小时馏出液量及残液量为多少千摩尔？当操作回流比为 2、总塔板效率为 70%时，求：(1) 试用图解法求理论板层数？(2) 实际塔板数为多少？常压下酒精水溶液的平衡数据如下表所列。

温度 t/℃	酒精摩尔分数/%		温度 t/℃	酒精摩尔分数/%	
	液相	气相		液相	气相
100.0	0.00	0.00	81.5	32.73	58.26
95.5	1.90	17.00	80.7	39.65	61.22
89.0	7.21	38.91	79.8	50.79	65.64
86.7	9.66	43.75	79.7	51.98	65.99
85.3	12.38	47.04	79.3	57.32	68.41
84.1	16.61	50.89	78.74	67.63	73.85
82.7	23.37	54.45	78.41	74.72	78.15
82.3	26.08	55.80	78.15	89.43	89.43

第五章

吸收与设备

第一节　概　　述

一、吸收操作在化工、制药生产中的应用

气体溶解于液体的过程称为吸收，如 HCl（气）溶于水生成盐酸，SO_3 溶于水生成硫酸等都是气体吸收的例子。然而，实际上应用更广、更重要的气体吸收操作，是选用合适的液体分离某气体混合物，利用气体混合物中各组分在该液体中溶解度的差异，实现气相各组分的分离。因此可以说吸收是分离气体混合物的单元操作。例如，用水处理空气-氨气混合物，由于氨气在水中溶解度很大，而空气在水中溶解度很小，所以大部分氨气从空气中转移到水中而与空气分离。

在气体吸收操作中所用的溶剂称为吸收剂，用 S 表示；气体中能够溶于溶剂的组分称为溶质（或吸收质），用 A 表示；基本上不溶于溶剂的组分统称为惰性气体，用 B 表示。惰性气体可以是一种或多种组分。如用水吸收空气-氨混合气体时，水为吸收剂，氨为溶质，空气为惰性气体。

可见，吸收操作是分离气体混合物的一种重要方法，是传质过程中的一种形式，在化工、制药生产中已被广泛应用。归纳起来主要用于以下几个方面。

① 回收混合气体中的有用组分。例如，用硫酸处理焦炉气以回收其中的氨；用碱液吸收石灰窑废气中的二氧化碳；用液态烃处理石油裂解气以回收其中乙烯、丙烯等。

② 原料气的净化。化工生产中，常遇到混合气体中含有对后工序有害的气体，应设法将其除去，达到净化气体的目的。如氨合成原料气中的 CO_2 用水或碱液吸收，以防止氨合成催化剂中毒。

③ 制取成品。如用水吸收氯化氢气体制取盐酸；用水吸收甲醛蒸气制取福尔马林等。

④ 废气处理、保护环境。如磷肥生产中，排放出的含氟废气具有强烈的腐蚀性，可以用水及其他盐类溶液吸收制成有用的氟硅酸钠、冰晶石等；又如制药生产中的氰化氢一般是用 2%的氢氧化钠进行中和吸收，使之生成氰化钠，以达到回收利用保护环境的目的。

在吸收过程中，如果吸收质与吸收剂之间不发生显著的化学反应，可以当作是气体单纯溶解于液体的物理过程，则称为物理吸收；如果吸收质与吸收剂之间发生显著的化学反应，则称为化学吸收。若混合气体只有一个组分进入吸收剂，其余组分皆可认为不溶解于吸收剂，这样的吸收过程称为单组分吸收；如果混合气体中有两个或更多个组分进入液相，则称为多组分吸收。吸收质溶解于吸收剂中时，常伴有热效应，当发生化学反应时，还会有反应热，其结果是使溶液温度逐渐升高，这样的吸收过程，称为非等温吸收；如果热效应很小，或被吸收的组分在气相中浓度很低，而吸收剂的用量相对很大时，温度升高并不显著，则可认为是等温吸收。本章主要讨论低浓度、单组分的等温、物理吸收过程。

图 5-1 为水吸收 SO_3 制取硫酸工艺流程。

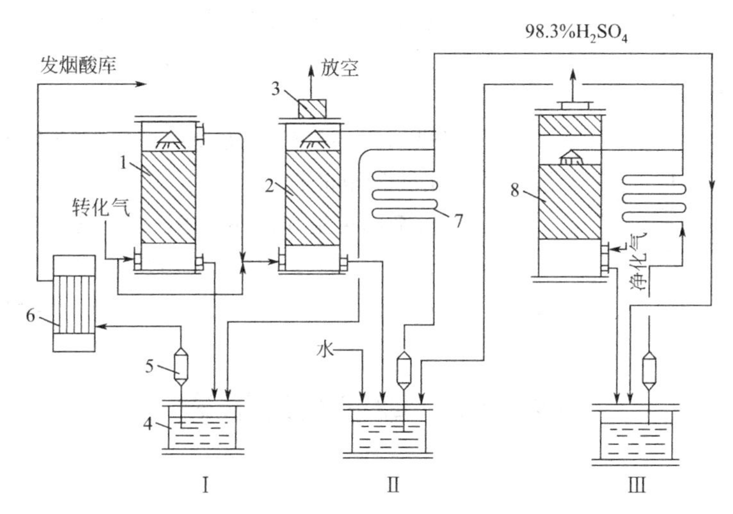

图 5-1　水吸收 SO_3 制取硫酸工艺流程

1—发烟硫酸吸收塔；2—浓硫酸吸收塔；3—捕沫器；4—循环槽；
5—泵；6，7—酸冷却器；8—干燥塔

转化气 SO_3 从塔底部进入吸收塔 1，以 18.5%的发烟硫酸作为吸收剂自塔顶喷淋，气、液两相逆流接触传质，吸收 SO_3 后的发烟硫酸从吸收塔 1 底部排出，进入循环槽 4-Ⅰ。经过一次吸收后的 SO_3 从 1 号塔上部排出，再进入 2 号吸收塔的底部，2 号塔是以 98.3%硫酸作为吸收剂自塔顶喷淋，气、液两相逆流接触传质，吸收 SO_3 后的硫酸从吸收塔 2 底部排出，进入循环槽 4-Ⅱ。经过二次吸收后的 SO_3 从 2 号塔上部排出，经处理后放空。这是吸收操作在硫酸生产中的应用。

在制药生产中，排放的废气中既有无机污染物，如氯化氢、硫化氢、氮氧化物、氯气、氨气和氰化物等，又含有机污染物，如胺类化合物、醇类和酚类化合物等。生产中废气的处理方法也是以吸收为主。二氧化硫、氧化氮、硫化氢等酸性气体，可用氨水吸收。氨气可用水或稀硫酸或废酸水吸收，制成氨水或铵盐溶液，可作农肥；氯化氢可用水吸收成为相应的酸，回收利用；氰化氢可用水或碱液吸收，然后用氧化、还原及加压水解等方法处理；用水或乙二醛水溶液吸收废气中的胺类化合物；用稀硫酸吸收废气中的吡啶类化合物；用水吸收废气中的醇类和酚类化合物；用亚硫酸氢钠溶液吸收废气中的醛类化合物等。

二、气体吸收过程

吸收过程通常在吸收塔中进行。为了使气液两相充分接触，可以采用板式塔或填料塔，

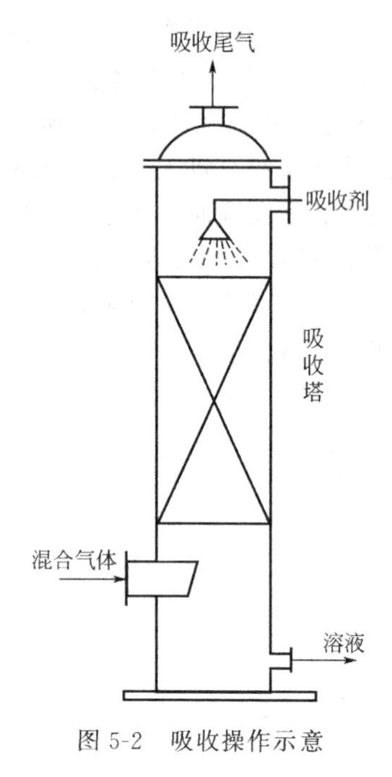

图 5-2 吸收操作示意

少数情况下也选用喷洒塔。如图 5-2 为一逆流吸收示意图。吸收剂自塔顶上部喷淋而下，与上升气相逆流接触，混合气体中溶质被溶剂吸收，吸收溶质后的溶液从塔底部排出；混合气体由塔底部进入，被吸收剂吸收后的尾气从塔顶部排出。气、液两相在塔内进行逆向接触的过程中，完成了吸收质从气相向液相转移的过程，达到溶质与惰性气体的分离，实现了从混合气体中分离某组分的目的。

由此可知，吸收操作是通过一种具有选择性的吸收剂将气体混合物中的溶质溶解，实现气体混合物中各组分的分离。上述过程的实现，一般必须解决以下三个方面的问题。

① 选择合适的吸收剂，选择性地溶解某个（或某些）被分离组分。

② 提供适当的气液传质设备，使气液两相充分接触，使溶质从气相转移至液相。

③ 吸收剂的再生和循环使用，一个完整的吸收过程一般包括吸收和解吸两个部分。若吸收溶质后的溶液是过程是产品或可直接排放，则吸收剂无须再生，也就不需要解吸操作了。

第二节　吸收剂的选择

一、吸收原理

1. 吸收的气-液相平衡

在恒定的温度与压力下，使某一定量的混合气体与吸收剂在一个密闭容器中接触，混合气中的溶质便向液相吸收剂内扩散，即发生吸收或溶解过程；而进入液相内的溶质反过来又会部分从溶剂中逸出返回气相，即发生解吸过程。当吸收过程进行到吸收速率与解吸速率相等时，溶质的溶解量与逸出量达到平衡，气、液两相中的溶质浓度不再随时间而改变，此时气液两相达到了一个动态平衡，简称气-液相平衡。平衡状态下气相中的溶质分压称为平衡分压或饱和分压；液相中的溶质浓度称为平衡浓度或称饱和浓度。

任何气-液相平衡都是在一定的温度和压力下达成的。如果温度和压力发生改变，气-液相平衡均会被打破，继续发生吸收或解吸过程，直至在新的恒定温度和压力下建立新的气-液相动态平衡。

(1) 亨利定律　亨利定律是表述气-液相平衡关系的定律。适用于气体溶解后形成的溶液为稀溶液的情况。当总压力不高（一般约小于 500kPa）时，在一定温度下气-液两相达到平衡时，稀溶液上方气体溶质的平衡分压与其在液相中的摩尔分数成正比；反过来，也可以说，溶质在稀溶液中的平衡摩尔分数与溶液上方气相中溶质的分压成正比。其数学表达式为：

$$p_A^* = Ex \tag{5-1}$$

或

$$x^* = p_A / E \tag{5-2}$$

式中　p_A^*——溶质 A 在气相中的平衡分压，kPa；

x——溶质在液相中的摩尔分数；

E——亨利系数，kPa；

x^*——溶质在液相中的平衡摩尔分数；

p_A——溶质在气相中的分压，kPa。

亨利系数 E 的值由实验测定。其值随物系而变化，E 值小，说明一定的气-液相平衡分压下液相中溶质的摩尔分数大，即溶质的平衡溶解度大，吸收就易进行。故易溶气体的 E 值小，难溶气体的 E 值大。当物系一定时，E 随系统的温度而变化，通常温度升高，E 值增大，即气体的溶解度随温度升高而减小，不利于吸收，但利于解吸。

在吸收操作中，气体总量和溶液的总量都随吸收的进行而改变，但惰性气体和吸收剂的量可近似认为保持不变，因此吸收操作引入摩尔比表示相的组成，会简化吸收过程的计算。

摩尔比是指混合物中某组分 A 的物质的量与惰性组分 B（不参加传质的组分）的物质的量值的比值，用 X（或 Y）表示。

对于双组分（A 组分+B 组分）物系，以 B 为基准，A 组分的组成可以表示为摩尔比

$$X_A(\text{或 } Y_A)=\frac{n_A}{n_B} \tag{5-3}$$

由于气、液组成表示方法的不同，亨利定律也常表示为如下几种形式。

① 溶质用物质的量浓度表示　若将亨利定律表示成溶质在液相中物质的量浓度 c_A 与其在气相中的分压 $p_A{}^*$ 之间的关系，则可写成如下形式，即

$$p_A^*=\frac{c_A}{H} \tag{5-4}$$

式中　H——溶解度系数，kmol/(m³ · P_A)。由实验测定，H 值愈大说明溶解度愈大。

② 用摩尔分数表示　若气、液两相组成均用摩尔分数表示时，亨利定律可表示为

$$y_A^*=mx_A \tag{5-5}$$

式中　m——相平衡常数，无量纲。

③ 用摩尔比表示　若气、液两相组成均用摩尔比表示时，亨利定律可表示为：

$$x=\frac{X}{1+X} \tag{5-6}$$

$$y=\frac{Y}{1+Y} \tag{5-7}$$

将式（5-6）、式（5-7）代入式（5-5）可得

$$\frac{Y^*}{1+Y^*}=m\frac{X}{1+X}$$

$$Y^*=\frac{mX}{1+(1-m)X} \tag{5-8}$$

当溶液很稀时，m 很接近于 1，式（5-8）分母趋近于 1，于是该式可简化为：

$$Y^*=mX \tag{5-9}$$

(2) 气-液相平衡关系在吸收过程中的应用

① 判别过程的方向　对于一切未达到相际间平衡的系统，组分将由一相向另一相传递，其结果是使系统趋于平衡。所以，传质的方向是使系统朝向达到平衡的方向变化。一定浓度的混合气体与某种溶液相接触，溶质是由液相向气相转移，还是由气相向液相转移，可以利用相平衡关系作出判断。

【例 5-1】　设在 101.3kPa、20℃下，稀氨水的相平衡方程为 $y^*=0.94x$，现将含氨摩尔分数为 10%的混合气体与 $x=0.05$ 的氨水接触，试判断传质方向。若以氨摩尔分数为 5%的混合气体与 $x=0.10$ 的氨水接触，传质方向又如何？

解 根据相平衡关系与实际 $x=0.05$ 的溶液成平衡的气相摩尔分数 $y^*=0.94x=0.94\times0.05=0.047$

实际气相摩尔分数 $y=0.10$

由于 $y>y^*$ 故两相接触时将有部分氨气自气相转入液相，即发生吸收过程。

若以含氨 $y=0.05$ 的气相与 $x=0.10$ 的氨水接触，$y^*=0.094$，因 $y<y^*$，部分氨气将由液相转入气相，即发生解吸。

② 指明过程极限 将溶质摩尔分数为 y_1 混合气体送至某吸收塔的底部，吸收剂自塔顶喷淋作逆流吸收，如图 5-2 所示，当气、液两相流量和温度、压力一定的情况下，设塔高无限（即接触时间无限长），最终完成液相中溶质的极限浓度最大值是与气相进口摩尔分数 y_1 相平衡的液相组成 x_1^*，即

$$x_{1\max}=x_1^*=\frac{y_1}{m}$$

同理，吸收尾气溶质含量 y_2 最小值是与液相进口摩尔分数 x_2 相平衡的气相组成 y_2^*，即

$$y_{2\min}=y_2^*=mx_2$$

由此可见，气体混合物离塔时溶质的最低含量大于对应的平衡含量。

③ 指明过程推动力 相平衡是过程的极限，只有不平衡的气液两相相互接触才会发生气体的吸收或解吸。吸收过程通常以实际浓度与平衡浓度的差值来表示吸收传质推动力的大小。推动力可用气相推动力或液相推动力表示，气相推动力表示为塔内任何一个截面上气相实际浓度 y 和该截面上液相实际浓度 x 成平衡的 y^* 之差，即 $y-y^*$（其中 $y^*=mx$）。

液相推动力以液相摩尔分数之差即 x^*-x 表示吸收推动力，其中 $x^*=\frac{y}{m}$。

2. 吸收机理与速率

(1) 吸收传质机理 吸收过程是气、液两相间的传质过程，关于这种相际间的传质过程的机理曾提出多种不同的理论，其中应用最广泛的是刘易斯和惠特曼在 20 世纪 20 年代提出的双膜理论，其模型如图 5-3 所示。

针对气体吸收传质过程，双膜理论的基本论点如下。

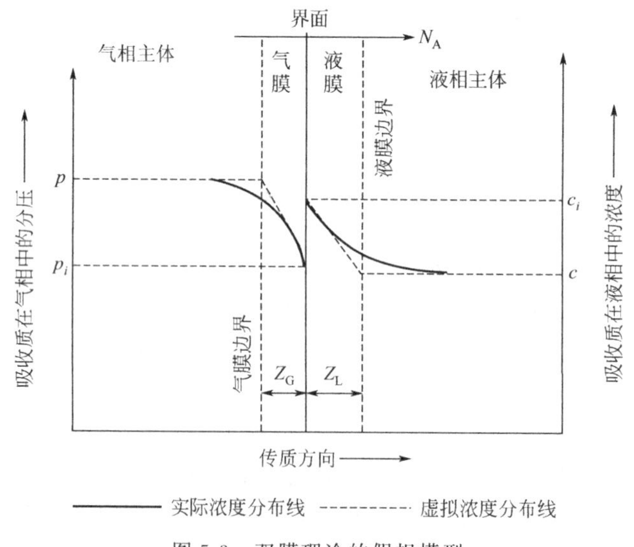

图 5-3 双膜理论的假想模型

① 在气、液两流体相接触处，有一稳定的分界面，叫相界面。在相界面两侧附近各有一层很薄的气体滞流内层（气膜）和液体滞流内层（液膜），即虚拟的层流膜层，吸收质以分子扩散方式通过这两个膜层。膜层的厚度随流体的流速而变，流速愈大膜层厚度愈小。

② 在两膜层以外的气、液两相分别称为气相主体与液相主体。在气、液两相主体中，由于流体的充分湍流，吸收质的浓度基本上是均匀的，即气液相主体内浓度梯度皆为零，全部浓度变化集中在这两个膜层内，即阻力集中在两膜层之中。

③ 无论气、液两相主体中吸收质的浓度是否达到相平衡，在相界面处，吸收质在气液两相中的浓度（p_i 与 c_i）时刻成平衡，即界面上没有阻力。

对于具有稳定相界面的系统以及气液流速不高的两相间的传质，双膜理论与实际情况是相当符合的，根据这一理论吸收过程可分为三个步骤：

① 溶质由气相主体传递到气相侧界面，即气相内传质；

② 溶质在相界面上的溶解，溶质由气相进入液相，即相际传质；

③ 溶质由液相侧界面向液相主体的传递，即液相内传质。

(2) 吸收速率 在吸收操作中，每单位相际传质面积上，单位时间内吸收的溶质量，称为吸收速率，等于吸收推动力与传质阻力的比值。表示吸收速率与吸收推动力之间的关系式即为吸收速率方程式。由于相组成及其相应的推动力的表达方式及范围的不同，出现了多种形式的吸收速率方程式。

① 气相与界面的传质速率 依据双膜理论，吸收质 A 从气相主体到相界面的传质速率方程式可写成

$$N_A = k_g(p - p_i) \tag{5-10}$$

或

$$N_A = k_Y(Y - Y_i) \tag{5-11}$$

式中 N_A——吸收速率，kmol/(m^2·s)；

p、p_i——吸收质 A 在气相主体与相界面处的分压，kPa；

k_g——以分压差表示推动力的气相传质分系数，kmol/(m^2·s·kPa)；

Y、Y_i——吸收质 A 在气相主体和相界面处的摩尔比；

k_Y——以摩尔比差为推动力的气相传质分系数，kmol/(m^2·s)。

② 液相与界面的传质速率 依据双膜理论，吸收质 A 从相界面到液相主体的传质速率方程式可写成

$$N_A = k_L(c_i - c) \tag{5-12}$$

或

$$N_A = k_X(X_i - X) \tag{5-13}$$

式中 N_A——吸收速率，kmol/(m^2·s)；

c_i、c——吸收质 A 在相界面和液相主体的浓度，kmol/m^3；

k_L——以物质的量浓度差为推动力的液相传质分系数，m/s；

X、X_i——吸收质 A 在液相主体和相界面处的摩尔比；

k_X——以摩尔比差为推动力的液相传质分系数，kmol/(m^2·s)。

③ 吸收总的传质速率 相内吸收速率方程式中的推动力，都涉及相界面处吸收质的组成（p_i、Y_i、c_i、X_i），由于相界面是变化的，该参数很难获取。为此我们仿照间壁换热器中的两流体换热问题的处理方法，而采用包括气、液相的总吸收速率方程式。

吸收速率=总推动力/总阻力=主体浓度与其平衡浓度的差/两膜层阻力之和

以（$Y-Y^*$）为总推动力的吸收速率方程式

$$N_A = K_Y(Y - Y^*) \qquad \frac{1}{K_Y} = \frac{1}{k_Y} + \frac{m}{k_X} \tag{5-14}$$

式中　Y——吸收质在气相主体中的浓度（摩尔比）。

K_Y——以气相摩尔比差（$Y-Y^*$）为推动力的气相总传质系数，kmol/（m^2·s·ΔY）。

对应的总的传质阻力为 $1/K_Y$，气膜阻力为 $1/k_Y$，液膜阻力为 m/k_X。

以（X^*-X）为总推动力的吸收速率方程式

$$N_A = K_X(X^* - X) \qquad \frac{1}{K_X} = \frac{1}{k_X} + \frac{1}{mk_Y} \tag{5-15}$$

式中　X——为吸收质在液相主体中浓度（摩尔比），$X^*=Y/m$。

K_X——以液相摩尔比差（X^*-X）为推动力的液相总传质系数，kmol/（m^2·s·ΔX）。

对应的总的传质阻力为 $1/K_X$，气膜阻力为 $1/mk_Y$，液膜阻力为 $1/k_X$。

3. 强化吸收速率

吸收总的传质阻力由气膜阻力和液膜阻力构成。对于易溶气体的吸收过程，其液膜阻力很小可以忽略，吸收过程总阻力主要集中在气膜，整个吸收属于气膜控制，欲提高吸收传质速率，就要设法降低气膜阻力，可以通过增大气体流速，减少气膜厚度，降低气膜阻力而有效地加快吸收过程。生产中在选择设备形式及确定操作条件时，应特别注意减小气膜阻力，以提高吸收传质速率。如用水吸收氨或氯化氢等气体就属于此类吸收。

对于溶质为难溶的气体吸收过程，其气膜阻力很小可以忽略，吸收过程总阻力主要集中在液膜，整个吸收属于液膜控制，欲提高吸收传质速率，就要设法降低液膜阻力，可以通过增大液体流速或降低操作温度，减少液膜厚度，降低液膜阻力而有效地加快吸收过程。生产中在选择设备形式及确定操作条件时，应特别注意减小液膜阻力，以提高吸收传质速率。如用水吸收氧气或二氧化碳等气体就属于此类吸收。

对于溶解度适中的气体，在吸收过程中气膜阻力与液膜阻力均不可忽略，此时的吸收过程称为“双膜控制”。要提高吸收过程速率，必须同时降低气膜和液膜的阻力，方能得到满意的吸收效果。

在化工与制药生产中，若能正确判断出吸收过程属于气�膜控制或液膜控制，对确定吸收操作条件，强化吸收效果有很关键的作用，见表 5-1。

表 5-1　吸收过程中控制因素举例

气膜控制	液膜控制	气膜与液膜相同时控制
NH_3 的吸收→水或氨水	CO_2 的吸收→水或弱碱	SO_2 的吸收→水
SO_3 的吸收→浓 H_2SO_4	O_2 的吸收→水	丙酮的吸收→水
HCl 的吸收→水或稀盐酸	H_2 的吸收→水	NO_2 的吸收→浓硫酸
SO_2 的吸收→碱液或氨水	Cl_2 的吸收→水	
H_2S 的吸收→NaOH 溶液	CO_2 的吸收→二乙醇胺水溶液	

二、吸收剂用量的计算

1. 吸收塔的物料衡算和操作线方程

(1) 全塔物料衡算　如图 5-4 所示为一处于稳定操作状态下，气、液两相逆流接触的填料吸收塔，混合气体自下而上流动；吸收剂则自上而下流动，图中各个符号的意义如下：

V——通过吸收塔的惰性气体量，kmol/s；

L——通过吸收塔的吸收剂量，kmol/s；

Y_1、Y_2——进入塔、排出塔气体中吸收质的摩尔比，kmol 吸收质/kmol 惰性气体；

X_1、X_2——排出塔、进入塔液体中吸收质的摩尔比，kmol 吸收质/kmol 吸收剂。

在稳定操作条件下，V 和 L 的量按恒定处理；气相从进入填料塔到出塔，吸收质的浓度逐渐减小；而液相从进填料塔到出塔，吸收质的浓度是逐渐增大的。在无物料损失的情况下，对单位时间内进塔、出塔的溶质量作全塔物料衡算，可得

$$VY_1+LX_2=VY_2+LX_1$$

或

$$V(Y_1-Y_2)=L(X_1-X_2) \tag{5-16}$$

一般工程上在吸收操作中，进填料塔混合气的组成 Y_1 和惰性气体流量 V 是由吸收任务给定的。吸收剂初始浓度 X_2 和流量 L 往往根据生产工艺确定，如果溶质回收率 φ 也确定，则气体离开塔组成 Y_2 也是定值，即

$$Y_2=Y_1(1-\varphi) \tag{5-17}$$

式中，$\varphi=(Y_1-Y_2)/Y_1$ 表示混合气体中溶质被吸收的百分率，称为吸收率。

在已知 V、L、X_1、X_2 和 Y_1 情况下，可由式（5-16）计算 Y_2，从而进一步求算吸收率，判断是否已达分离要求。

(2) 逆流稳定吸收的操作线方程 参照图 5-4，塔内任取一个截面 M—M′与塔底端面之间作吸收质的物料衡算。设截面 M—M′上气、液两相浓度分别为 Y、X，则得

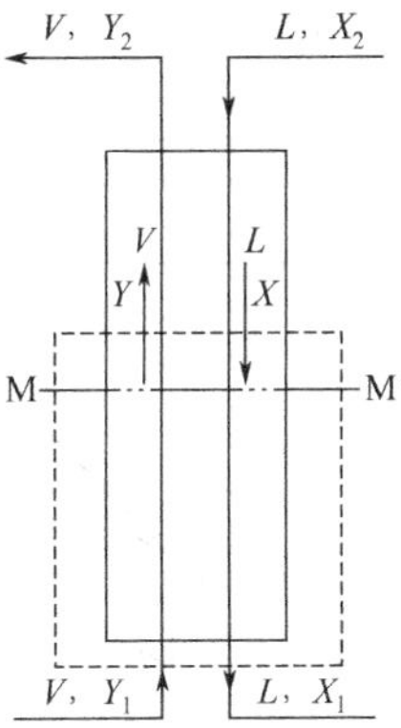

$$VY+LX_1=VY_1+LX$$

整理，得

$$Y=\frac{L}{V}X+\left(Y_1-\frac{L}{V}X_1\right) \tag{5-18}$$

图 5-4 逆流吸收塔操作

在塔顶截面与截面 M—M′间作吸收质的物料衡算，得

$$VY+LX_2=VY_2+LX$$

整理，得

$$Y=\frac{L}{V}X+\left(Y_2-\frac{L}{V}X_2\right) \tag{5-19}$$

式（5-18）和式（5-19）称为逆流吸收塔的操作线方程。均表明塔内任一截面上气相组成 Y 与液相组成 X 之间的关系。在稳定连续吸收时，式中 Y_1、X_1、L/V 均为定值，所以 Y 与 X 之间的关系是一直线关系，直线的斜率为 L/V。操作直线均通过塔底点 A（X_1、Y_1）和塔顶点 B（X_2、Y_2），因此两个方程表示的是同一条直线。

图 5-5 为逆流吸收塔操作线和平衡曲线示意图。曲线 OG 为平衡曲线，AB 为操作线。

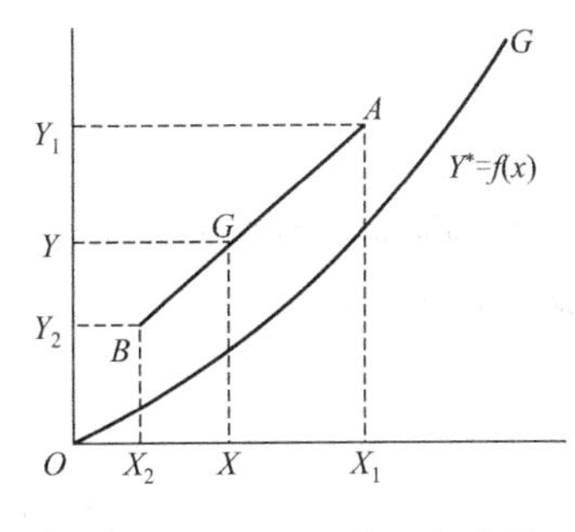

图 5-5 逆流吸收塔的操作线

操作线与平衡曲线之间的距离决定吸收操作推动力的大小，操作线离平衡曲线越远，推动力越大。操作线上任意一点 C 代表塔内相应截面上的气、液相浓度之间的关系，端点 A 代表塔底的气、液相浓度 Y_1、X_1 的对应关系；端点 B 则代表塔顶的气、液相浓度 Y_2、X_2 的对应关系。

在进行吸收操作时，塔内任一截面上，吸收质在气相中的浓度总是要大于与其接触的液相的气相平衡浓度，所以吸收过程操作线的位置总是位于平衡线的上方。

2. 吸收剂用量的确定

在吸收塔的设计计算中，需要处理的气体流量及气体的初、终浓度（Y_1 和 Y_2）由设计任务规定，吸收剂的入塔浓度 X_2 则常由工艺条件决定或由设计者选定。但吸收剂的用量尚有待于选择。这里只讨论逆流吸收塔吸收剂用量的计算。

(1) 吸收剂用量对吸收操作的影响 如图 5-6 所示。当混合气体量 V、进口组成 Y_1、出口组成 Y_2 及液体进口浓度 X_2 一定的情况下，操作线 B 端一定，若吸收剂用量 L 减少，操作线斜率变小，点 A 便沿水平线 $Y=Y_1$ 向右移动，其结果是出塔吸收液组成 X_1 增大，但此时吸收推动力（$X_1^*-X_1$）变小，完成同样吸收任务所需的塔高增大，设备费用增大。当吸收剂用量减小到恰使点 A 移到水平线 $Y=Y_1$ 与平衡线 OG 的交点 A^* 时，则 $X_1=X_1^*$，即塔底流出液组成与刚进塔的混合气体组成达到平衡，这是理论上吸收液所能达到的最高浓度，但此时吸收过程推动力为零。因而需要无限大的相际接触面积，即吸收塔需要无限高的填料层。显然这是一种极限状况，实际生产上是无法实现的。此种状况下吸收操作线 A^*B 的斜率称为最小液气比，以 $(L/V)_{\min}$ 表示；相应的吸收剂用量即为最小吸收剂用量，以 $L_{\min}$ 表示。

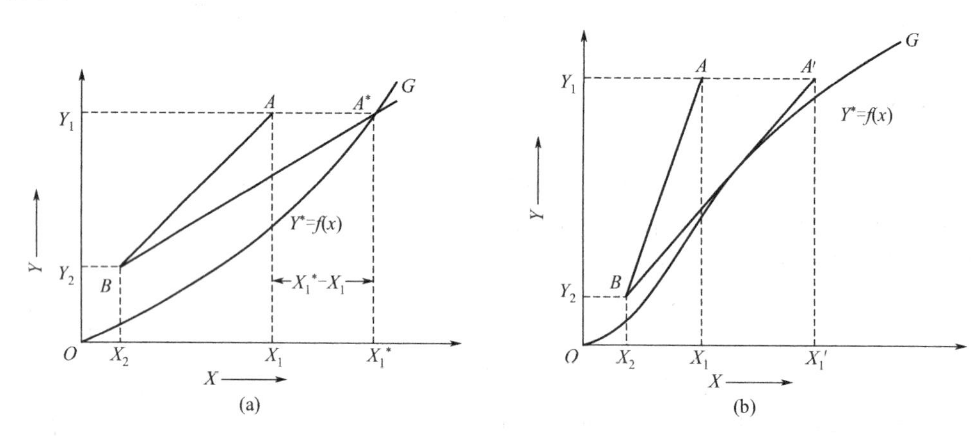

图 5-6 吸收塔的最小液气比

反之，若增大吸收剂用量，则点 A 将沿水平线向左移动，使操作线远离平衡线，吸收过程推动力增大，有利于吸收。但超过一定限度后，使吸收剂耗量、输送及再生等操作费用急剧增加。

由以上分析可见，吸收剂用量的大小，从设备费用和操作费用两方面影响到吸收过程的经济性，应综合考虑，选择一个适宜的液气比，使两项费用之和最小。根据生产实践经验，一般情况下取操作液气比为最小液气比的 1.1～2.0 倍是比较适宜的。即

$$\frac{L}{V}=(1.1\sim2.0)\left(\frac{L}{V}\right)_{\min}$$

或

$$L=(1.1\sim2.0)L_{\min} \tag{5-20}$$

(2) 最小液气比的求法 最小液气比可用图解法或计算法求得。

① 图解法 如果平衡曲线符合图 5-6 中（a）所示的一般情况，则需找到水平线 $Y=Y_1$ 与平衡曲线的交点 A^*，从而读出 X_1^* 之值，然后用下式计算最小液气比：

$$\left(\frac{L}{V}\right)_{\min}=\frac{Y_1-Y_2}{X_1^*-X_2}$$

或

$$L_{\min}=V\frac{Y_1-Y_2}{X_1^*-X_2} \tag{5-21}$$

如果平衡曲线呈现如图 5-6 中（b）所示的形状，则应过点 B 作平衡曲线的切线，找到水平线 $Y=Y_1$ 与此切线的交点 A'，从而读出点 A'的横坐标 X_1'的数值，然后按下式计算最小液气比：

$$\left(\frac{L}{V}\right)_{\min}=\frac{Y_1-Y_2}{X'_1-X_2}$$

或 $$L_{\min}=V\frac{Y_1-Y_2}{X'_1-X_2} \tag{5-22}$$

② 计算法　若平衡关系符合亨利定律，可用 $Y^*=mX$ 表示时，则可依下式算出最小液气比：

$$\left(\frac{L}{V}\right)_{\min}=\frac{Y_1-Y_2}{\frac{Y_1}{m}-X_2}$$

或 $$L_{\min}=V\frac{Y_1-Y_2}{\frac{Y_1}{m}-X_2} \tag{5-23}$$

必须指出，为了保证填料表面能被液体充分润湿，还应考虑到单位塔截面上单位时间流下的液体量（称为喷淋密度）不得小于某一最低允许值。吸收剂最低用量要确保传质所需的填料层表面全部润湿。如果算出的吸收剂用量不能满足充分润湿填料的起码要求，则应采取更大的液气比。

【例 5-2】 在一填料塔中，用洗油逆流吸收混合气体中的苯。已知混合气体的流量为 $1600m^3/h$，进塔气体中含苯 5%（摩尔分数，下同）要求吸收率为 90%，操作温度为 25℃，压力为 101.3kPa，洗油进塔浓度为 0.0015，相平衡关系为 $Y^*=26X$，操作液气比为最小液气比的 1.3 倍。试求吸收剂用量。

解　先将摩尔分数换算为摩尔比

$$Y_1=\frac{0.05}{1-0.05}=0.0526$$

根据吸收率的定义 $Y_2=Y_1(1-\varphi)=0.0526\times(1-0.90)=0.00526$

$$X_2=\frac{0.00015}{1-0.00015}=0.00015$$

混合气体惰性气体量为

$$V=\frac{1600}{22.4}\times\frac{273}{273+25}\times(1-0.05)=62.2(\text{kmol/h})$$

由于气液相平衡关系 $Y^*=26X$，则

$$\left(\frac{L}{V}\right)_{\min}=\frac{Y_1-Y_2}{\frac{Y_1}{m}-X_2}=\frac{0.0526-0.00526}{\frac{0.0526}{26}-0.00015}=25.3$$

实际液气比为

$$\frac{L}{V}=1.3\left(\frac{L}{V}\right)_{\min}=1.3\times25.3=32.9$$

$$L=32.9V=32.9\times62.2=2.05\times10^3(\text{kmol/h})$$

3. 吸收剂的选择

在吸收操作中，吸收剂性能的优劣，常常是吸收操作是否良好的关键。如果吸收操作的

目的是制取某种溶液成品，例如用氯化氢气体制取盐酸，溶剂只能用水，自然没有选择的余地。如果目的是在于将某种组分气体从混合气体中分离出来，便有必要和可能对吸收剂进行选择。在选择吸收剂时，应注意考虑以下几方面的问题。

① 吸收剂对于溶质组分应具有较大的溶解度。处理一定量的混合气体所需的吸收剂数量较少，吸收尾气中溶质的极限残余浓度也可降低，所需设备的尺寸也小。

② 所选用的吸收剂必须有良好的选择性。吸收剂对吸收质要有较大的溶解度，而对其他惰性组分的溶解度要极小或几乎不溶解。这样可以提高吸收效果并减小吸收剂本身的使用量。同时所选择的吸收剂应在较为合适的条件（温度、压强）下进行吸收操作。

③ 吸收剂的挥发度要小，即在操作温度下吸收剂的挥发度要小。因为挥发度越大，则吸收剂损失量越大，分离后气体中含溶剂量也越大。

④ 所选用的吸收剂要求无毒、无腐蚀性、不易燃、不易产生泡沫、价廉易得和具有化学稳定性等。

⑤ 吸收剂要易于再生。吸收质在吸收剂中的溶解度应对温度的变化比较敏感，即不仅低温下溶解度要大，而且随温度的升高，溶解度应迅速下降，这样才比较容易利用解吸操作使吸收剂再生。

工业上的气体吸收操作中，很多是用水作吸收剂，只是对于难溶于水的吸收质，才采用特殊的吸收剂，如用轻油吸收苯和二甲苯；有时为了提高吸收的效果，也常采用与吸收质发生化学反应的物质作吸收剂，例如用铜氨液吸收一氧化碳和用碱液吸收二氧化碳等。

总之吸收剂的选用，须从生产的具体要求和条件出发，全面考虑各方面的因素。

第三节　吸收设备

吸收过程是在吸收设备中进行的。吸收设备有多种形式，最常用的是塔式设备，它分为板式塔与填料塔两大类。其中填料塔是以一种连续方式进行气、液传质的设备，其特点是结构简单、压力降小、填料种类多、具有良好的耐腐蚀性能，特别是在处理容易产生泡沫的物料和真空操作时，有其独特的优越性。过去由于填料本体特别是内件的不够完善，使得填料塔局限于处理腐蚀性介质或不宜安装塔板的小直径塔。近年来，由于填料结构的改进，新型高效填料的开发，以及对填料流体力学、传质机理的深入研究，使填料塔技术得到了迅速发展，填料塔已被推广到所有大型气、液传质操作中。

一、填料塔

填料塔主要由塔体、填料、喷淋装置、液体分布器、填料支承结构、支座等组成，如图5-7所示。

填料塔进行吸收操作时，吸收剂自塔上部进入，通过液体分布器均匀喷洒在塔截面上并沿填料表面呈膜状流下，当塔较高时，由于液体有偏向塔壁面流动的倾向（壁流现象），使液体分布逐渐变得不均匀，因而经过一定高度的填料需要设置液体再分布器，将液体重新均匀分布到下段填料层的截面上，最后液体经支撑装置由塔下部排出。

气体自塔下部经气体分布装置送入，通过填料支撑装置在填料缝隙中的自由空间上升并与下降液体相接触，最后从塔上部排出，为了除去排出气体中夹带的少量雾状液滴，在气体出口处常装有除沫器。同时塔底部需要保持一定的液位，防止入塔气体部分被液相从塔底带

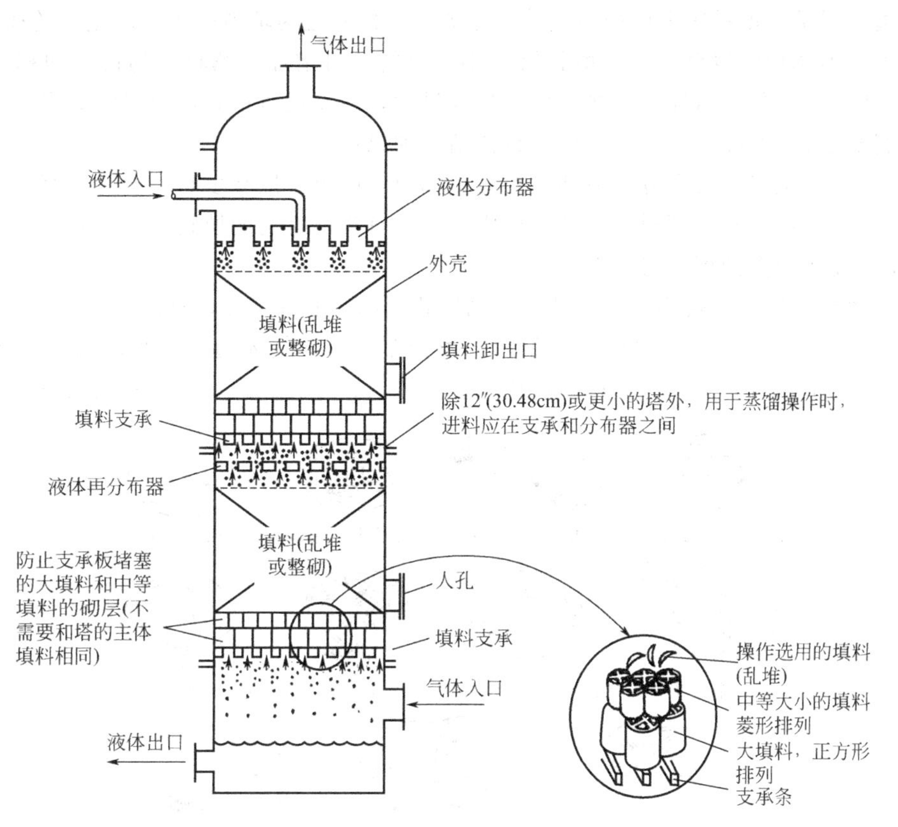

图 5-7　填料塔结构

走。填料层内气液两相呈逆流接触，填料的润湿表面即为气液两相的主要传质表面，两相的组成沿塔高连续变化。

1. 塔体

塔体除用金属材料制作外，还可以用陶瓷、塑料等非金属材料制作，或在金属壳体内壁衬以橡胶或搪瓷。金属或陶瓷塔体一般均为圆柱形，圆柱形塔体有利于气体或液体的均匀分布，但大型的耐酸石或耐酸砖塔体则以砌成方形或多角形为便。

在选择塔体材料时。除考虑介质腐蚀性外，还应考虑操作温度及压力等因素。陶瓷塔体每分钟的温度变化不应超过 8℃，否则可能导致塔体破裂，对搪瓷设备来说，温度升降也不宜过快。

塔体应具有一定的垂直度，以保证液体在塔截面上均匀分布。塔体还应有足够的强度和稳定性，以承载塔体自重和塔内液体的重量，并应考虑风载及地震因素的影响。

2. 填料

填料是填料塔的核心部分，它提供了气液两相接触传质的界面，是决定填料塔性能的主要因素。对操作影响较大的填料特性有比表面积、空隙率、填料因子和单位堆体积的填料数目。

① 比表面积　单位体积填料层所具有的表面积。填料应具有较大的比表面积，以增大塔内传质面积。

② 空隙率　单位体积填料层所具有的空隙体积。填料的空隙率大，气液通过能力大且气体流动阻力小。

③ 填料因子　填料比表面积与空隙率立方的比值称之为填料因子。决定塔的操作范围。

④ 单位堆体积的填料数目　填料尺寸小，填料数目增加，填料层的比表面积增大，而空隙率减小，气体阻力增加。反之，填料尺寸过大，在靠近塔壁处，填料空隙很大，大量气体由此短路流过。实际应用时，应依据具体情况加以选择。

填料的种类很多，大致分为散装填料和整砌填料两类。散装填料一般是具有一定几何形状和尺寸的颗粒体，整砌填料是一种在塔内整齐的有规则排列的填料。当前，在石油和化工类生产中，使用较多的填料有以下几种。

① 拉西环填料　拉西环是一个外径和高度相等的空心圆柱体，见图 5-8（a）。简单易于制造，操作时有严重的沟流和壁流现象，气液分布较差，气体通过填料阻力大，传质效率低。目前工业应用日趋减少。其材质可用陶瓷、塑料、金属制造，以陶瓷应用最多。

图 5-8　几种常见填料

② 鲍尔环填料　鲍尔环是在普通拉西环的侧壁上开有两排长方形的窗孔，被切开的环壁形成叶片，一边仍与壁相连，另一端向环内弯曲，并与其他叶片在环中心相搭。上下两层窗孔要错开排列，见图 5-8（b）。

鲍尔环的特点是气体和液体分布均匀，气液接触更加充分，气体阻力降低。液滴有多次聚集、滴落和分散的机会，从而增加了液体的湍流与表面更新的机会，不会产生严重的偏流和沟流现象，操作弹性大、传质效率高，生产中被广泛应用。

③ 阶梯环填料　阶梯环是在鲍尔环基础上发展起来的新型填料，见图 5-8（c）。

与鲍尔环相比，阶梯环高度减少了一半，而填料的一端做成翻边喇叭形，这一改进，不仅使填料在堆积时由线性接触为主变为点接触为主，增加了填料颗粒的孔隙，减少了阻力，而且改善了液体分布，促进了液膜更新，提高了传质效率。阶梯环填料可由金属、陶瓷、塑料等材料制造。

④ 弧鞍形填料　它的外形似马鞍，是两面对称结构，有时在填料层中形成局部叠合或架空现象，且强度差，容易破碎，影响传质效果。见图 5-8（d）。

⑤ 矩鞍形填料　它是在弧鞍形填料的基础上发展起来的，内外表面形状不同，如图 5-8（e）。在塔内不会相互叠合而是处于相互勾连的状态，有较好的稳定性，液体分布较均匀，空隙率有所提高，阻力较低不易堵塞。

⑥ 金属矩鞍环填料　金属矩鞍环填料是兼顾环形和鞍形结构特点而设计的一种新型填料，见图 5-8（f）。

金属矩鞍环填料一般以金属材质制成，它是综合了环形填料通量大及鞍形的液体再分布性能好的优点而研制和发展起来的一种新型填料，阻力小通量大，没有死角，传质效率高，性能优于鲍尔环和矩鞍填料。

⑦ 球形填料　球形填料是用塑料铸成空心球形状的填料，如图 5-8（g）和（h）所示。填料由于采用空心球体，增加了填料的表面积，减少了填料的形体阻力，有利于气、液均匀分布。但由于塑料耐温性能差，故一般只用于气体吸收、净化、除尘等。

⑧ 波纹填料　波纹填料是由若干平行直立放置的波网片组成，如图 5-8（n）和（o）所示。它是由高度相等但长度不等的若干块波纹薄板搭配排列成波纹填料盘，波纹与水平方向成 30°或 45°倾角，相邻薄板间的波纹方向相反，相邻盘旋转 90°后重叠放置，每一块波纹填料盘的直径略小于塔体内径，若干块波纹填料盘叠放于塔内，气液两相在各波纹盘内呈曲折流动以增加湍流程度。

波纹填料具有气液分布均匀、气液接触面积大、通量大、传质效率高、流体阻力小等优点，是一种整砌高效节能填料。这种填料的缺点是造价高和安装要求高，不适于有沉淀物、容易结疤、聚合或黏度较大的物料。此外，填料的拆卸、清洗也较困难。波纹填料可用金属、陶瓷、塑料、玻璃钢等材料制造，可根据不同的操作温度及物料腐蚀性，选择适当的材质。

⑨ 脉冲填料　脉冲填料是由带缩颈的中空棱柱形单体，按一定方式拼装而成的一种整砌填料，如图 5-8（p）所示。流道收缩、扩大的交替重复，实现了“脉冲”传质过程。它的特点是处理量大，压降小。适用于大塔径的场合。

填料性能的好坏通常根据效率、通量及压降来衡量。在相同的操作条件下，填料塔内气液分布越均匀，表面润湿性能越优良，则传质效率越高；填料的空隙率越大，结构越开放，则通量越大，压降越低。

3. 填料支承装置

填料支承装置的作用是支撑塔内填料层。对其要求是：第一，应具有足够的机械强度和刚度，能支撑填料的质量、填料层的持液量及操作中的附加压力等；第二，应具有大于填料层空隙率的开孔率，以防止在此处首先发生液泛；第三，结构合理，有利于气液两相的均匀分布，阻力小，便于拆装。

常用的填料支承装置有栅板型、孔管型、驼峰型等，如图 5-9 所示。选择哪种支承装置，主要根据塔径、使用的填料种类及型号、塔体及填料的材质、气液流速而定。

4. 填料压紧装置

为保持操作中填料床层高度恒定，防止在高压降、瞬间负荷波动等情况下填料床层发生

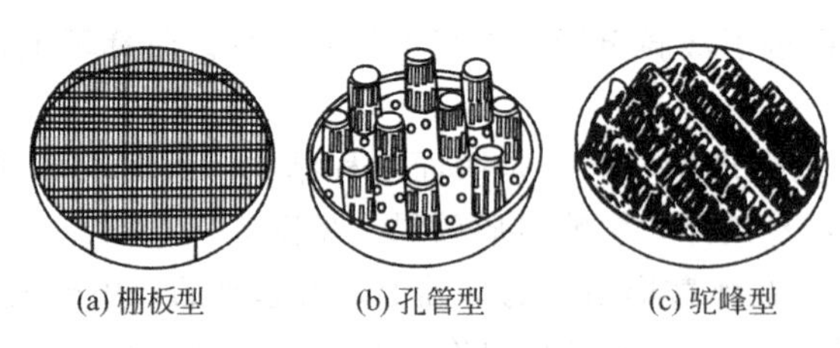

图 5-9　填料支承装置

松动和跳动，在填料装填后于其上方要安装填料压紧装置（图 5-10）。

填料压紧装置分为填料压板和床层限制两大类，每类又有不同的形式，填料压板自由放置于填料层上端，靠自身重量将填料压紧，它适用于陶瓷、石墨制的散装填料。当填料层发生破碎时，填料层空隙率下降，此时填料压板可随填料层一起下落，紧紧压住填料而不会形成填料的松动。床层限制板主要用于金属散装填料、塑料散装填料及所有整砌填料。金属及塑料填料不易破碎，且有弹性，在装填正确时不会使填料下沉。床层限制板要固定在塔壁上，为了不影响液体分布器的安装和使用，不要采用连续的塔圈来固定，对于小塔可用螺钉固定于塔壁，而大塔则用支耳固定。

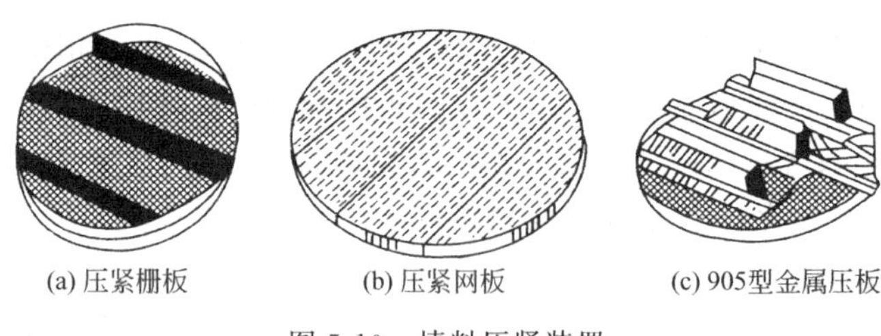

图 5-10　填料压紧装置

5. 液体的分布装置

(1) 塔顶液体分布器　液体分布器设在塔顶，为填料层提供足够数量并分布适当的喷淋点，以保证液体初始均匀地分布。液体分布器对填料塔的性能影响很大，如果液体初始分布不均匀，则填料层内有效润湿面积减小，并出现偏流和沟流现象，降低塔的传质效果。填料塔的直径越大，液体分布装置越重要。

常用的液体分布器如图 5-11 所示。

莲蓬头式喷洒器如图 5-11（a）所示。结构简单，但因小孔容易堵塞，一般适用于处理清洁液体，且直径小于 600mm 的小塔。操作时液体压力必须维持恒定，否则会改变喷淋角和喷淋半径，影响液体分布的均匀性。

盘式分布器有盘式筛孔分布器、盘式溢流管分布器等形式。如图 5-11（b）、（c）所示。液体加至分布盘上，经筛孔或溢流管流下。盘式分布器常用于直径大的塔，能基本保证液体分布均匀，但其制造较麻烦。

管式分布器由不同结构形式的开孔管制成。如图 5-11（d）、（e）所示，其突出的特点是结构简单，气体阻力小，特别适用于液量小而气量大的填料塔。

槽式液体分布器通常是由分流槽、分布槽构成的。如图 5-11（f）所示。这种分布器自由截面积大，不易堵塞，多用于气液负荷大及含有固体悬浮物、黏度大的分离场合。

(2) 液体再分布器　当液体沿填料层流下时，由于周边液体向下流动阻力较小，故液体有逐渐向塔壁方向流动的趋势，导致填料层内气液分布不均，使传质效率下降，为了克服这种现象，可间隔一定高度在填料层内设置液体再分布装置。

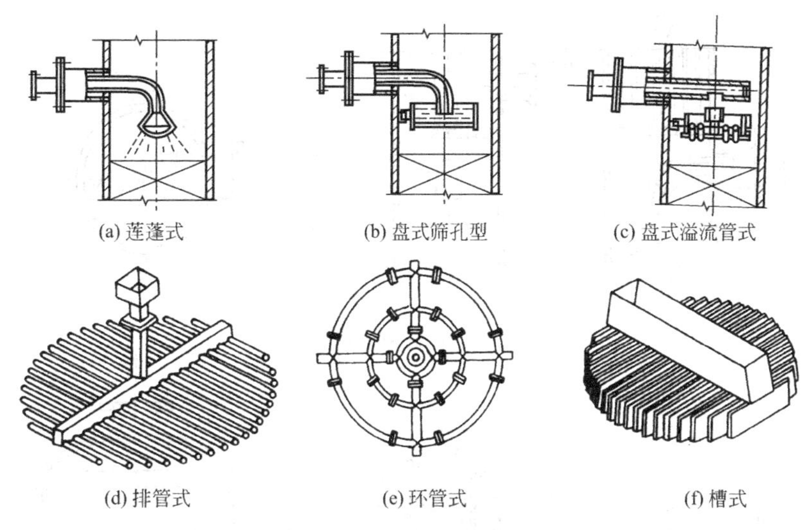

(a) 莲蓬式　(b) 盘式筛孔型　(c) 盘式溢流管式

(d) 排管式　(e) 环管式　(f) 槽式

图 5-11　液体分布装置

最简单的液体再分布器为截锥式再分布器，如图 5-12 所示。图 5-12（a）是将截锥圆筒体焊在塔壁上。图 5-12（b）是在截锥筒的上方加设支承板，截锥下面隔一段距离再装填料，以便于分段卸出填料。

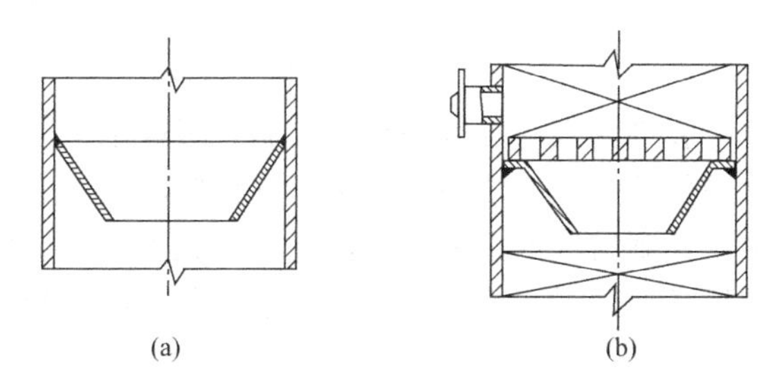

(a)　(b)

图 5-12　截锥式再分配器

6. 除沫装置

气液出口既要保证气体流动畅通，又要清除气体中夹带的液体雾沫，因此常在液体分布器的上方安装除沫装置。常见的有折板除沫器、丝网除沫器及填料除沫器，如图 5-13 所示。

二、吸收操作参数的选择与调节

对于一定的吸收塔来说，吸收操作的控制指标是出塔气体的组成和溶质的吸收率。吸收的好坏，不仅与吸收塔的结构、尺寸有关，还与吸收时的操作参数有关。影响吸收操作的因素有温度、压力、气液相的流量及组成等。

1. 温度的选择

对于物理吸收而言，降低操作温度，一般对吸收有利。温度越低，气体溶解度越大，传质推动力越大，吸收率越高，温度高不利于吸收操作。但低于环境的操作温度因其要消耗大量的制冷动力而一般是不可取的，所以一般情况下采用常温吸收。对于特殊条件的吸收操作可采用低于环境的温度操作。

对于化学吸收，操作温度应根据化学反应的性质而定，既要考虑对化学反应速率常数的影响，也要考虑对化学平衡的影响，使吸收反应具有适宜的反应速率。

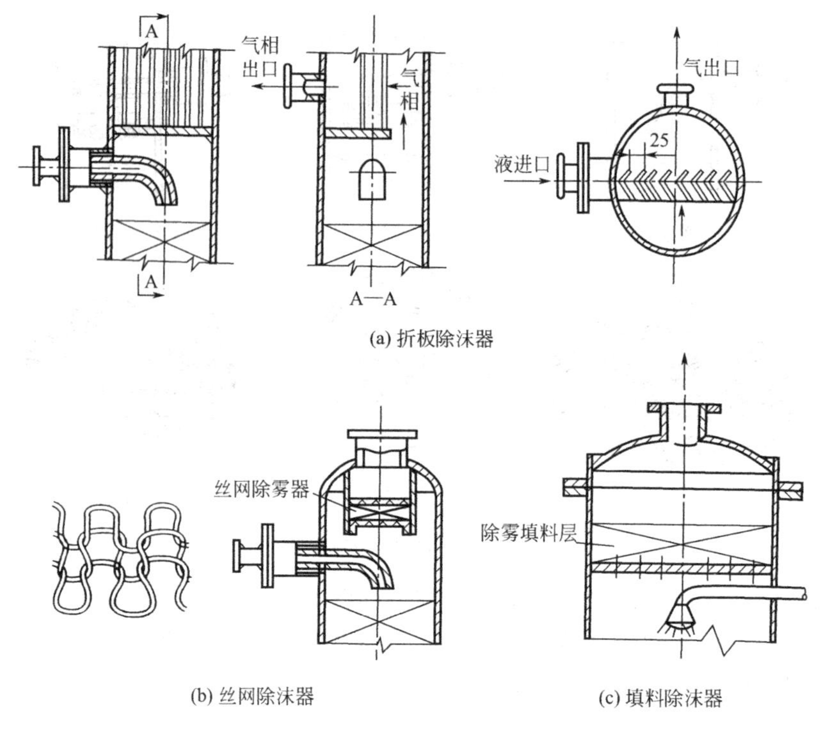

图 5-13　除沫器

吸收操作温度主要由吸收剂的入塔温度来调节控制，吸收剂的入塔温度对吸收过程影响甚大，是控制和调节吸收操作的一个重要因素。由于气体吸收大多数是放热过程，当热效应较大时，吸收剂在塔内由塔顶到塔底的过程中，温度会有较大升高。所以必须控制吸收剂的入塔温度，尤其当吸收剂循环使用时，再次进入吸收塔之前，必须经过冷却器将其冷却。

2. 压力的选择

对于物理吸收，加压操作一方面有利于提高吸收过程的传质推动力，进而提高过程的传质速率；另一方面，也可以减小气体的体积流量，进而减小吸收塔径。所以对于物理吸收，加压操作十分有利。但在工程上，专门为吸收操作而为气体加压，从经济上考虑不太合理。若处理气体的前一道工序本身带压，一般以前一道工序的压力为吸收单元的操作压力。

对于化学吸收，如果过程由传质过程控制，则提高操作压力有利；如果过程由化学反应过程控制，则提高操作压力对过程的影响不大。这时可以完全根据前后工序的压力参数确定吸收操作压力，但是加大吸收压力依然可以减小气相的体积流量，对减小塔直径仍然是有利的。

3. 塔内气体流速的调节

为了克服填料层的阻力，输送气体多采用终压较大的罗茨鼓风机或叶式鼓风机。而且气体必须经一条一定高度的Π形管进入塔内，以避免因操作失误而发生液体倒入风机的情况。塔内气速会直接影响吸收过程，气速很低时，会使填料层持液量太少，两相传质主要靠分子扩散传质，吸收速率低。气体流速大，增大了气液两相的湍流程度，使气、液膜变薄，有利于气体的吸收，也提高了吸收塔的生产能力。但气速过大时，液体不能顺畅向下流动，造成气液接触不良、雾沫夹带，甚至造成液泛现象。因此，要选择一个最佳的气体流速，保证吸收操作高效、稳定地进行。

4. 吸收剂流量的调节

吸收剂流量对吸收率的影响很大，改变吸收剂流量是吸收过程进行调节的最常用方法。如果吸收剂流量过小，填料表面润湿不充分，造成气液两相接触不良，尾气浓度会明显增大，吸收率下降。增大吸收剂流量，吸收速率增大，溶质吸收量增加，尾气浓度减少，吸收率增大。在操作中发现吸收塔中尾气浓度增加，或进气量增大，一般采用增大吸收剂用量来平衡。但绝不能误认为吸收剂流量越大越好，因为增大吸收剂量就增大了操作费用，并且当塔底液体作为产品时还会影响产品浓度，而且吸收剂用量的增大还会受到吸收塔内流体力学性能的制约。

5. 吸收塔塔底液封高度的控制

吸收塔的塔底液位必须要维持在某一合适的高度上。如果液位过低，部分气体就会不上升至塔顶而进入液体出口管，会造成事故或污染环境；如果液位过高，液体淹没气体入口管，使气体的入口阻力增大，当液面高达填料支承板时，会形成意外的液泛，破坏正常操作。吸收塔的塔底液位主要通过排液阀来调节，开大排液阀，液位降低；关小排液阀，液位升高。在操作中应将吸收塔液位控制在规定范围内。

6. 吸收塔压力差的控制

吸收塔底部与顶部的压力差是塔内阻力大小的标志，当填料塔被堵塞或溶液严重发泡时，塔内的压力差增大，因而压差的大小，是判断填料堵塞和带液事故的重要依据。引起填料堵塞的原因是吸收剂不清洁及钙、镁离子等杂质造成。此外，当入塔吸收剂量和入塔气量增大，吸收剂黏度过大，也会引起塔内压差过大。在吸收操作中，当发现塔压差有上升趋势或突然上升时，应迅速采取措施，如减少吸收剂用量，降低气体负荷，直至停车清洗填料，以防事故发生。

三、填料塔与板式塔的比较

填料塔和板式塔是气液传质设备的典型代表。塔设备的技术改进，多年来一直围绕高效率、大通量、宽弹性、低压降宗旨，开发新型的各类型板和填料。板式塔技术进展，主要集中在对气液接触元件和降液管的结构以及塔内空间的利用等方面进行改进，如旋流塔板。近年来又出现了复合塔板，如穿流筛板与规整填料相结合的复合塔板，大大降低了所需塔高度。填料塔技术改进，一方面从填料的结构、性能，特别是降低压降和提高有效比表面积上进行改进；另一方面对填料中气液分布器、填料充填方式进行研究。波纹规整填料、矩鞍环填料均是性能较佳的填料，其有效传质面积大、压降低、通量大。

对于许多逆流气液接触过程，填料塔和板式塔都是可以适用的，必须根据具体情况进行选用。填料塔和板式塔有许多不同点，了解这些不同点对于合理选用塔设备有帮助。

① 当塔径不很大时（一般认为不超过 1.5m），填料塔因结构简单而造价便宜。

② 对于易起泡物系，填料塔更适合，因填料对泡沫有限制和破碎的作用。

③ 对于腐蚀性物系，填料塔更适合，因可采用不同材质的耐腐蚀填料（如瓷质填料等）。

④ 对于热敏性物质宜采用填料塔。因为填料塔持液量一般小于 6%，而板式塔则高达 8%到 12%。持液量小意味着停留时间缩短，这对防止热敏性物质的分解或聚合是有利的。

⑤ 填料塔由于空隙率较高，其压降远远小于板式塔。一般情况下板式塔压降高出填料塔 5 倍左右。压力降的减小意味着操作压力的降低，在大多数分离物系中，操作压力下降会

使相对挥发度上升，对于真空操作可使相对挥发度大幅提高，对分离十分有利。

⑥ 填料塔操作弹性大，操作弹性是指塔对负荷的适应性。塔正常操作负荷的变动范围越宽，则操作弹性越大。由于填料本身对负荷变化的适应性很大，故填料塔的操作弹性取决于塔内件的设计，特别是液体分布器的设计，因而可以根据实际需要确定填料塔的操作弹性。而板式塔的操作弹性则受到塔板液泛、雾沫夹带及降液管能力的限制，一般操作弹性较小。

⑦ 填料塔不宜于处理易聚合或含有固体悬浮物的物料，而某些类型的板式塔（如大孔径筛板塔）则可以有效地处理这种物系。另外，板式塔的清洗也比填料塔方便。

⑧ 当气液接触过程中需要冷却以移除反应热或溶解热时，填料塔因涉及液体均布问题而使结构复杂化，板式塔可方便地在塔板上安装冷却盘管。

四、强化吸收过程的途径

吸收操作的强化体现为吸收设备单位体积生产能力的提高，即提高吸收速率 N_A。从吸收速率方程式 $N_A = K_Y(Y-Y^*)$ 或 $N_A = K_X(X^*-X)$ 可知，提高 K_Y 或 K_X、$(Y-Y^*)$ 或 (X^*-X) 及传质面积 A 中任何一个均可强化传质。

(1) 增大吸收系数 K_Y 或 K_X 要增大吸收系数，必须设法降低吸收阻力，而吸收阻力是气膜阻力与液膜阻力之和。对不同的吸收过程，此二膜阻力对总阻力有不同程度的影响。所以，要降低总阻力，必须有针对性地降低气膜阻力或液膜阻力。易溶气体属于气膜控制，难溶气体属于液膜控制。在一定的操作条件下，一般降低吸收阻力的措施是增大流体流速及改进设备结构以增大流体的湍流程度，从而增强吸收效果。但应注意不要使流体通过吸收设备的压力降过分增大。

(2) 增大吸收推动力 $(Y-Y^*)$ 或 (X^*-X) 提高操作压力，降低操作温度对增大推动力有利；选择吸收能力大的吸收剂及增大液气比、降低进塔吸收剂中吸收质的浓度等也都能增大吸收推动力。

(3) 增大传质面积 A 传质面积即为气液相间的接触面积。传质面积有两种形式：一是使气体以小气泡状分散在液层中，二是使液体以液膜或液滴状分散在气流中，实际设备传质中这两种情况不是截然分开的。显然，要增大传质面积，必须设法增大气体或液体的分散度。

总之，强化吸收操作过程要权衡得失、综合考虑，得到经济而合理的方案。

五、再生塔

实际生产中，吸收过程所用的吸收剂常需要回收利用，一般来说，完整的吸收过程应包括吸收和解吸两部分，生产中吸收和解吸常常联合操作。

使溶解于液相中的气体释放出来的操作称为解吸（或再生）。解吸是吸收的逆过程，其操作方法通常是使溶液与惰性气体或蒸气逆流接触。溶液自塔顶引入，在其下流过程中与来自塔底的惰性气体或蒸气相遇，气体溶质逐渐从液相释出，于塔底收取较纯净的溶剂，而塔顶得到所释出的溶质组分与惰性气体或蒸气的混合物。

解吸过程的目的有两个：一是把溶解在吸收剂中的溶质释放出来，获得高纯度的吸收质气体；二是吸收剂释放出吸收质后可返回吸收塔循环使用，即吸收剂的再生，可节省操作费用。

一般来说，应用惰性气体的解吸过程适用于溶剂的回收，不能直接得到纯净的溶质组分；若原溶质组分不溶于水，应用蒸气的解吸过程，则可用将塔顶所得混合气体冷凝并由凝液中分离出水层的方法，得到纯净的原溶质组分。如用洗油吸收焦炉气中的芳烃后，即可用此法获取芳烃，并使溶剂洗油得到再生，如图 5-14 所示。

有关吸收的基本原理与计算方法也适用于解吸，只是解吸的推动力与吸收相反，即溶质在液相中的实际浓度是大于与气相成平衡的浓度，因此解吸过程的操作线，在 Y-X 图上是位于平衡线的下方，如图 5-15 所示。

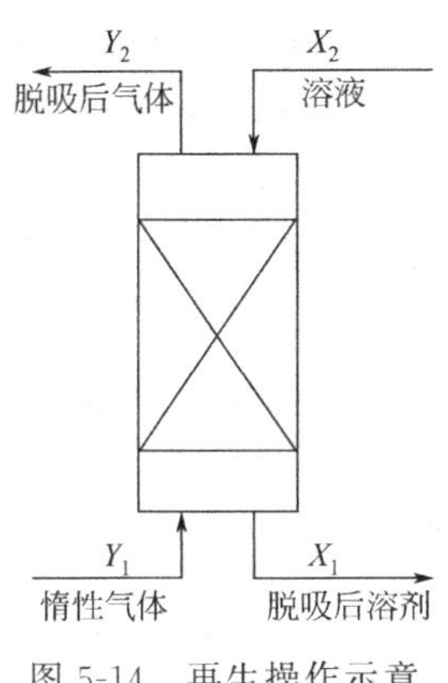

图 5-14 再生操作示意

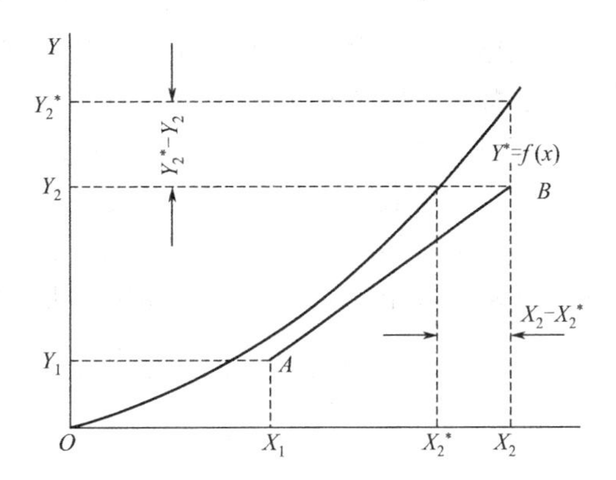

图 5-15 逆流解吸塔的操作线

此时 $X_2>X_1$、$Y_2>Y_1$。而 $Y_2^*-Y_2$、$X_2-X_2^*$ 即为以气相浓度差和以液相浓度差来表示塔顶截面上解吸的推动力。

适用于吸收操作的设备，同样也适用于解吸操作。也可按吸收的有关计算方法解决解吸设备的各种问题。

解吸与吸收的区别如下。

① 吸收的必要条件是气相中吸收质实际分压必须大于液相中吸收质浓度相对应的平衡分压，其操作线应在平衡线上方；解吸过程正好相反，解吸的必要条件是气相中吸收质实际分压必须小于液相中吸收质相对应的平衡分压，操作线在平衡线下方。

② 在吸收塔中吸收剂一般从塔顶进入，随着操作的进行，溶液浓度逐渐增加，最后从塔底排出；在解吸操作中，溶液从塔顶进入，随着操作的进行，溶液的浓度不断减小。

③ 由于解吸是吸收的反过程，因此不利于吸收的因素均有利于解吸。

升高温度，气体溶解度减小，对吸收不利，而有利于解吸。所以在解吸过程中常常将溶液加热以利于吸收质的释放。

操作压力越低，吸收质的分压也越大，气体溶解度减小，对吸收不利，而有利于解吸，因此，工业生产上为了使吸收质更快地解吸，常常在减压下进行。

常见解吸过程有气提解吸、加热解吸和减压解吸等。

① 气提解吸　其过程类似于逆流吸收，只是解吸时溶质由液相传递到气相。塔顶为浓端，塔底为稀端。所用载气一般为不含（或含极少）溶质的惰性气体或溶剂蒸气，其作用在于提供与吸收液不相平衡的气相。根据分离工艺的特性和具体要求，可选用不同的载气。

以空气、氮气、二氧化碳作载气，又称为惰性气体气提。该法适用于脱除少量溶质以净化液体或使吸收剂再生为目的的解吸。以吸收剂蒸气作载气的解吸，这种解吸方法与精馏段的操作相同，因此又称提馏。解吸后的贫液被解析塔底部的再沸器加热产生溶剂蒸气（作为解吸载气），其在上升的过程中与沿塔而下的吸收液逆流接触，液相中的溶质将不断地被解吸出来。该法多用于以水为溶剂的解吸。

② 减压解吸　对于在加压情况下获得的吸收液，可采用一次或多次减压的方法，使溶质从吸收液中解吸出来。溶质被解吸的程度取决于操作的最终压力和温度。

③ 加热-减压解吸　将吸收液先升高温度再减压，是加热和减压的结合。能显著提高解吸操作的推动力，从而提高溶质被解吸的程度。

工业中很少采用单一的解吸方法，往往是先升温再减压，最后再采用气提解吸。

图 5-16 以合成氨生产中 CO_2 气体的净化为例，说明吸收与解吸联合操作的流程。

合成氨原料气（含 CO_2 30%左右）从底部进入吸收塔，塔顶喷入乙醇胺溶液。气液逆流传质，乙醇胺吸收了 CO_2 后从塔底排出，从塔顶排出的气体中 CO_2 含量可降至 0.5%以下。将吸收塔底排出的含 CO_2 的乙醇胺溶液用泵送至加热器，加热到 130℃左右后从解吸塔顶喷淋下来，与塔底送入的水蒸气逆流接触，CO_2 在高温、低压下自溶液中解吸出来。从解吸塔顶排出的气体经冷却、冷凝后得到可用的 CO_2。解吸塔底排出的含少量 CO_2 的乙醇胺溶液经冷却降温至 50℃左右，经加压后仍可作为吸收剂送入吸收塔循环使用。

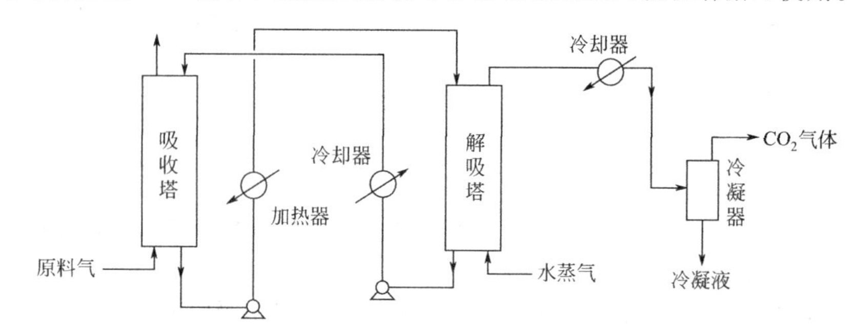

图 5-16　吸收与解吸流程

思考题

5-1　吸收塔塔底液封高度对吸收操作有何影响？

5-2　若混合气体组成一定，采用逆流吸收，减少吸收剂用量，完成液出塔时吸收质浓度会上升还是下降？若无限增大吸收剂用量，即使在无限高的塔内，吸收尾气中吸收质浓度会降为零吗？

5-3　气、液流量对填料塔操作有什么影响？

5-4　吸收剂再生回收过程中，若解吸不彻底，对后续的吸收操作有何影响？

5-5　温度和压力对吸收过程平衡关系有何影响？

5-6　讨论吸收过程的机理的意义是什么？

5-7　简述吸收塔的构造以及主要部件的作用。

5-8　强化吸收过程有哪些途径？

第六章

干燥与设备

第一节　概　　述

干燥是利用热能除去固体物料中湿分（水分或其他液体）的单元操作。为了满足贮存、运输、加工和使用等方面的不同需求，对化工、制药生产中涉及的固体物料，一般对其湿分含量都有一定的标准。例如，一级尿素成品含水量不能超过 0.5%，聚乙烯含水量不能超过 0.3%，阿司匹林的含水量应小于 0.5%（以上均为质量分数）。工业上去湿的方法很多，其中通过加热汽化去除湿分的方法称为干燥。

干燥在化工、轻工、食品、医药等工业中的应用非常广泛，归纳起来主要有以下两个方面的应用。

① 对原料或中间产品进行干燥，以满足工艺要求。如以湿矿（俗称尾砂）生产硫酸时，为满足生产要求，首先要对尾砂进行干燥，尽可能除去其水分；再如涤纶切片的干燥，是为了防止后期纺丝出现气泡而影响丝的质量。

② 对产品进行干燥，以提高产品中的有效成分，同时满足运输、贮藏和使用的需要。如化工生产中的聚氯乙烯、碳酸氢铵、尿素，食品加工中的奶粉、饼干，药品制造中的很多药剂，其生产的最后一道工序都是干燥。

在制药生产中，几乎所有的化学原料药、流浸膏、颗粒剂、胶囊剂、片剂、丸剂及生物制品等的制备过程中都要运用干燥技术。如成品药物中若含有过多的水分，则易发生水解、霉变，从而引起药物中有效成分含量降低、杂质含量增加。例如阿司匹林的含水量应小于 0.5%，超过此限度，阿司匹林有可能在短时间内水解，产生具有毒性的水杨酸，从而使药物质量发生变化。所以对于药品这种特殊商品，为了保证产品的质量和价值、提高药物的稳定性，必须对其进行干燥，除去多余的水分以达到工艺规定的含湿标准。

由于多数药剂产品在高温下易分解，挥发性成分易损失，热敏性物质如蛋白质、维生素等更容易发生变性，微生物会失去生物活性等因素，在制药过程中通常采用喷雾干燥技术。

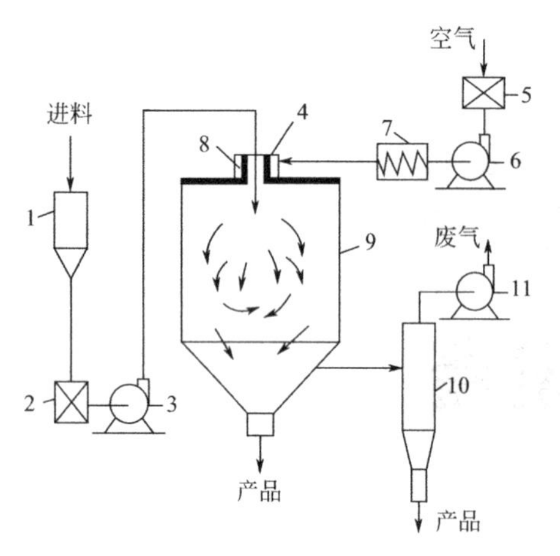

图 6-1　喷雾干燥制粒装置

1—料槽；2—原料过滤器；3—泵；4—雾化器；5—空气过滤器；6—风机；7—加热器；8—空气分布器；9—干燥室；10—旋风分离器；11—排风机

喷雾干燥技术是采用雾化器将料液分散成细小的雾滴，并利用干燥介质与雾滴直接接触使其中的湿分蒸发汽化并被干燥介质带走，从而获得粉粒状干燥产品的一种方法。如图 6-1 所示为喷雾干燥在制备药物微胶囊方面的应用，将芯材物质分散于壁材溶液中，混合均匀，料槽中固液混合物由泵输送至雾化器内，喷成雾状液滴分散于干燥内热空气流中，空气经加热器加热后进入干燥器，二者接触后使溶解壁材的溶剂迅速蒸发，干燥后形成的固体微胶囊于器底连续或间歇出料，废气由干燥室下方出口流入旋风分离器，然后经排风机放空。

根据热能传给湿物料的方式，干燥可分为传导干燥、对流干燥、辐射干燥和微波加热干燥以及冷冻干燥等。

(1) 热传导干燥　将热能以传导的方式通过金属壁面传给湿物料，使其中湿分汽化。

(2) 热对流干燥　利用热空气、烟道气等干燥介质将热量以对流方式传递给湿物料，又将汽化的水分带走的干燥方法。

(3) 辐射干燥　热能以电磁波的形式由辐射器发射，并为湿物料吸收后转化为热能，使湿物料中湿分汽化。

(4) 微波加热干燥　在微波作用下，湿物料内水分子之间产生剧烈的碰撞与摩擦而产生热能，达到湿分的汽化。

(5) 冷冻干燥　将湿物料在低温下冷冻成固体，然后在高真空下，对物料提供必要的升华热，使冰升华为水汽，水汽用真空泵排出。

工业上应用最多的是对流加热干燥，本章主要讨论以空气为干燥介质，除去的湿分为水的对流干燥过程。

第二节　干燥过程

一、对流干燥过程

1. 对流干燥流程

图 6-2 是典型的对流干燥流程示意图。空气经鼓风机在预热器中被加热至一定温度后进入干燥器，与进入干燥器的湿物料直接接触，热空气将热量以对流方式传给至湿物料表面，再由表面传至物料内部；湿物料得到热量后，其表面水分首先汽化，物料内部水分以液态或气态扩散透过物料层而达到表面，并不断向空气主体流中汽化，物料的含水量是逐渐减少而得到干燥。物料减少的水分被空气带走作为废气排出。

2. 对流干燥过程特点

在对流干燥过程中，热空气将热量传给湿物料，使物料表面水分汽化，汽化的水分由空

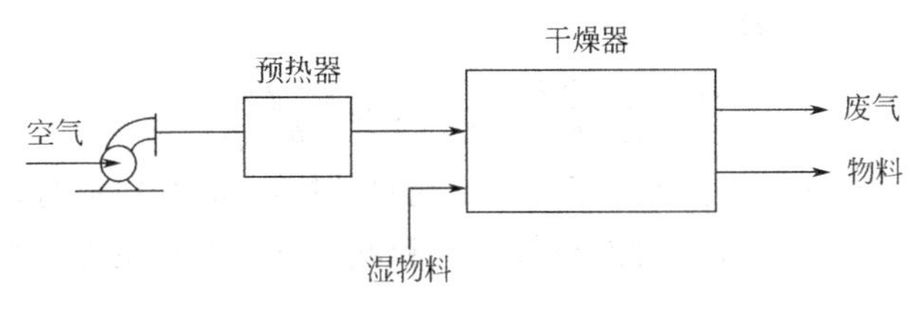

图 6-2　对流干燥流程

气带走，干燥介质空气既是载热体又是载湿体，它将热量传给物料的同时，又把由物料中汽化出来的水分带走。因此，干燥是传热和传质同时进行的过程，传热的方向是由气相到固相，热空气与湿物料的温差是传热推动力；传质的方向是由固相到气相，传质的推动力是物料表面的水汽分压与热空气中水汽分压之差。如图 6-3 所示。

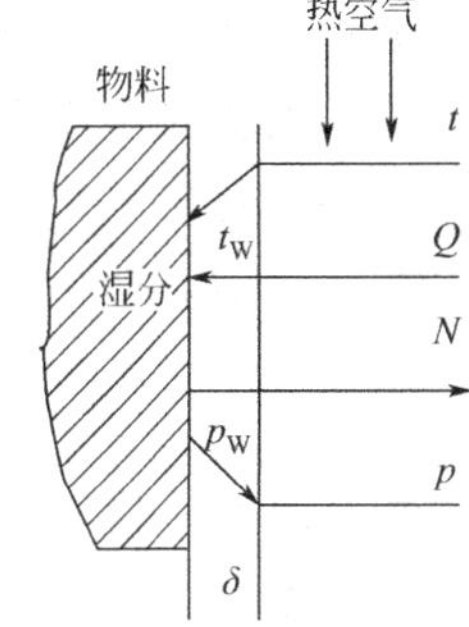

图 6-3　对流干燥过程质热传递示意

图 6-3 中，t 为空气的主体温度；t_W 为湿物料表面温度；p 为空气中水汽的分压；p_W 为湿物料表面的水汽分压；Q 为单位时间内空气传给湿物料的热量；N 为单位时间内从湿物料表面汽化出的水汽量；δ 为湿物料表面膜层厚度。

干燥操作的必要条件是物料表面的水汽分压 p_W 必须大于干燥介质中水汽的分压 p，两者差别越大，干燥过程进行得越快。所以干燥介质应及时将汽化的水汽带走，以维持一定的传质推动力。若干燥介质被水蒸气所饱和，或物料表面的水汽分压等于干燥介质中的水汽分压，则传质推动力为零，此时干燥过程停止。

对流干燥可以是连续操作，也可以间歇操作。连续操作时，物料被连续地加入和排出，物料和气流可呈并流、逆流或其他形式的接触；间歇操作时，湿物料成批置于干燥器内，热空气可连续通入和排出，待被干物料达到规定含湿量后一次性取出。湿物料和干燥介质空气的一些性质对干燥过程影响很大，有必要对其进行讨论。

二、湿空气

在干燥过程中，湿空气中的水汽含量不断增加，而其中的干气作为载体（载热体和载湿体），质量流量是不变的。因此为了计算上的方便，湿空气的各项参数都以单位质量的干气为基准。

1. 湿空气中水汽分压 p_v

作为干燥介质的湿空气是不饱和的空气，其水汽分压 p_v 与干气分压 p_a 及其总压 p 的关系为

$$p=p_v+p_a \tag{6-1}$$

2. 湿度 H

湿度又称含湿量，为湿空气中水汽的质量与干气的质量之比，单位为 kg 水汽/kg 干气。

$$H=\frac{湿空气中水蒸气的质量}{湿空气中干气的质量}=\frac{18n_v}{29n_a} \tag{6-2}$$

式中　H——空气的湿度 kg 水汽/(kg 干气)；

n_a——绝干空气的物质的量，kmol；

n_v——水蒸气的物质的量，kmol。

因常压下湿空气可视为理想气体，由分压定律可知，理想气体混合物中各组分的摩尔比

等于分压比，则式（6-2）可表示为：

$$H=\frac{18p_v}{29(p-p_v)}=0.622\frac{p_v}{p-p_v} \tag{6-3}$$

当湿空气中水汽分压 p_v 等于该空气温度下纯水的饱和蒸气压 p_s时，湿空气的湿度达到最大值，再也不能吸收水分，称此时湿空气为饱和湿空气，对应的湿度则称为饱和湿度，用 H_s表示，即

$$H_s=0.622\frac{p_s}{p-p_s} \tag{6-4}$$

水的饱和蒸气压仅与温度有关，因此湿空气的饱和湿度是其温度和总压的函数。

3. 相对湿度 φ

湿空气的湿度只是表示所含水分的多少，不能直接反映这种情况下湿空气还有多大的吸湿潜力，而相对湿度则是用来表示这种潜力的。

在一定总压下，湿空气中水汽分压 p_v 与同温度下水的饱和蒸气压 p_s之比，称为相对湿度，用 φ 表示，即

$$\varphi=\frac{p_v}{p_s}\times100\% \tag{6-5}$$

相对湿度 φ 代表空气中水汽含量的相对大小。当 $p_v=0$ 时，$\varphi=0$，表示湿空气中没有水分，为绝干空气。当 $p_v=p_s$ 时，$\varphi=1$，表示湿空气被水汽所饱和，为饱和湿空气，这种湿空气不能用作干燥介质。$\varphi<1$，表示湿空气是未饱和状态，可以做干燥介质，而且 φ 值越小，表示空气的吸湿能力越大。

4. 湿空气的比容 V_H

在湿空气中，1kg 干空气连同其所带有的 H(kg) 水蒸气体积之和，称为湿空气的比容，单位为 m^3湿空气/kg 干空气，即

$$V_H=\frac{\text{湿空气的体积}}{\text{湿空气中干气的质量}}$$

5. 湿空气的比热容 C_H

在常压下，将 1kg 干气为和 H(kg) 水汽温度升高（或降低）1℃所吸收（或放出）的热量，称为湿空气的比热容，单位为 kJ/(kg 干气·K)。

$$C_H=C_a+HC_v=1.01+1.88H \tag{6-6}$$

式中 C_H——湿空气的比热容，kJ/(kg 干气·K)；

C_a——干空气的比热容，其值约为 1.01kJ/(kg 干气·K)；

C_v——水蒸气的比热容，其值约为 1.88kJ/(kg 水汽·K)。

即湿空气的比热容只随空气的湿度变化。

6. 湿空气的比焓 I_H

湿空气中 1kg 干空气的焓与相应 H(kg) 水蒸气的焓之和，称为湿空气的比焓，用 I_H 表示，单位为 kJ/kg 干空气，即

$$I_H=I_a+HI_v \tag{6-7}$$

式中 I_H——湿空气的比焓，kJ/kg 干气；

I_a——干空气的比焓，kJ/kg 干气；

I_v——水蒸气的比焓，kJ/kg 水汽。

通常以0℃干空气与0℃液态水的焓等于零为计算基准，则有

$$I_a = C_a t = 1.01t$$

$$I_V = r_0 + C_v t = 2490 + 1.88t$$

因此，湿空气的比焓可由下式计算

$$I = (C_a + C_v H)t + r_0 H = (1.01 + 1.88H)t + 2490H \tag{6-8}$$

式中 r_0——0℃时水的汽化潜热，其值约为2490kJ/kg。

7. 湿空气的干球温度 t 和湿球温度 t_W

(1) 干球温度 t　在湿空气中，用普通温度计测得温度称为湿空气的干球温度，为湿空气的真实温度。通常称为湿空气的温度。

(2) 湿球温度 t_W　用湿纱布包住温度计的感温球，纱布的另一部分浸入水中以保持纱布表面足够润湿，这就制成了湿球温度计，如图6-4所示。将湿球温度计置于温度为 t，湿度为 H 的湿空气流中，达到稳定时所显示的温度称为该湿空气的湿球温度。

湿球温度为湿空气的干球温度和湿度的函数，而当 t 和 H 一定时，t_W 必为定值。因此湿球温度是表明空气状态的一个参数，它间接反映了湿空气的相对湿度大小。生活中常用干球温度计和湿球温度计来检测空气相对湿度，两个温度相差越多，表明空气的相对湿度越小。

8. 绝热饱和温度 t_{as}

如图6-5所示，不饱和的空气和大量的水充分接触，进行传质和传热，最终达到平衡，此时空气与液体的温度相等，空气被水蒸气所饱和。如果过程满足以下两个条件：

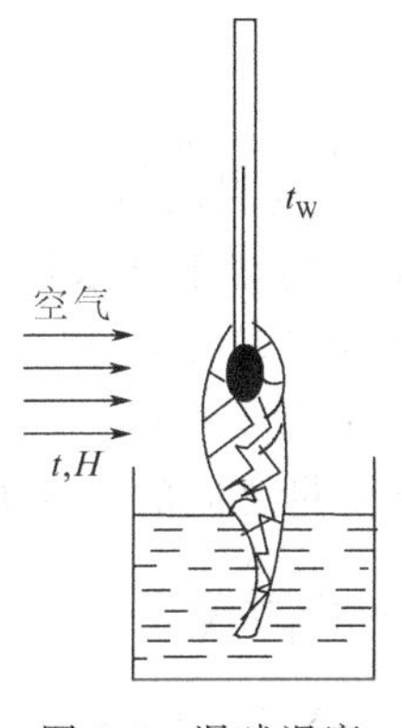

图6-4　湿球温度

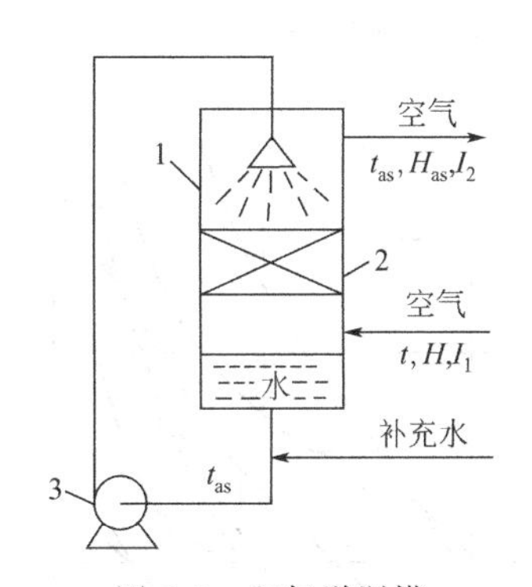

图6-5　空气增湿塔

1—绝热饱和塔；2—填料层；3—循环泵

① 气-液系统与外界绝热；

② 气体放出的总显热等于水分汽化所吸收的总潜热。

则空气和水最终达到的同一温度称为绝热饱和温度，与之对应的湿度称为绝热饱和湿度，用 $H_{绝}$ 表示。

在湿空气的绝热增湿饱和过程中，水分汽化潜热取自空气，空气因降温显热减小，与此同时，水汽又带了这部分热量回到湿空气中，所以空气的焓值不变。

实验证明，对于空气-水蒸气系统：

$$t_{as} \approx t_W \tag{6-9}$$

9. 湿空气的露点 t_d

在总压 p 和湿度 H 不变的情况下，将不饱和湿空气冷却达到饱和状态时的温度称为湿空气的露点，用 t_d 表示。

显然，湿空气冷却过程中，湿度 H 不变，相对湿度不断增大。当达到露点时，相对湿度达到极大值 100%，即湿空气饱和，故露点对应的湿度是饱和湿度。

由以上的讨论可知，表示湿空气性质的特征温度，有干球温度 t、湿球温度 t_W、绝热饱和温度 t_{as}、露点温度 t_d。对于空气-水这一物系，有下列关系：

对于不饱和湿空气，$t>t_W>t_d$；

对于饱和湿空气，$t=t_W=t_d$。

三、湿物料

湿物料分为多孔性物料与非多孔物料。多孔性物料如催化剂颗粒，物料中的水分存在于物料内部大小不同的细孔和通道中，这类物料的临界含水量较低。非多孔物料如肥皂，物料中的水分与物料形成了单相溶液，这类物料的临界含水量较高。大多数物料是介于二者之间的，如木材、纸张、织物等。

1. 湿物料中含水量的表示方法

(1) 湿基含水量　水分在湿物料中的质量分数为湿基含水量，以 w 表示，单位为 kg 水分/kg 湿物料。即

$$w=\frac{\text{湿物料中水分的质量}}{\text{湿物料的总质量}}\times 100\% \tag{6-10}$$

(2) 干基含水量　湿物料中的水分与干物料的质量比为干基含水量，以 X 表示，单位为 kg 水分/kg 干料。即

$$X=\frac{\text{湿物料中水分的质量}}{\text{湿物料中绝干物料的质量}}\times 100\% \tag{6-11}$$

在工业生产中，通常用湿基含水量表示物料中水分含量的多少。但在干燥计算中，由于湿物料中的干物料的质量在干燥过程中是不变的，故用干基含水量计算比较方便。两者含水量之间的换算关系为

$$w=\frac{X}{1+X} \tag{6-12}$$

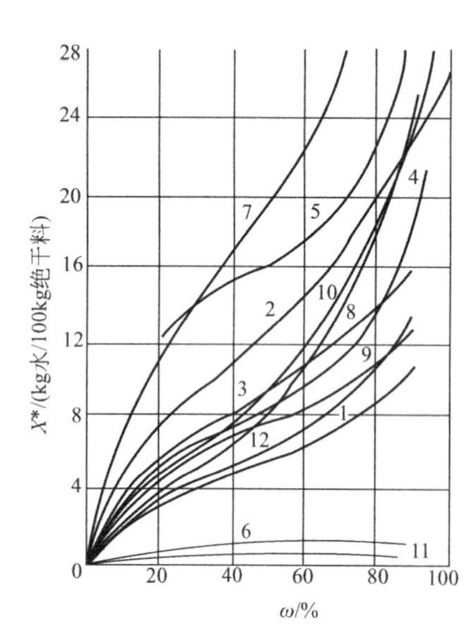

图 6-6　某些物料平衡水分与空气的相对湿度关系

1—新闻纸；2—羊毛；3—硝化纤维；4—丝；5—皮革；6—陶土；7—烟叶；8—肥皂；9—牛皮胶；10—木材；11—玻璃绒；12—棉花

2. 湿物料中所含水分的性质

干燥过程中物料脱水的快慢不仅与干燥介质（空气）状态有关，而且还与物料本身的特性有关。干燥过程中，水分由湿物料表面向空气主流中扩散的同时，物料内部水分也源源不断地向表面扩散，水分在物料内部的扩散速率与物料结构以及物料中的水分性质有关。

(1) 平衡水分与自由水分　平衡水分是一定干燥条件下不能被干燥除去的那部分水分，是物料在该条件下被干燥的极限，用 X^* 表示。图 6-6 给出某些物料在 25℃时，平衡含水量与空气相对湿度间的关系曲线。由图可见，相同空气状态下，不同物料的平衡含

水量相差很大。对于非吸水性物料如陶土的平衡水分几乎为零；而对于吸水性物料如烟草、皮革及木材等物料的平衡水分则较多，而且随空气的相对湿度百分数的不同而有较大的变化。

如果物料的初始含水量高于平衡含水量，则物料与空气达到平衡状态时所失去的那部分水分称之为自由水，故

物料中的总水分＝平衡水分＋自由水分

(2) 结合水与非结合水　按照物料与水分的结合方式，将水分分为结合水分和非结合水分。其基本区别是表现出的平衡蒸气压不同。

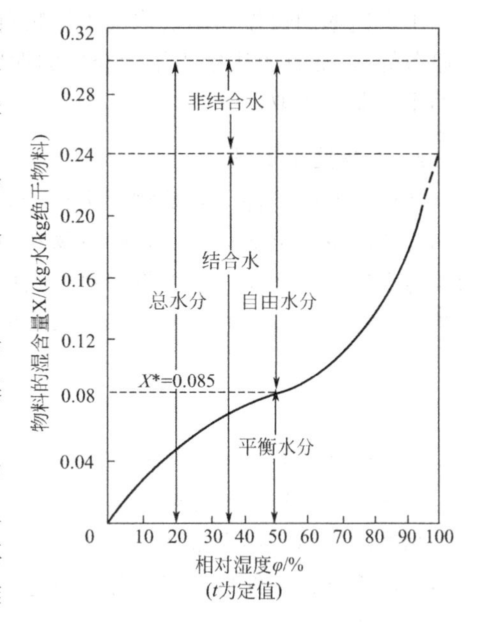

图 6-7　固体物料中几种水分

通过化学力或物理化学力与固体物料相结合的水分称之为结合水分。如结晶水、毛细管中的水及细胞中溶胀的水分。结合水与物料结合力较强，其蒸气压低于同温度下的饱和蒸气压。这种水分较难除去，必须借助专用烘干设备才能除去。

物料中的非结合水分是指物料中所含的大于结合水分的那部分水分，称为非结合水。非结合水分通过机械的方法附着在固体物料上。如固体表面和内部较大空隙中的水分。非结合水的蒸气压等于同温度下纯水的饱和蒸气压，容易除去。

结合水与非结合水、平衡水分与自由水分与湿物料所含总水分之间的关系如图 6-7 所示。

四、干燥速率

干燥过程中，如用大量空气流过小块固体物料，干燥介质（空气）的温度、相对湿度、流过物料表面的速度、与物料的接触方式以及物料的尺寸或料层的厚度恒定，这种干燥条件我们称之为恒定干燥条件。由于干燥过程较为复杂，为简化其影响因素，我们所讲干燥都是在恒定干燥条件下的干燥过程。

1. 干燥速率

干燥速率为单位时间在单位干燥面积上汽化的水分量，用 U 表示，单位为 kg/(m^2 · s)。考虑到干燥速率是变量，故其定义式用微分式表示

$$U=\frac{\mathrm{d}W}{A\,\mathrm{d}\tau} \tag{6-13}$$

式中　U——干燥速率，kg/(m^2 · s)；

A——干燥面积，m^2；

W——汽化水量，kg；

τ——干燥时间，s。

因 $\mathrm{d}W=-G\mathrm{d}X$ 则上式可写成

$$U=-\frac{G\mathrm{d}X}{A\,\mathrm{d}\tau} \tag{6-14}$$

式中　G——湿物料中干物料的质量，kg；

X——湿物料干基含水量，kg/kg 干料。

干燥速率的快慢，不仅取决于湿物料的性质（物料结构、与水分结合方式、块度、料层的厚薄等），而且也决定于干燥介质的性质（温度、湿度、流速等）。通常干燥速率从实验测得的干燥曲线求取。

2. 干燥速率曲线

在恒定干燥条件下对某物料进行干燥，记录下不同干燥时间 τ 下湿物料的质量 G_0，进行到物料质量不再变化为止，此时物料中所含水分为平衡水分 X^*。然后，取出物料，测量物料与空气接触面积 A，再将物料放入烘箱内烘干到恒重为止，此即干物料质量 G。根据实验数据可计算出不同时刻的干基含水量为

$$X=\frac{G_0-G}{G}$$

将计算得到的干基含水量 X 与干燥时间 τ 标绘于坐标纸上，即得干燥曲线，如图 6-8 所示。

干燥速率曲线如图 6-9 所示。AB 段为物料预热阶段，这时物料从空气中接受的热主要用于物料的预热，湿含量变化较小，时间也很短。从 B 点开始至 C 点，干燥曲线 BC 段斜率不变，干燥速率保持恒定，称为恒速干燥阶段。C 点以后，干燥曲线的斜率变小，干燥速率下降，所以 CDE 段称为降速干燥阶段。C 点称为临界点，该点对应的含水量称为临界含水量，以 X_c 表示。

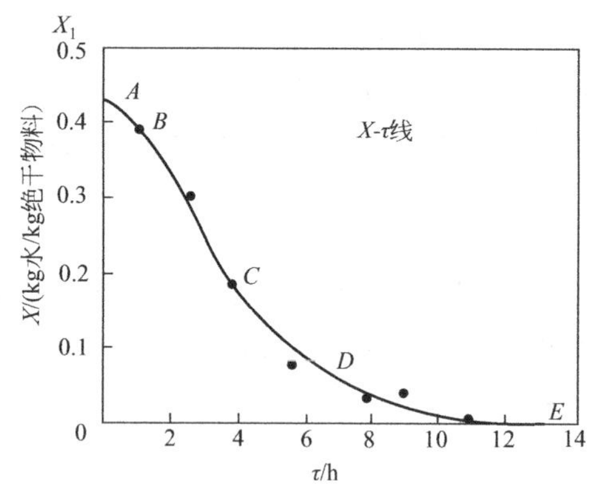

图 6-8 恒定干燥条件下某物料的干燥曲线

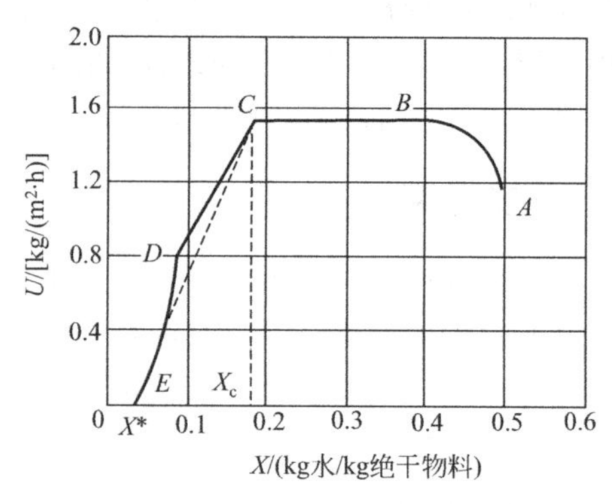

图 6-9 恒定干燥条件下干燥速率曲线

(1) 恒速干燥阶段 图 6-9 中 BC 段，此阶段中物料表面充满着非结合水，这是由于物料内部水分向表面的扩散速率大于或等于表面水分的汽化速率，使物料表面始终被非结合水充分湿润。干燥过程类似于纯液态水的表面汽化，汽化的水分全部为非结合水。这一阶段的干燥速率主要决定于干燥介质的性质和流动情况。干燥速率由固体表面的汽化速率所控制。干燥速率太大引起物料表面结壳、收缩变形、开裂等。

(2) 降速干燥阶段 图 6-9 中 CDE 段，降速干燥阶段通常可分为两个阶段。当物料的含水量降至 C 点（对应的含水量为临界含水量 X_c）之后，此时水分自物料的内部向表面的扩散速率开始低于物料表面水分的汽化速率，物料表面开始出现不湿润点（干点），实际汽化面积减小。当物料外表面完全不湿润时，降速干燥就从第一降速阶段（CD 段）进入第二降速阶段（DE 段）。在第二降速阶段，汽化表面逐渐从物料表面向内部转移，从而使传热、传质的路径逐渐加长，阻力变大，故水分的汽化速率进一步降低。降速阶段的干燥速率主要决定于水分和水汽在物料内部的传递速率。此阶段由于水分汽化量逐渐减小，空气传给物料的热量，部分用于水分汽化，部分用于给物料升温，当物料含水量达到平衡含水量时，物料

温度将等于空气温度 t。

(3) 临界含水量 X_c　物料在恒速干燥终了时的含水量称为临界含水量，临界含水量不但与物料本身的结构、分散度有关，也受干燥介质条件（温度、湿度、流速）的影响。物料分散越细，临界含水量越低。恒速阶段的干燥速率越大，临界含水量越高，进入降速干燥阶段越早。

五、湿度图

总压一定时，湿空气的各项参数，只要规定其中的两个相互独立的参数，湿空气的状态即可确定。在干燥过程计算中，由前述公式计算空气的性质时，计算比较繁琐，工程上为了方便起见，将各参数之间的关系绘在坐标图上。这种图通常称为湿度图，常用的湿度图有焓湿图和温度-湿度图。下面介绍工程上常用的焓湿图（I-H 图）的构成和应用。图 6-10 是空气水系统在总压 $p=101.3$kPa 下的焓湿图。

1. *I-H* 图的构成

图 6-10 纵轴表示湿空气的焓值 I，横轴表示湿空气的湿度 H。为了便于读取湿度数值，作一水平辅助轴，将横轴上的温度值投影到水平辅助轴上。图中共有五种线，分述如下。

(1) 等焓（I）线　为平行于横轴（斜轴）的一系列线，每条直线上任何一点都具有相同的焓值。

(2) 等湿度（H）线　为平行于纵轴的一系列线，每条直线上任何一点都具有相同的湿含量，其值在辅助轴上读取。

(3) 等干球温度（t）线　即等温线，将式（6-9）写成

$$I=1.01t+(1.88t+2490)H$$

由此式可知，当 t 为定值，I 与 H 成直线关系。任意规定 t 值，按此式计算 I 与 H 的对应关系，标绘在图上，即为一条等温线。同一条直线上的每一点具有相同的温度数值。因直线斜率（$1.88t+2490$）随温度 t 的升高而增大，所以等温线互不平行。

(4) 等相对湿度（φ）线　由式（6-3）、式（6-5）可得

$$H=0.622\frac{\varphi p_s}{p-\varphi p_s} \tag{6-15}$$

等相对湿度（φ）线就是用上式绘制的一组曲线。当总压 $p=101.325$kPa 时，因 $\varphi=f(H, p_{饱})$，$p_{饱}=f(t)$ 所以对于某一 φ 值，在 $t=0\sim100$℃范围内给出一系列 t，就可根据水蒸气表查到相应的 $p_{饱}$ 数值，再根据式（6-16）计算出相应的湿度 H，在图上标绘一系列（t, H）点，将上述各点连接起来，就构成了等相对湿度线。

(5) 水蒸气分压（p_v）线　由式（6-3）可得

$$p_v=\frac{pH}{0.622+H} \tag{6-16}$$

水蒸气分压线就是由上式标绘的，它是在总压为 101.325kPa 时，空气中水汽分压 p_v 与湿度 H 之间的关系曲线。水汽分压 p_v 的坐标，位于图的右端纵轴上。

【例 6-1】 进入干燥器的空气的温度为 65℃，露点温度为 15.6℃，使用 I-H 图，确定湿空气湿度、相对湿度、焓值、湿球温度和水汽分压。

解 ① 由 $t=15.6$℃的等温线与 $\varphi=100\%$的等 φ 线相交的交点，读得 $H=0.011$kg/kg 干气。

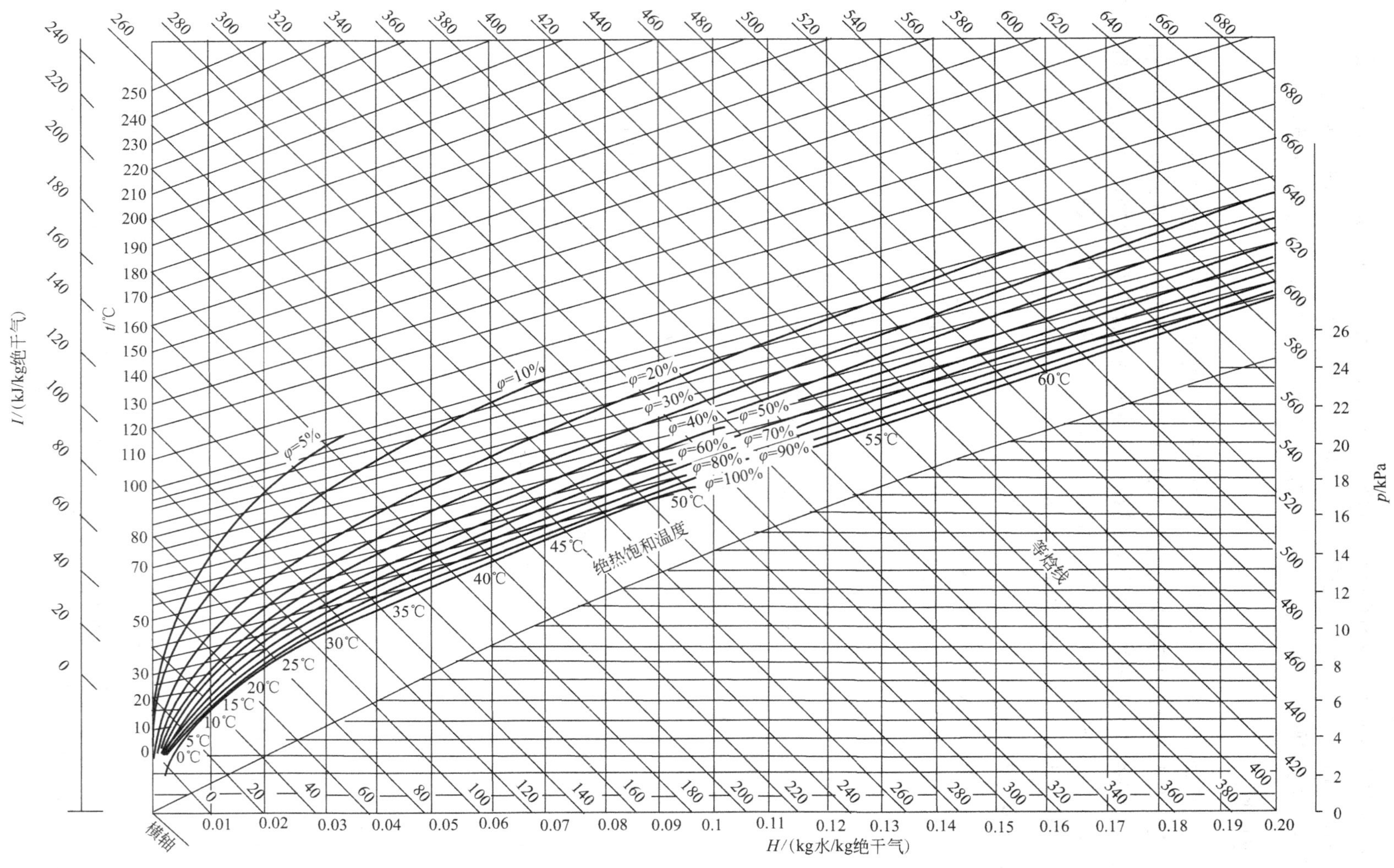

图 6-10　空气-水系统的焓湿图

② 由 $H=0.011$kg/kg 干气的等 H 线与 $t=65$℃的等温线相交的交点即为湿空气的状态点，由图上读得：$\varphi=7\%$，$I=95$kJ/kg 干气。

③ 由过空气状态点的等 I 线 $\varphi=100\%$ 与等 φ 线相交的交点，读得 $t_W=28$℃。

④ 由过空气状态点的等 H 线与水汽分压线相交的交点，读得 $p_v=1.8$kPa。

六、干燥过程的计算

物料衡算主要是为了解决两个问题：一是确定将湿物料干燥达到规定的含水标准，需要蒸发的水分量；二是确定带走这些水分所需要的空气量。对图 6-11 所示的连续干燥器作物料衡算。

设　　L——干空气的流量，kg 干气/s；

H_1、H_2——空气进、出干燥时的湿度，kg 水/kg 干气；

X_1、X_2——湿物料进、出干燥器时的干基含水量，kg 水/kg 干物料；

G_C——干物料的质量流量，kg 干物料/s。

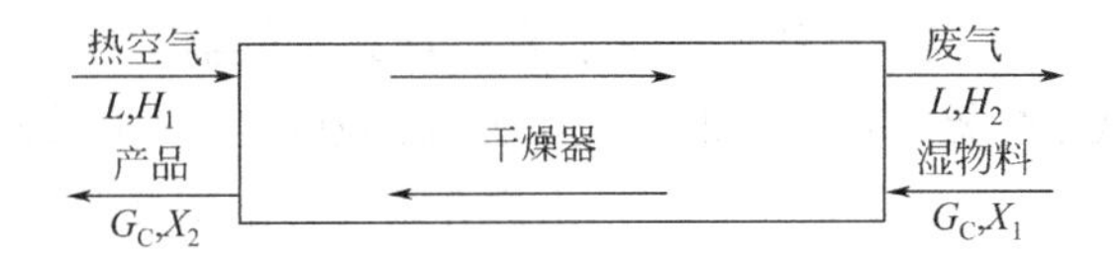

图 6-11　干燥器的物料衡算

若不计干燥过程中物料损失，则在干燥前后物料中干物料质量不变，即

$$G_C X_1 + L H_1 = G_C X_2 + L H_2 \tag{6-17}$$

整理式 (6-17) 可得

$$W = G_C (X_1 - X_2) = L (H_2 - H_1) \tag{6-18}$$

式中　W——水分蒸发量，kg/s。

故蒸发 W(kg 水/s) 所消耗的干空气量为

$$L = \frac{W}{H_2 - H_1} \tag{6-19}$$

将上式两端除以 W，可得蒸发 1kg 水分需消耗的干空气量 l（称为单位空气消耗量）为

$$l = \frac{1}{H_2 - H_1} \tag{6-20}$$

可见空气消耗量随着进入干燥器的空气湿度 H_1 的增大而增大，因此，生产中一般按夏季空气湿度确定全年中最大空气消耗量。

【例 6-2】 有一干燥器，处理湿物料量为 800kg/h。要求物料干燥后含水量由 30%减至 4%（均为湿基含水量）。干燥介质为空气，初温 15℃，相对湿度为 50%，经预热器加热至 120℃进入干燥器，出干燥器时降温至 45℃，相对湿度为 80%。

试求：① 水分蒸发量 W；

② 空气消耗量 L。

解　①水分蒸发量 W

已知 $G_1=800$kg/h，$w_1=0.3$，$w_2=0.04$，则

$$G_2 = G_1 \frac{1-w_1}{1-w_2} = 800 \times \frac{1-0.3}{1-0.04} = 583.3\text{kg/h}$$

$$W=G_1-G_2=800-583.3=216.7(\text{kg/h})$$

② 空气消耗量 L

在湿度图中查得，空气在 $t_0=15℃$，$\varphi_0=50\%$时的湿度为 $H_0=0.005$kg 水/kg 干气。在 $t_2=45℃$，$\varphi_2=80\%$时的湿度为 $H_2=0.05$kg 水/kg 干气。空气通过预热器湿度不变，即：$H_0=H_1w$。

$$L=\frac{W}{H_2-H_1}=\frac{W}{H_2-H_0}=\frac{216.7}{0.052-0.005}=4610(\text{kg 干气/h})$$

第三节　典型干燥设备

实现物料干燥过程的设备称之为干燥器。干燥器种类很多，以适应多种多样性的物料和产品规格的不同要求，每一种干燥器都有一定的适应性和局限性。干燥器按加热方式可分为以下几类。对流干燥器：厢式干燥器、带式干燥器、转筒干燥器、气流干燥器、沸腾干燥器、喷雾干燥器。传导干燥器：滚筒式干燥器、减压干燥厢、真空耙式干燥器、冷冻干燥器。介电加热干燥器：红外线干燥器、微波干燥器。按生产的方式可分为间歇操作式干燥器和连续操作式干燥器。下面介绍几种常用类型的干燥器。

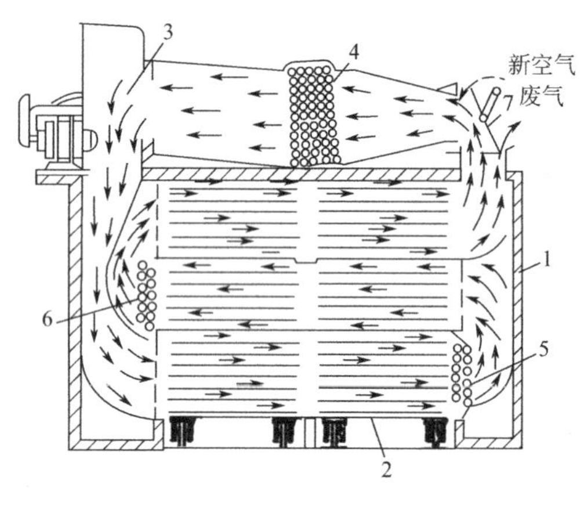

图 6-12　厢式干燥器

1—干燥室；2—小车；3—送风机；4～6—空气预热器；7—调节风门

一、间歇式干燥器——厢式干燥器

厢式干燥器是一种间歇式的多功能干燥器，可以同时干燥不同的物料。一般为常压操作，也有真空下操作的。图 6-12 为厢式干燥器的示意图。湿物料置于厢内支架上的浅盘内，浅盘装在小车上推入厢内。新鲜空气由风机吸入，经加热器预热后沿挡板均匀地进入下部几层放料盘，再经中间加热器加热后进入中部几层放料盘，而后再经中间加热器加热后进入最上部几层放料盘，而后使部分废气排出，余下的循环使用，以提高热利用率。废气循环量可以通过调节门进行调节。当热空气在物料上掠过时即起干燥作用。干燥结束后成批取出，用小车推进推出。

这种干燥设备的优点是结构简单，设备投资少，适应性强。缺点是劳动强度大，热利用率低，产品质量不均匀。主要适用于小规模、多品种、干燥条件变动不大的场合。

二、连续式干燥器

1. 气流干燥器

气流干燥器是气流输送技术在干燥中的应用。它主要用于分散状物料的干燥，如图 6-13 所示。其主体为直径约 0.2～0.85m 的直立干燥管，管长约 10～20m。空气由风机吸入，经预热器预热至指定温度后进入干燥管底部。湿物料经投料器、加料器连续送入干燥管，在干燥管中被高速上升的热气流分散并呈悬浮状和热气流一起向上运动，物料被迅速加热使其中水分不断汽化，到干燥管上端达到规定的干燥要求。干燥产品由下降管进入卸料器，空气流中夹带的产品经除尘器、过滤器后被收集。主要用于适宜并流干燥的晶体或小颗粒物料，如聚氯乙烯、硫铵、氯化钾等。

气流干燥器的主要优点如下。

① 气、固间传递表面积大，干燥速率高；设备紧凑，连续操作稳定、方便，占地面积小。

② 生产强度高，热利用率较好。

气流干燥器的主要缺点如下。

① 由于气流速度与气固混合物流动阻力大，需要消耗较高的输送能量。

② 物料对器壁的磨损比较严重，物料也易被破碎或粉化。

③ 细粉物料回收困难，要求配置高效的粉尘捕集装置。

2. 流化床干燥器（沸腾干燥器）

流化床干燥器和气流干燥器都是流态化技术在干燥中的应用。流化床干燥器种类很多，大致分为以下几种：单层流化床干燥器、多层流化床干燥器、卧式多室流化床干燥器、喷动床干燥器、离心流化床干燥器和内热式流化床干燥器等。

图 6-14 所示是一种单层圆筒沸腾床干燥器。待干燥的颗粒物料放置在分布板上，热空气由多孔板的底部送入，使其均匀地分布并与物料接触。气速控制在临界流化速度和带出速度之间，使颗粒在流化床中上下翻动，气固间进行传热和传质，最终在干燥器底部得到干燥产品，热气体则由干燥器顶部排出，经旋风分离器分出细小颗粒后放空。

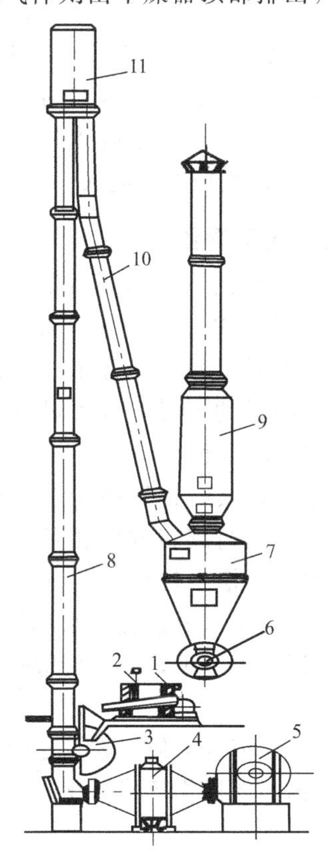

图 6-13　气流干燥器

1—料槽；2—投料器；3—加料器；4—空气预热器；5—风机；6—卸料器；7—除尘器；8—干燥管；9—过滤器；10—物料下降管；11—缓冲装置

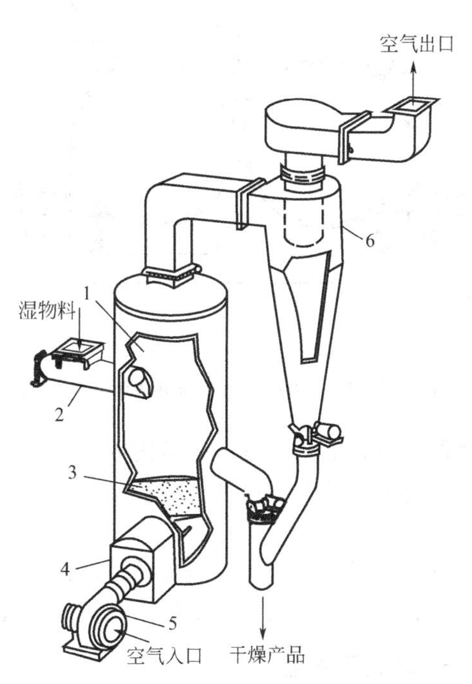

图 6-14　单层圆筒沸腾床干燥器

1—沸腾室；2—进料器；3—分布板；4—加热器；5—风机；6—旋风分离器

在单层圆筒沸腾床干燥器中，由于床层中的颗粒的不规则运动，引起返混和短路现象，使得每个颗粒的停留时间是不相同的，这会使产品质量不均匀。为此，可采用多层沸腾床干燥器和卧式多室干燥器。

多层流化床干燥器，物料由上面第一层加入，热风由底部吹入，在床内进行逆向接触，颗粒由上一层经溢流管流入下一层，颗粒在每一层内可以相互混合，但层与层之间不互混，经干燥后由下一层卸出。热风自下而上通过各层由顶部排出。

流化床干燥器的主要优点有：传热、传质效率高，处理能力大；物料停留时间短，有利于处理热敏性物料；设备简单，操作稳定。缺点是对物料的形状和粒度有限制。

3. 喷雾干燥器

喷雾干燥器是一种处理液体的干燥设备，是用喷雾器将物料喷成细雾，分散在热气流中，使水分迅速汽化而达到干燥目的。图 6-1 为喷雾干燥器，浆液用送料泵压至喷雾器，在干燥室中喷成雾滴而分散在热气流中，与热空气混合后并流向下，气流作螺旋形流动旋转下降，雾滴在接触干燥室内壁前已完成干燥过程，成为微粒或细粉落到器底，产品由风机吸至旋风分离器内被回收，废气经风机排出。

喷雾干燥器广泛应用于化工、医药、食品等工业生产中，特别适用于热敏性物料的干燥。它的特点有：由于液滴直径小，气液接触面积大，扰动剧烈，干燥过程极快，非常适宜处理热敏性的物料。喷雾干燥可直接由液态物料获得产品，省去了蒸发、结晶、过滤、粉碎等多种工序。能得到速溶的粉末和空心细颗粒。其缺点是：干燥器体积大，单位产品热量消耗高，机械能消耗大。

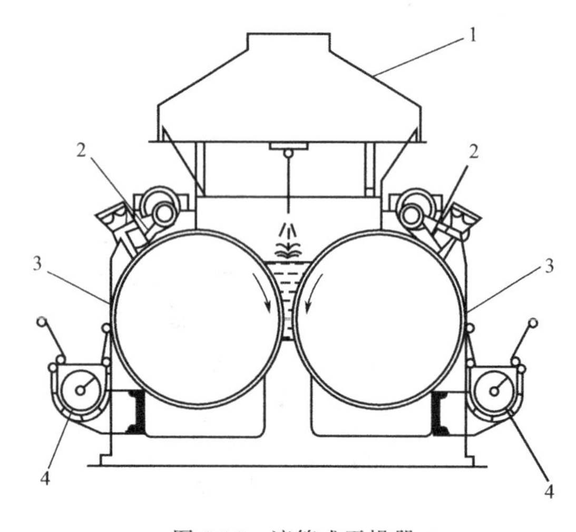

图 6-15　滚筒式干燥器

1—蒸汽罩；2—小刀；3—蒸汽加热滚筒；4—运输器

4. 滚筒式干燥器

滚筒干燥器由一个或两个滚筒所组成，前者称为单滚筒式，后者称为双滚筒式。滚筒干燥器一般只适用于悬浮液、溶液、胶状体等流动性物料的干燥，含水量过低的热敏性物料不宜采用这种干燥器。图 6-15 所示为双滚筒干燥器，其结构较两个单滚筒紧凑而功率相近。两滚筒旋转方向相反，部分表面浸在料槽中，从槽中转出来的部分表面粘了一薄层料浆。加热蒸汽通入滚筒内，经筒壁的热传导，使物料中水分蒸发，水汽与夹带的粉尘由滚筒上方的排气罩排出。被干燥的物料在滚筒的外侧用刮刀刮下，经螺旋输送器推出而收集。

滚筒式干燥器的优点是劳动强度低、设备紧凑、投资小、清洗方便。缺点是物料易受到过热，筒体外壁的加工要求较高，操作过程中由于粉尘飞扬而使操作环境恶化。

5. 微波干燥器

微波干燥是在微波理论及微波管成就的基础上发展起来的一门技术。微波是指频率为 300MHz～300GHz，波长为 1mm～1m 的电磁波。微波是一种高频交变电场。在高频交变电场中，湿物料中的水分随着电场方向的变换而转动，在此过程中，水分子之间会产生剧烈的碰撞与摩擦，部分能量转换为热能，所以能使湿物料中的水分获得热量而汽化，从而使湿物料得到干燥。微波干燥已在食品、皮革等行业中获得了一定应用。

微波干燥具有如下优点：加热迅速，干燥速率快，热效率高，控制灵敏，操作方便，产品含水量均一，质量稳定。

三、干燥操作条件的确定

1. 干燥介质的选择

干燥介质的选择，决定于干燥过程的工艺及可利用的热源，还应考虑介质的经济性及来源。基本的热源有热气体、液态或气态的燃料以及电能。在对流干燥中，干燥介质可采用空气、惰性气体、烟道气和过热蒸汽。

热空气是最廉价易得的热源，但对某些易氧化的物料，或从物料中蒸发出的气体易燃、易爆时，则需用惰性气体作为干燥介质。烟道气适用于高温干燥，但要求被干燥的物料不怕污染，且不与烟气中 SO_2 或 CO_2 等气体发生反应。

2. 流动方式的选择

气体和物料在干燥器的流动方式，分为并流、逆流和错流。

(1) 并流干燥　物料与干燥介质的流动方向相同。主要适用于：①当物料含水量较高时，允许进行快速干燥，而不产生龟裂或焦化的物料；②干燥后期不耐高温，即在高温下，易变色、易氧化或分解等的物料。

(2) 逆流干燥　物料与干燥介质的流动方向相反。主要适用于：①在物料含水量较高时，不允许采用快速干燥；②在干燥后期，可耐高温的物料；③要求干燥产品的含水量较低时。

(3) 错流干燥　物料与干燥介质的流动方向相互垂直。主要适用于：①无论在高或低含水量时，都可进行快速干燥，且耐高温的物料；②因阻力或干燥器的结构的要求不适宜采用并流或逆流操作的场合。

3. 干燥介质进入干燥器时的温度

提高干燥介质进入干燥器时的温度可提高传热、传质的推动力，因此在避免物料发生变色、分解等物理变化的前提下，干燥介质的进口温度可尽可能高些。对同一物料，允许的干燥进口温度随干燥器的形式不同而异。如干燥器中，物料是静止的，应选择较低的介质进口温度，以避免物料局部过热；在干燥器中物料和介质充分混合，并快速流动，由于物料不断翻动，致使物料温度较均匀，干燥速率快时间短，因此介质进口温度可高些。

4. 干燥介质离开干燥器时的相对湿度和温度

增加干燥介质离开干燥器的相对湿度，可以减少空气消耗量及传热量，即可降低操作费用；但相对湿度增大，介质中水汽分压增高，使干燥过程的平均推动力下降，为了保持相同的干燥能力，需要增大干燥器的尺寸，即加大了投资费用。所以，最合适的相对湿度应通过经济权衡来决定。

5. 物料离开干燥器时的温度

在连续逆流干燥设备中，如果干燥为绝热干燥过程，则在干燥第一阶段中，物料表面温度等于与它相接触的气体湿球温度。在干燥第二阶段中，物料温度不断升高，此时气体传给物料的热量一部分用于蒸发物料中的水分，一部分则用于加热物料，使其温度升高。因此，物料出口温度与物料在干燥器内经历的过程有关，主要取决于物料的临界含水量。如果物料出口含水量高于临界含水量，则物料出口温度等于与它相接触的气体湿球温度；如果物料出口含水量低于临界含水量，则物料出口温度要高。

思考题

6-1　对流干燥操作费用主要取决于哪些因素？

6-2　平衡水分与自由水分，结合水与非结合水，这两种区分湿物料中水分方法的出发点有何不同？有没有内在联系？

6-3　试对教材中有示意图的几种干燥器，说明其分类特征并分析其可能的适用范围。

6-4　在焓湿图上表示湿空气的以下变化过程并说明空气的其他参数如何变化？

①绝热饱和过程；②等湿度下的升温过程；③等温增湿过程

6-5　何谓临界含水量？它受哪些因素影响？

6-6　两吸湿性物料，它们具有相同的干燥面积。若在相同的恒定干燥条件下进行干燥，它们在恒速干燥阶段的干燥速率是否相等？为什么？

第七章

新型传质分离技术

分离技术是研究生产过程中混合物的分离、产物的提取或纯化的一门新型学科，随着社会的发展，对分离技术的要求越来越高。不但希望采用更高效的节能、优产的方法，而且希望所采用的过程与环境友好。正是这种需求，推动了人们对新型分离技术不懈的探索。近十余年来，新型分离技术发展迅速，其应用范围已涉及化工、环保、生化、医药、食品、电子、航天等领域，不少技术已趋成熟。

新型分离技术研究领域非常广泛，在化工、制药生产过程中有较广泛的应用。企业生产中常用的新型分离技术有膜分离、超临界萃取、色谱分离等。在产品精制的过程中，通常要使用干燥技术去除产品中的溶剂。某些药品因生物活性与热敏性问题，必须使用冻干方法。

第一节 膜 分 离

一、概述

膜分离是在20世纪60年代后迅速崛起的一门分离新技术。膜分离技术由于兼有分离、浓缩、纯化和精制的功能，又有高效、节能、环保、易于控制等特征，因此，目前已广泛应用于食品、医药、生物、环保、化工、冶金、能源、石油、水处理、电子、仿生等领域，产生了巨大的经济效益和社会效益，已成为当今分离科学中最重要的手段之一。

膜分离技术与传统的分离技术相比具有以下优点：①无相态变化，能耗极低，其生产成本约为蒸发浓缩或冷冻浓缩的1/3～1/8；②无化学变化，是典型的物理分离过程，不用化学试剂和添加剂，产品不受污染；③选择性好，对溶液具有选择透过性，只能使某些溶剂或溶质透过，而不能使另一些溶剂或溶质透过；④通用性强，处理规模可大可小，可以连续操作也可间歇操作，工艺简单，操作方便，易于自动化；⑤在常温下进行，药物有效成分损失极少，特别适用于热敏性物质，如抗生素、酶、蛋白的分离与浓缩。

二、膜的分类与应用

根据膜的材质不同，分为无机膜、有机膜和混合膜。

无机膜是由各类无机材料加工而成，是一种固态膜，具有以下优点：①孔径分布窄，分离效率高，分离效果稳定；②化学稳定性好，耐酸、碱、有机溶剂；③耐高温，可用蒸汽反冲再生和高温消毒灭菌；④抗微生物污染能力强，适宜在生物医药领域应用；⑤机械强度大，可高压反冲洗，再生能力强；⑥无溶出物产生，不会产生二次污染，不会对分离物料产生负面影响；⑦分离过程简单，能耗低，操作运转方便；⑧膜使用寿命长。目前工业生产中常用的无机膜有陶瓷膜和不锈钢膜。

有机膜多由合成高分子材料制得，具有以下优点：①品种多，能适应多种需要；②选择性好，对特定的分子有选择透过性，对其他同分子量的大分子有阻拦作用；③成膜性能优异，生产成本低；④柔韧性好，易于制成各种形状。常用的有机高分子膜材料有纤维素类、聚砜（PSF）、聚醚砜（PES）、聚丙烯腈（PAN）、聚偏氟乙烯（PVDF）、聚醚酮（PEK）等。

有机-无机混合膜，使之兼具有机膜与无机膜的长处。如在无机矿物颗粒（如二氧化锆）中掺入网状结构的有机多孔聚合物（如聚丙烯腈），形成的有机-无机矿物膜具备有机膜的柔韧性能及无机膜的抗压性能，可显著提高孔隙率及水通量。

三、气体膜分离过程氢气回收实例

从氨合成系统排出的弛放气和放空气在回收了其中的部分氨气后，剩余气体一般作为燃料使用。20 世纪 80 年代以来，为回收排放气中的氢气，人们成功开发了中空纤维膜分离、变压吸附和深冷分离技术。比较三种分离技术，中空纤维膜分离法显示出明显的优势。

中空纤维膜的材料是以多孔不对称聚合物为基质，上面涂以高渗透性聚合物。此种材料具有选择渗透特性，水蒸气、氢、氨和二氧化碳渗透较快，而甲烷、氮、氩、一氧化碳等渗透较慢，这样就能使渗透快者与渗透慢者分离。为获得最大的分离表面，将膜制成数以万计的中空纤维管并组装在高压金属容器中，如图 7-1 所示。经回收氨后的弛放气和放空气由分离器的上端侧口进入壳程，沿纤维束外表面向下流动，由于中空纤维管内外存在压差，使氢气通过膜壁渗入管内，管内的氢气数量不断增加，并沿着管内从上部排出，其他气体在壳程自上往下从分离器底部移出。图 7-2 为排放气膜分离回收系统流程。

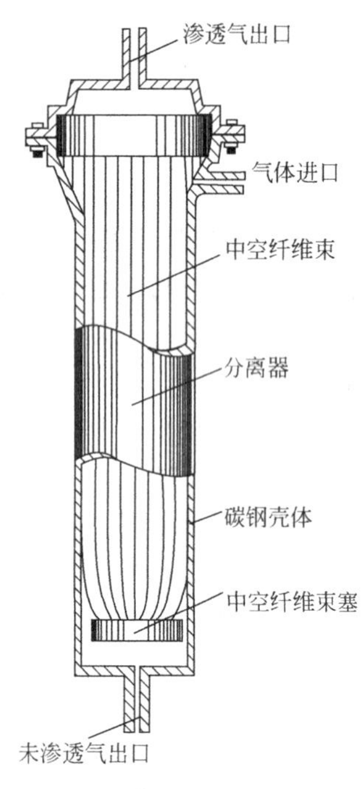

图 7-1 中空纤维膜分离器

来自合成系统的由氢、氮、氨、甲烷和氩气组成的排放气进入洗氨塔，软化水在填料层中逆流接触，气相中的氨被水吸收后变成氨水，由塔底排出，经蒸馏得到无水液氨。脱氨后的气体由塔顶排出后进入气液分离器，以分离夹带雾沫。水洗后气体的温度约 25℃，氨含量应低于 50×10^{-6}。为防止原料气进入膜分离器后产生水雾，造成膜分离器性能下降，脱氨后的气体必须经过在换热器中被加热到 40～50℃，再送入膜分离器中进行分离。中空纤维膜对氢气有较高的选择性，靠中空纤维膜内、外两侧压差为推动力，使中空纤维膜内侧形成富氢区气流，而外侧形成了惰性气流，前者称为渗透气，后者称为尾气。氢气经压缩后重返合成系统，尾气减压至 2.0MPa 左右送到无动力氨回收系统，或减至 0.4MPa 排到锅炉作燃料。中空纤维分离法的氢回收率可达到 95%以上，氢气的纯度在 90%

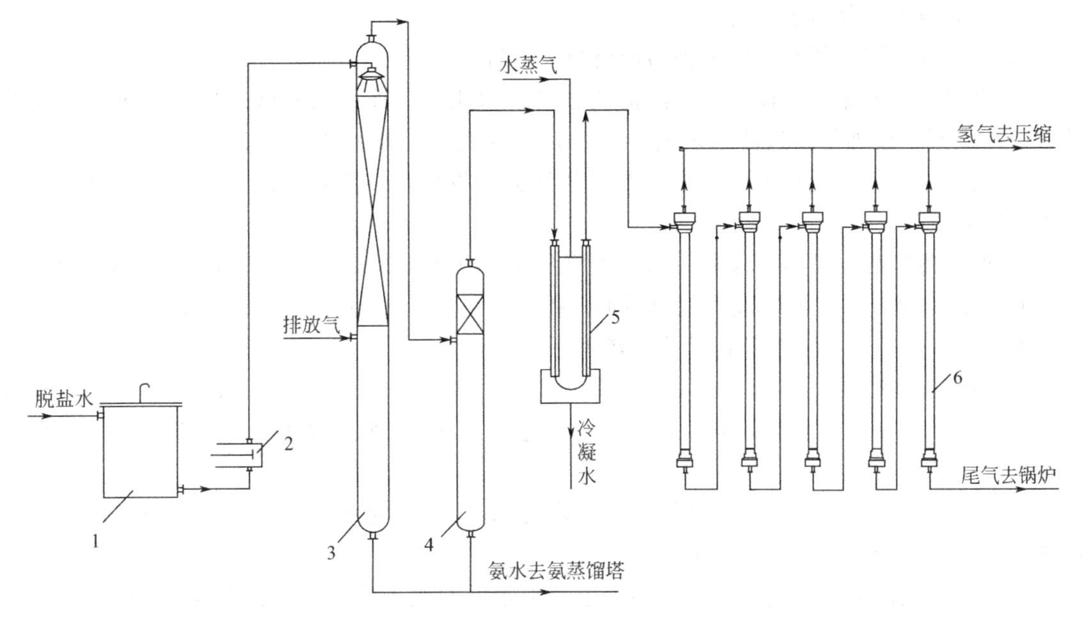

图 7-2　排放气膜分离回收系统流程

1—软水贮槽；2—高压水泵；3—洗氨塔；4—气液分离器；5—套管加热器；6—膜分离器

以上，在国内合成氨厂得到广泛应用。

四、反渗透膜海水淡化分离过程实例

海水淡化就是将海水中的盐分和水分离的技术，海水淡化方法很多，主要有离子交换法、反渗透法、电渗析法、多效蒸馏法。现在主要介绍反渗透方法作为海水淡化的工艺路线。

1. 工艺概述

如下流程所示。海水经海水泵打到沉淀池内，加入杀菌剂与絮凝剂将大颗粒杂质沉降后，通过介质过滤器过滤其细小杂质，通过高压泵增压后进入到膜分离反渗透装置，进行脱盐处理，得到的净水进入到产品淡水池。

海水泵→沉淀（澄清）池→增压泵→介质过滤器→保安滤器→高压泵→反渗透装置→中和滤器→产品淡水池

2. 工艺控制过程

(1) 反渗透系统进水要求

① 污染指数　　SDI≤5（15min）

② 浊度　　<1NTU

③ 余氯　　$<0.1\times10^{-6}$（检测不到）

④ Fe^{3+}　　$\leqslant0.01\times10^{-6}$

注意：SDI 值是测定反渗透系统进水的重要指标之一；是检验预处理系统出水是否达到反渗透进水要求的主要手段。SDI 值越低，水对膜的污染阻塞趋势越小。

NTU 为散射浊度单位，是衡量水中浑浊程度的参数。

(2) 预处理工序的作用　预处理由沉淀池、澄清池、加药系统（杀菌灭藻剂、混凝剂、还原剂、阻垢剂等）、多介质滤器等组成。

① 沉淀池用于分离悬浮物。

② 澄清池是用于絮凝反应过程与澄清分离过程。

③ 投加杀菌灭藻剂。投加在过滤前或过滤取水头部；连续或间歇式投加次氯酸钠或其他杀菌灭藻剂；投加量以过滤水余氯约0.2mg/L（或注入海水中2mg/L次氯酸钠）。

④ 投加混凝（絮凝）剂试验确定混凝剂种类和投加量，常规投加三氯化铁混凝，同时加入骨胶助凝剂。

⑤ 投加还原剂。投加亚硫酸氢钠等还原余氯，投加在保安滤器前部或反渗透系统前。

⑥ 加酸（调节pH值）或其他阻垢剂。投加硫酸或SHMP阻垢剂防止碳酸盐和硫酸盐类结垢沉淀，投加在保安滤器前部或反渗透系统前。

⑦ 多介质过滤器。在原水进入多介质滤器前由加药泵加入混（絮）凝剂与水中的胶体形成大的絮状物在通过滤器时被除去，以使滤过水SDI＜5达到RO进水要求，并使原水的浊度＜1NTU。

过滤器内填精制石英砂及无烟煤，填料高度1300mm。系统设置无油压缩空气机，当滤器进出口压差大于0.1MPa时，进行反洗。

(3) 反渗透部分的作用　反渗透装置主要由阻垢剂注入系统、保安滤器、高压泵、能量回收装置、反渗透膜元件、压力管、反渗透水箱及仪器、仪表等组成。

① 保安滤器。为防止水中及管道中的微粒进入高压泵和RO膜组件，设置保安滤器作为后置预处理手段。

② 高压泵。反渗透装置工作动力是压力差，由高压泵将经预处理的原水升压达到反渗透的工作压力，通常为5.0～6.9MPa，使反渗透过程得以进行，即克服海水渗透压使水分子透过反渗透膜到淡水层。

③ 反渗透主机。反渗透主机是脱盐系统的心脏部分。

膜组件采用世界先进的TFC型复合膜（产自美国DOW公司）。

(4) 产品水后处理

① 产品水杀菌。投加次氯酸钠或其他杀菌剂，在反渗透装置出口或产品水供应系统投加，使管网余氯＞0.3mg/L。

② 调节产品水pH值。在产品水供水系统投加碱或通过石灰石滤床，调节产水pH值为6.5～8.5。

五、膜分离基本原理

在分离过程中，由于分离体系具有多样性与复杂性，再加上使用的膜种类繁多，膜的材料、结构、性能、制造工艺等有较大差别，使得膜分离过程的机理非常复杂。在实际应用中，不同的膜分离过程往往有不同的分离机理，甚至同一分离过程，也可用不同的分离机理模型来解释。

1. 膜的分类及分离机理

(1) 微滤　微滤是以孔径细小的多孔薄膜为过滤介质，以压力差为推动力，使物料分离的过滤操作。微滤膜孔径为0.025～4μm，在推动力的作用下，大于膜孔径的溶质或悬浮粒子被截留，而小于膜孔径的分子随溶剂一起透过膜，膜上微孔的尺寸与形状决定了膜的筛分性能。微滤主要应用于细胞收集、液固分离等方面，常作超滤的预处理过程。

(2) 超滤　超滤的分离过程与微滤相似，由于超滤膜的孔径在0.001～0.02μm，大于该范围的分子、微粒胶团、细菌等均被截留富集在高压侧，浓度逐渐增大，透过膜的小分子物质存在于渗透液中，从而实现了组分的分离。

(3) 反渗透　当把两种不同浓度的溶液分别置于半透膜的两侧时，溶剂将自发地穿过半透膜向高浓度溶液侧流动，这种现象叫渗透。例如半透膜的一侧为溶剂纯水，另一侧为含有盐分溶质的水溶液时，纯水会自发地通过半透膜流入盐水侧。

纯水侧的水流入盐水侧，盐水侧的液位上升，当上升到一定高度后，水通过膜的净流量等于零，此时该过程达到平衡，与该液位高度差对应的压力称为渗透压。

如图 7-3 所示，在高于溶液渗透压的压力作用下，溶剂透过膜，而溶液中大分子、小分子有机物及无机盐等溶质被截留，这个过程称为反渗透。反渗透的分离机理有三种理论模型，常用的是优先吸附-毛细孔流理论。反渗透常用于海水的淡化、纯水的制备及药物浓缩过程。

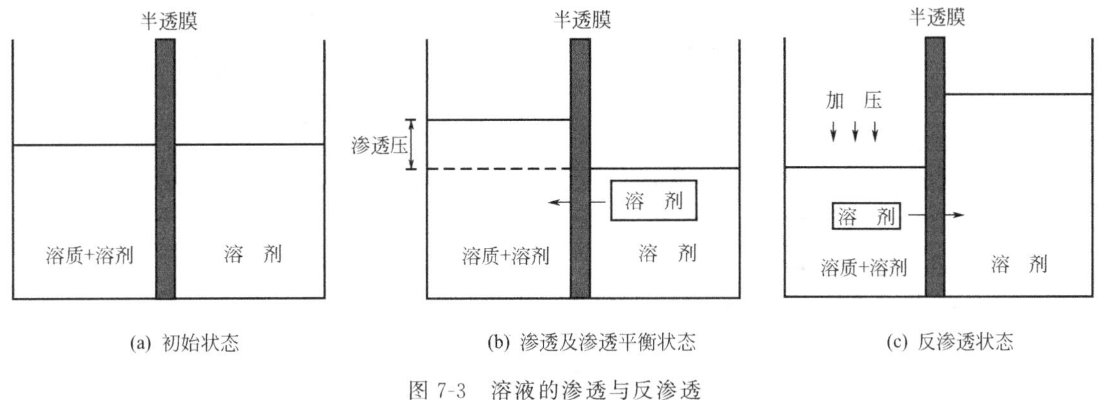

图 7-3　溶液的渗透与反渗透

(4) 纳滤　纳滤是介于反渗透与超滤之间的一种膜分离技术，因纳滤膜具有 1nm 左右的微孔结构，故称为“纳滤”。纳滤膜在分离应用中表现出两个显著特性：①对水中分子量为数百的有机小分子成分具有分离性能；②对无机盐有一定的截留作用。因此，纳滤过程集浓缩与透析为一体，目前已成功应用于多种抗生素的浓缩和纯化过程。

(5) 气体膜分离　气体膜分离过程是混合气体中的各组分在膜两侧不同分压差的作用下，以不同的速率透过膜，从而使混合物得以浓缩、分离或纯化的一种膜分离过程。最常用的膜材料是有机高分子聚合物。目前，气体膜分离技术的大规模应用仍然在传统的氢气分离和空气分离方面。图 7-4 为各类膜分离过程的分离范围。

2. 膜性能参数

表征膜性能的参数主要有膜孔性能参数、水通量、截留率与截留分子量，此外还有膜的使用温度范围、pH 范围、抗压能力和对溶剂的稳定性等参数。

(1) 膜孔性能参数　膜的孔径大小及分布情况直接决定了膜的分离性能。膜的孔径大小可用两个物理量来表述，即最大孔径和平均孔径。最大孔径对分离过程来讲意义不大，但对于除菌过滤来讲，有着决定性的影响。无机膜的孔径在使用过程中，不会发生太大的变化。而有机膜的孔径可随温度、溶剂、pH 范围、使用时间、清洗剂等因素的变化而变化。对于贯穿膜壁的直孔，可以通过扫描电镜法直接测得；对于弯曲的孔，则可通过泡点法、压汞法测得。

孔径分布数值是指膜中一定大小的孔占整个孔的体积百分数。孔径分布数值越大，说明孔径分布较窄，膜的分离选择性越好。

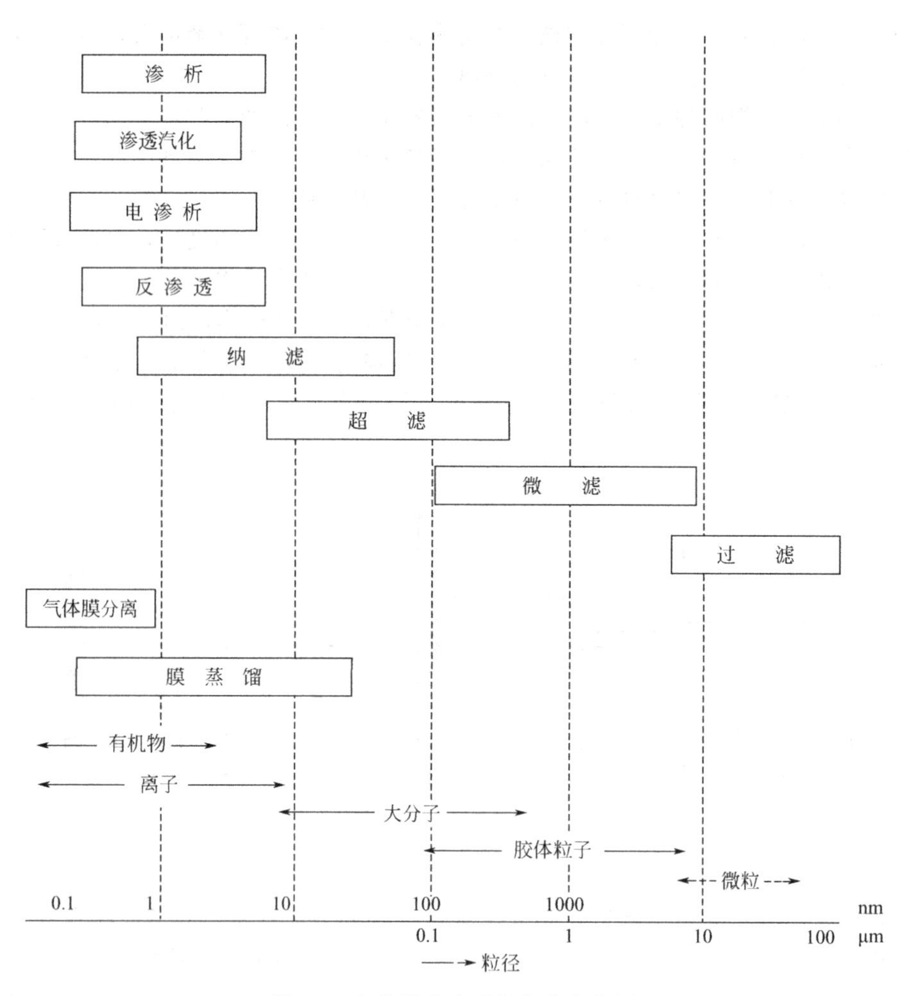

图 7-4 各类膜分离过程的分离范围

孔隙度是指膜孔体积占整个膜体积的百分数。孔隙度越大，流动阻力越小，但膜的机械强度会降低。

(2) 渗透通量　膜的处理能力（即溶剂透过膜的速率）是膜分离中的重要指标，一般用膜的渗透通量 J 来表示。它是指单位时间、单位膜面积上透过溶液的量，对于水溶液体系，又称透水率或水通量。

$$J=\frac{V}{At} \tag{7-1}$$

式中　J——渗透通量，$m^3/(m^2 \cdot h)$ 或 $kg/(m^2 \cdot h)$；

V——透过溶液的体积或质量，m^3 或 kg；

A——膜有效面积，m^2；

t——操作时间，h。

膜制造厂一般采用纯水在 0.35MPa，25℃条件下实验测得。膜的处理能力与膜材料的化学特性和膜的形态结构有关，也与料液的浓度有关，且随操作推动力的变化而变化。此参数直接决定膜分离设备的大小。

(3) 截留率和截留分子量　被截流物质的量占料液中含有的截流物质总量的百分率，称为膜的截留率，用 R 表示，它表示了膜对溶质的截留能力。

$$R=\frac{c_F-c_P}{c_F}\times 100\% \tag{7-2}$$

式中　c_F——原料液中截流物质的浓度，kg/m^3；

c_P——透过液中截流物质的浓度，kg/m^3。

截留率为100%时，表示溶质全部被膜截留，此为理想的半渗透膜；截留率为0时，则表示溶质全部透过膜，无分离作用。通常截留率在0～100%。

截留分子量通常用于表示膜的分离性能。截留分子量是指截留率为90%时所对应的溶质分子量。截留分子量的高低，在一定程度上反映了膜孔径的大小，通常可用一系列不同分子量的标准物质进行测定。

六、膜分离设备

膜组件是将一定面积的膜以某种形式组装在一起的器件，它是由膜、支撑材料、间隔器及外壳等通过合理组装而构成。工业上常用的膜组件有板式膜、管式膜、卷式膜和中空纤维膜四种类型，膜组件与储罐、泵、管路、阀门、仪表等组成膜分离装置。

(1) 板式膜组件　结构与板框过滤机类似，图7-5为板式膜分离示意图。在多孔支撑板即间隔器的两侧覆以平板膜，采用密封环和两个端板密封、压紧。料液从左侧进入组件后，沿膜面平行流动，渗透物透过膜到达膜的另一侧，汇集后经导流管排出，而未透过的浓缩液从右侧排出。

板式膜组件的优点是：①料液流道截面积较大，压力损失较小；②料液的流速可以高达1～5m/s，剪切力大，不易堵塞流道；③方便将隔板设计成凹凸波纹，使流体易于实现湍流；④适应面广，对预处理的要求较低。其缺点是：①平板膜面积大，承受的压力也大，对膜的机械强度要求比较高；②液体湍流时造成的压力波动，要求膜有足够的强度才能耐机械振动；③密封边界线长，易发生泄漏。

(2) 管式膜组件　结构与列管式换热器类似，图7-6为管式膜分离示意图。管式膜组件是由多个形状为圆管的膜、支撑体、圆柱形外壳等构成。若原料在管内流动，则为内压型；若原料在管外流动，则为外压型。

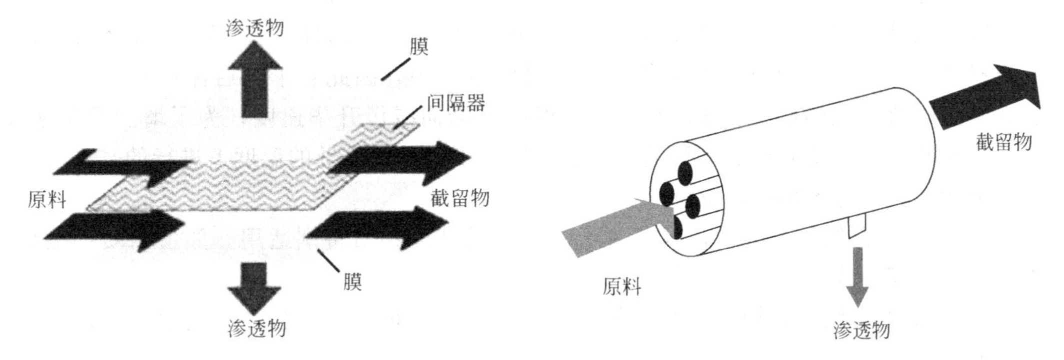

图7-5　板式膜分离示意　　图7-6　管式膜组件分离示意

管式组件的优点是：①流动状态好，流速易控制；②结构简单，安装、拆卸、维修比较方便，适合处理含有悬浮固体的溶液；③操作方便，流动状态易于控制，可有效防止浓差极化和膜污染。但装填密度较小，约为33～330m^2/m^3。

(3) 螺旋卷式膜组件　结构与螺旋板式换热器类似，图7-7为螺旋卷式膜组件示意图。

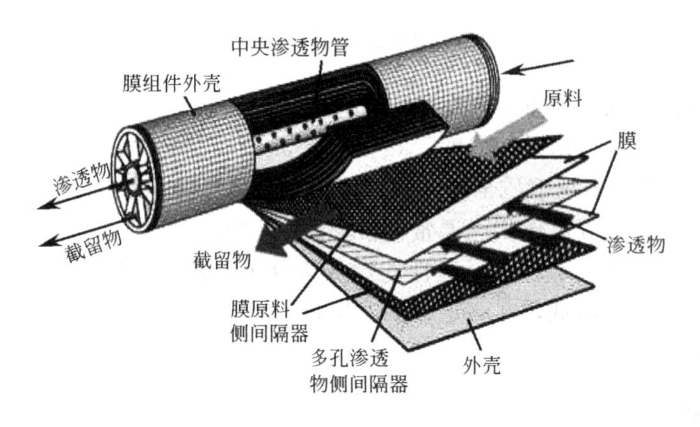

图 7-7 螺旋卷式膜组件示意

它是将膜、间隔物、外壳等按一定顺序排列并卷绕在一起而形成。料液平行于轴向流经膜表面，而透过液则沿螺旋通道汇入收集管流出。螺旋卷式膜组件具有结构紧凑、装填密度大、设备占地面积小等优点，但制作工艺复杂，清洗困难。

第二节 冷冻干燥

一、概述

干燥是保持物质不致腐败变质的方法之一。干燥的方法有很多，如晒干、煮干、烘干、喷雾干燥和真空干燥等。但这些干燥方法都是在0℃以上或更高的温度下进行。干燥所得的产品，一般体积缩小、质地变硬，有些物质发生了氧化，一些易挥发的成分大部分会损失掉，有些热敏性的物质，如蛋白质、维生素会发生变性，微生物会失去生物活性。干燥后的产品与干燥前相比在性状上有很大的差别。冷冻干燥法不同于以上的干燥方法，产品的干燥基本上在0℃以下的温度进行，即在产品冻结的状态下进行，直到后期，为了进一步降低产品的残余水分含量，才让产品升至0℃以上的温度，但一般不超过40℃。

冷冻干燥就是把含有大量水分物质，预先进行降温冻结成固体，然后在真空条件下使水蒸气直接升华出来，而物质本身剩留在冻结时的冰架中，因此它干燥后体积不变，疏松多孔。在升华时要吸收热量，引起产品本身温度的下降而减慢升华速度，为了增加升华速度，缩短干燥时间，必须要对产品进行适当加热。整个干燥是在较低的温度下进行的。

综上所述，冷冻干燥有以下特点。

① 冷冻干燥在低温下进行，因此对于许多热敏性的物质特别适用。如蛋白质、微生物之类不会发生变性或失去生物活性。

② 在低温下干燥时，物质中的一些挥发性成分损失很小，适合一些化学产品、药品和食品干燥。

③ 在冷冻干燥过程中，微生物的生长和酶的作用无法进行，因此能保持原来的性能。

④ 由于在冻结的状态下进行干燥，因此体积几乎不变，保持了原来的结构，不会发生浓缩现象。

⑤ 干燥后的物质疏松多孔，呈海绵状，加水后溶解迅速而完全，几乎立即恢复原来的性状。

⑥ 由于干燥在真空下进行，氧气极少，因此一些易氧化的物质得到了保护。

⑦ 干燥能排除95%～99%以上的水分，使干燥后产品能长期保存而不致变质。

因此，冷冻干燥目前在医药工业、食品工业、科研和其他部门得到了广泛的应用。

二、冷冻干燥设备

产品的冷冻干燥需要的设备是真空冷冻干燥机，简称冻干机。冻干机按系统分，由制冷系统、真空系统、加热系统和控制系统四个主要部分组成。按结构分，由冻干箱或称干燥箱、冷凝器或称水汽凝集器、冷冻机、真空泵和阀门、电气控制元件等组成。

冻干机组成如图7-8所示。

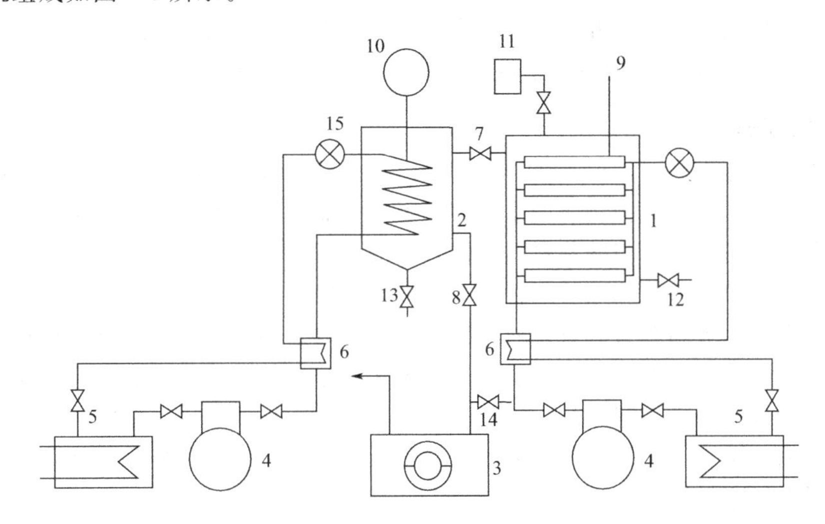

图7-8 冻干机组成

1—冻干箱；2—冷凝器；3—真空泵；4—制冷压缩机；5—水冷却器；6—热交换器；7—冻干箱冷凝器阀门；8—冷凝器真空泵阀门；9—板温指示；10—冷凝温度指示；11—真空计；12—冻干箱放气阀门；13—冷凝器放出口；14—真空泵放气口；15—膨胀阀

冻干箱是一个能够制冷到－40℃左右，能够加热到＋50℃左右的高低温箱，也是一个能抽成真空的密闭容器。它是冻干机的主要部分，需要冻干的产品就放在箱内分层的金属上，对产品进行冷冻，并在真空下加温，使产品内的水分升华而干燥。

冷凝器同样是一个真空密闭容器，在它的内部有一个较大表面积的金属吸附面，吸附面的温度能降到－40℃以下，并且能恒定地维持这个低温。冷凝器的功用是把冻干箱内产品升华出来的水蒸气冻结吸附在其金属表面上。

冻干箱、冷凝器、真空管道和阀门，再加上真空泵，便构成冻干机的真空系统。真空系统要求没有漏气现象，其中真空泵是真空系统建立真空的重要部件。真空系统对于产品的迅速升华干燥是必不可少的。

制冷系统由冷冻机与冻干箱、冷凝器内部的管道等组成。冷冻机可以是互相独立的二套，也可以合用一套。冷冻机的功用是对冻干箱和冷凝器进行制冷，以产生和维持它们工作时所需要的低温，它有直接制冷和间接制冷两种方式。

加热系统对于不同的冻干机有不同的加热方式。有的是利用直接电加热法，有的则利用中间介质来进行加热，由一台泵使中间介质不断循环。加热系统的作用是对冻干箱内的产品进行加热，以使产品内的水分不断升华，并达到规定的残余水分要求。

控制系统由各种控制开关、指示调节仪表及一些自动装置等组成，它可以较为简单，也可以很复杂。一般自动化程度较高的冻干机的控制系统较为复杂。控制系统的功用是对冻干机进行手动或自动控制，操纵机器正常运转，以冻干出合乎要求的产品来。

三、冷冻干燥设备操作

冻干机为半自控设备，自动化控制程度较高。装料降温前，首先选定运行程序，手动启动装料降温，待第一台冻干机搁板温度降至－30℃以下时，通知无菌室（无菌通知溶解岗位配料）可以加料。待装料完毕（无菌室关闭冻干机门后），接通知后开启冻干机。第二、三台降温和开机须有无菌室通知（过程相同）。待次日二期压力升测试通过后，停机。在检查化霜程序后，开启化霜程序，并与动力制水岗位及时联系。更改手动程序对产品进行降温，至15℃时停机，通知无菌室放空冻干机。整个过程分为以下几个阶段。

1. 产品的预冻

产品在进行冷冻干燥时，需要装入适宜的容器，然后进行预先冻结，才能进行升华干燥。预冻过程不仅是为了保护物质的主要性能不变，而且要获得冻结后产品有合理的结构以利于水分的升华，还要有恰当的装量，以便日后的应用。

产品的分装通常有散装和瓶装两种方式。散装可以采用金属盘、饭盒或玻璃器皿；瓶装采用玻璃瓶和安瓿。玻璃瓶又有血浆瓶、疫苗瓶和青霉素小瓶等。安瓿也有平底安瓿、长安瓿和圆安瓿等。这些需根据产品的日后使用情况来决定，瓶子还需配上合适的胶塞。

预冻的目的也是为了固定产品，以便在真空下进行升华。如果没有冻实，则抽真空时产品会冒出瓶外来，没有一定的形状；如果冷得过低，则不仅浪费了能源和时间，而且对某些产品还会降低存活率。

因此预冻之前应确定三个数据。其一是预冻的速率，应根据产品不同而试验出一个最优冷冻速率。其二是预冻的最低温度，应根据该产品的共晶点来决定，预冻的最低温度应低于共晶点的温度。其三是预冻的时间，根据机器的情况来决定，保证抽真空之前所有产品均已冻实，不致因抽真空而冒出瓶外。冻干箱的每一板层之间、每一板层的各部分之间温差越小，则预冻的时间可以相应缩短，一般产品的温度达到预冻最低温度之后1～2h即可开始抽真空升华。

2. 产品的第一阶段干燥

产品的干燥可分为两个阶段，在产品内的冻结冰消失之前称第一阶段干燥，也叫作解吸干燥阶段。产品在升华时要吸收热量，1g冰全部变成水蒸气大约需要吸收670cal（1cal＝4.1868J）的热量，因此升华阶段必须对产品进行加热。但对产品的加热量是有限度的，不能使产品的温度超过其自身共晶点温度。升华的产品如果低于共晶点温度过多，则升华的速率降低，升华阶段的时间会延长；如果高于共晶点温度，则产品会发生熔化，干燥后的产品将发生体积缩小、出现气泡、颜色加深、溶解困难等现象。

因此升华阶段产品的温度要求接近共晶点温度，但又不能超过共晶点温度。由于产品升华时，升华面不是固定的，而是在不断地变化，并且随着升华的进行，冻结产品越来越少。因此造成对产品温度测量的困难，利用温度计来测量均会有一定的误差。

可以利用气压测量法来确定升华时产品的温度，把冻干箱和冷凝器之间的阀门迅速地关闭1～2s的时间（切不可太长），然后又迅速打开。在关闭的瞬间观察冻干箱内的压力升高情况，记录下压力升高到某一点的最高数值。从冰的不同温度的饱和蒸气压曲线或表上可以查出相应数值，这个温度值就是升华时产品的温度。

3. 产品的第二阶段干燥

一旦产品内冰升华完毕，产品的干燥便进入了第二阶段。在该阶段虽然产品内不存在冻结冰，但产品内还存在10%左右的水分，为了使产品达到合格的残余水分含量，必须对产品进一步的干燥。

在解吸阶段，可以使产品的温度迅速地上升到该产品的最高允许温度，并在该温度一直维持到冻干结束为止。迅速提高产品温度有利于降低产品残余水分含量和缩短解吸干燥的时间。产品的允许温度视产品的品种而定，一般为25～40℃左右。病毒性产品为25℃，细菌性产品为30℃，血清、抗生素等可高达40℃。

将产品、搁板在冻结、升华、解吸干燥中的温度以及干燥箱、真空泵端的真空度与时间的变化关系作图，即可获得一完整的冻干曲线，见图7-9，对常规的冷冻干燥操作具有指导意义。

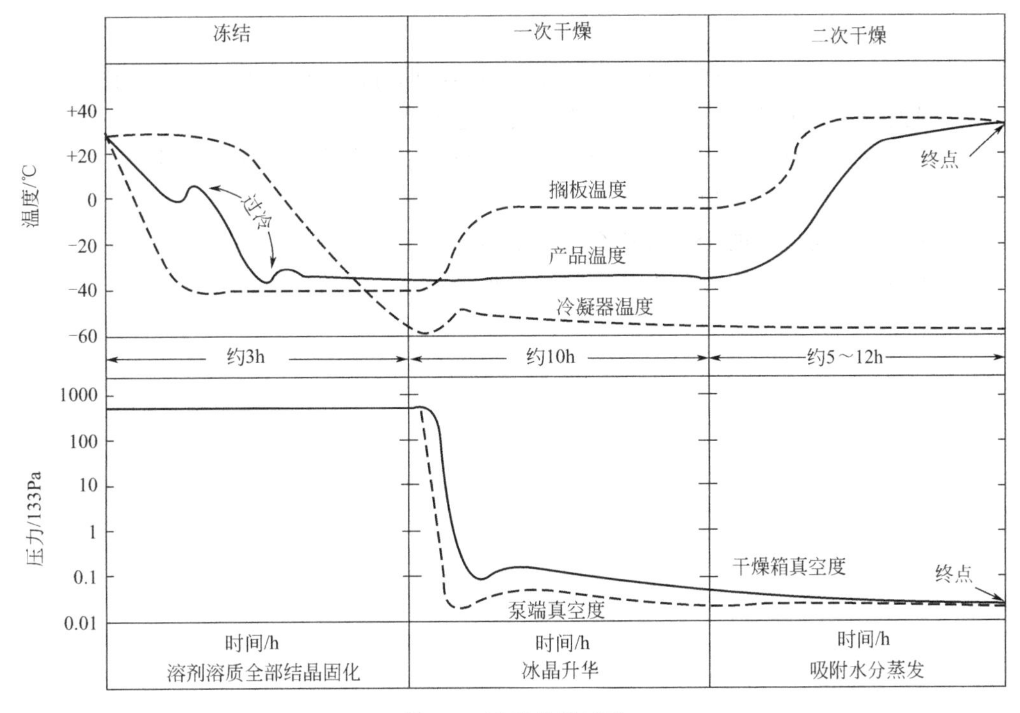

图7-9　冻干曲线示意

4. 冻干后处理

产品在冻干箱内工作完毕之后，需要开箱取出产品，并且对干燥的产品进行密封保存。

由于冻干箱内在干燥完毕时仍处于真空状态。因此产品出箱必须放入空气，才能打开箱门取出产品，放入的空气应是无菌干燥空气。

由于产品的保存要求各不相同，因此出箱时的处理也各不相同。有些产品仅需放入无菌干燥空气，然后出箱密封保存即可；有些产品需充氮保存，在出箱时放入氮气，出箱后再充氮密封保存；有些产品需真空保存，在出箱后再重新抽真空密封保存。

干燥的产品一旦暴露在空气中，很快会吸收空气中的水分而潮解；特别是在潮湿的天气下，使本来已干燥的产品又增加含水量。因此，产品一出箱就应迅速地封口，如果因数量多而封口时间太长的话，应采取适当的措施或分批出箱或转移到另一个干燥柜中。

冷冻干燥的产品由于是真空下干燥的，因此不受氧气的影响，在出箱时由于放入空气，空气中的氧气会立即侵入干燥产品的缝隙中，一些活性的基团会很快与氧结合，对产品产生不可挽回的影响。即使再抽真空也无济于事，因为这是不可逆的氧化作用。如果出箱时放入惰性气体，例如氮气，出箱后氧气就不易侵入产品的缝隙。然后再用氮气赶走产品容量内的空气，再封口，则产品受氧损害的程度能减轻。最根本解决赶走产品受空气中水分和氧气影响的办法是采用箱内加塞的办法。该方法需采用特殊装置的冻干箱和特制的瓶子与塞子互相配合，塞子需稳定地放置在瓶子之上，但未塞紧而是塞上一半，俗称为半加塞。由于塞子上有一些可通气的缺口和小孔，因此并不影响冰的升华。在产品干燥完毕之后，可以在真空下或在放入惰性气体的情况下开动冻干箱的机械装置使整箱的塞子全部压紧，然后放入空气出箱，再将瓶塞压上铝帽或封蜡使密封性更好。

思考题

7-1 膜在化工与制药生产中有哪些应用，与传统的分离方法比有什么样的优点？

7-2 膜的分类有哪些，在选择膜分离时要考虑哪些因素？

7-3 膜装置有几种，各有什么样的特点？在企业生产中分别有什么样的应用？

7-4 膜操作时的注意事项有哪些？

7-5 冷冻干燥与传统的干燥有什么样的不同？

7-6 药品冷冻干燥过程可分为几个阶段，每个阶段完成的任务是什么？

第八章

典型化工与制药产品生产工艺

第一节 氨的合成

氨是最重要的基础化工产品之一，其产量居各种化工产品之首。

氨本身是重要的氮素肥料，农业上使用的所有氮肥、含氮混肥和复合肥，都以氨作为原料，这部分氨约占总产量的70%，称之为“化肥氨”。

氨也是无机化学、有机化学及制药工业重要的基础原料，生产铵、胺、纯碱、染料、医药、合成纤维、合成树脂等都需要直接或间接以氨为原料；氨还应用于国防工业和尖端技术中，制造炸药、生产火箭的氧化剂和推进剂同样也离不开氨；氨还可以做冷冻、冷藏系统的制冷剂，以上各部分氨约占总产量的30%，称之为“工业氨”。

氨的合成是合成氨生产的一个重要工段。除电解法外，合成氨生产包括以下三个主要过程。

(1) 造气　即制备含有氢气、一氧化碳、氮气的粗原料气。

(2) 净化　除去粗原料气中氢气、氮气以外的杂质。

(3) 压缩和合成　将符合要求的氢氮混合气压缩到一定压力，在催化剂存在、高温条件下合成为氨。图8-1、图8-2为合成氨生产的两种典型工艺。

氨合成的任务是将精制的氢、氮气合成为氨，提供液氨产品，它是整个合成氨生产的核心部分。氨合成反应是在较高温度和较高压力及催化剂存在的条件下进行的。因反应后气体中的氨含量一般只有10%～20%，所以，氨合成工艺通常采用循环流程。

一、氨合成反应的基本原理

1. 氨合成反应的化学平衡

氨合成反应为

$$\frac{1}{2}N_2+\frac{3}{2}H_2 \rightleftharpoons NH_3(g) \qquad \Delta H_{298}^{0}=-46.22\text{kJ/mol} \tag{8-1}$$

氨合成反应的热效应不仅取决于温度，而且还和压力及组成有关。

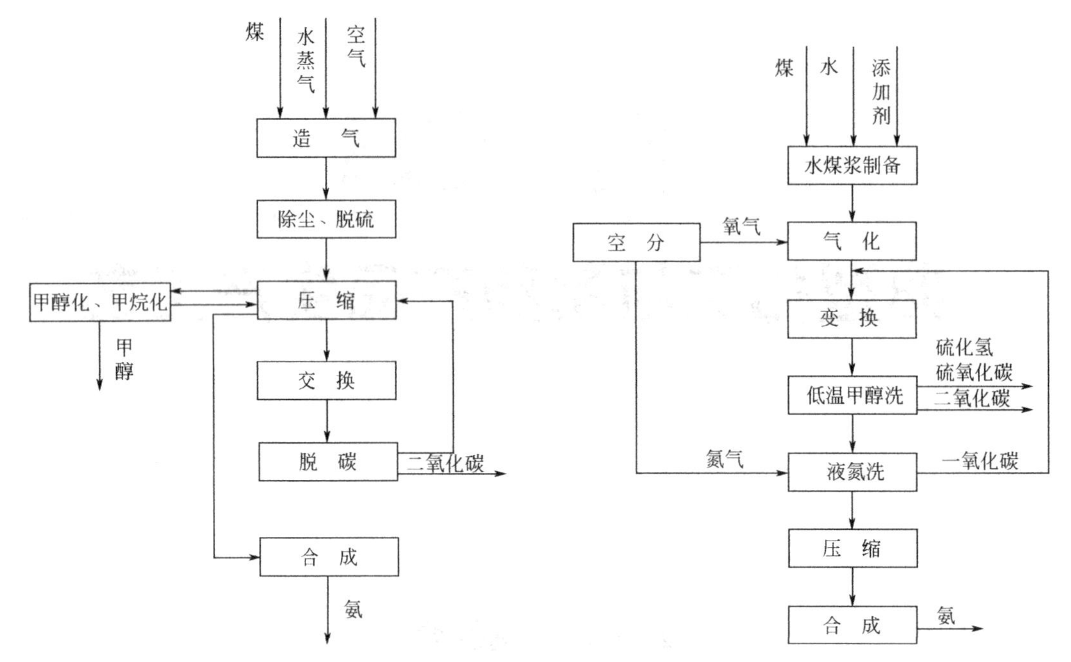

图 8-1　以无烟块煤（型煤）为原料的合成氨流程

图 8-2　德士古煤气化合成氨流程

氨合成反应的化学平衡常数 K_p 可表示为：

$$K_p=\frac{p_{NH_3}}{p_{N_2}^{1/2}\,p_{H_2}^{3/2}}=\frac{1}{p}\frac{y_{NH_3}}{y_{N_2}^{1/2}\,y_{H_2}^{3/2}} \tag{8-2}$$

加压下的化学平衡常数不仅与温度有关，而且与压力和气体组成有关。不同温度、压力下 $H_2/N_2=3$ 纯氢氮混合气体反应的 K_p 值见表 8-1。

表 8-1　不同温度、压力下 $H_2/N_2=3$ 纯氢氮混合气体反应的 K_p 值

温度/℃	压力/MPa					
	0.1013	10.13	15.20	20.27	30.40	40.53
350	2.5961×10^{-1}	2.9796×10^{-1}	3.2933×10^{-1}	3.5270×10^{-1}	4.2436×10^{-1}	5.1357×10^{-1}
400	1.2450×10^{-1}	1.3842×10^{-1}	1.4742×10^{-1}	1.5759×10^{-1}	1.8175×10^{-1}	2.1146×10^{-1}
450	6.4086×10^{-2}	7.1310×10^{-2}	7.4939×10^{-2}	8.8350×10^{-2}	8.8350×10^{-2}	9.9615×10^{-2}
500	3.6555×10^{-25}	3.9882×10^{-2}	4.1570×10^{-2}	4.7461×10^{-2}	4.7461×10^{-2}	5.2259×10^{-2}
550	2.1320×10^{-2}	2.3870×10^{-2}	2.4707×10^{-2}	2.7618×10^{-2}	2.7618×10^{-2}	2.9883×10^{-2}

氨合成反应是一个可逆、放热、体积缩小的反应，根据化学平衡移动原理，提高压力，降低温度和惰性气体含量，有利于反应的进行，平衡氨含量随之增加。由图 8-3 可知，若使平衡氨含量达到 35%，当温度为 450℃时，压力应为 30.40MPa；如果温度降低到 360℃，达到上述平衡含量，压力须降至 10.13MPa。由此可见，寻求低温下具有良好活性的催化剂，是降低氨合成操作压力的关键。

2. 氨合成反应速率

(1) 机理与动力学方程　氮与氢在铁催化剂上的反应机理，存在着不同的假设。一般认为，氮在催化剂上被活性吸附，离解为氮原子，然后逐步加氢，连续生成 NH、NH_2 和 NH_3。

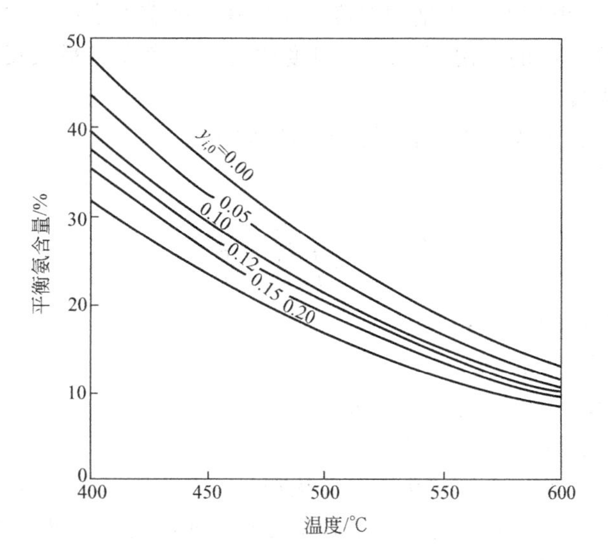

图 8-3　30.40MPa 时不同温度下平衡氨含量（$H_2/N_2=3$）

1939 年捷姆金和佩热夫根据上述机理，提出以下几点假设：①氮的活性吸附是反应速率的控制步骤；②催化剂表面很不均匀；③吸附态主要是氮，吸附遮盖度中等；④气体为理想气体，反应距平衡不很远。推导出本征动力学方程式如下：

$$r_{NH_3}=k_1 p_{N_2}\left(\frac{p_{H_2}^3}{p_{NH_3}^2}\right)^{\alpha}-k_2\left(\frac{p_{NH_3}^2}{p_{H_2}^3}\right)^{1-\alpha} \tag{8-3}$$

式中　r_{NH_3}——过程的瞬时速率；

k_1，k_2——正逆反应的速率常数；

α——常数，视催化剂性质及反应条件而异。

式（8-3）也可用下式表示

$$r_{NH_3}=k_1 p_{N_2}\left(\frac{p_{H_2}^3}{p_{NH_3}^2}\right)^{\alpha}\left[1-\frac{p_{NH_3}^2}{K_P p_{N_2} p_{H_2}^3}\right] \tag{8-4}$$

对工业铁催化剂，α 可取 0.5，则上式可变为

$$r_{NH_3}=k_1 p_{NH_3}\times\frac{p_{H_2}^{1.5}}{p_{NH_3}}-k_2\times\frac{p_{NH_3}}{p_{H_2}^{1.5}} \tag{8-5}$$

(2) 影响反应速率的因素

① 压力的影响　由上式可见，当温度和气体组成一定时，提高压力，正反应速率增大，逆反应速率减小。所以，提高压力净反应速率提高。

② 氢氮比的影响　由前所述，反应达到平衡时，氨浓度在氢氮比为 3 时有最大值。然而比值为 3 时，反应速率并不是最快的，即反应初期的最佳氢氮比为 1，随着反应的进行，氨含量不断增加，欲使 r_{NH_3} 保持最大值，最佳氢氮比也应随之增大。

③ 惰性气体的影响　在其他条件一定的情况下，随着惰性气体含量的增加，反应速率下降。因此，降低惰性气体含量，反应速率加快，平衡氨含量提高。

④ 温度的影响　因氨合成反应是可逆放热反应，温度升高虽然使反应速率增大，但平衡常数降低，所以反应速率受着相互矛盾的两种因素的影响。在温度较低时，K_p 值较大，式（8-4）方括号内数值接近于 1，温度增加，反应速率增加；随着反应温度的不断升高，

K_p 值变小，当达到某一温度时，再增加温度，反应速率随着温度的增加而降低。

因此，在物系组成一定的情况下，随着温度的变化，存在一最大反应速率所对应的温度，此温度称为最佳温度。

最佳温度的大小由其组成、压力和催化剂的性质而定。

最佳温度可由下式求得：

$$T_m = \frac{T_e}{1 + \frac{RT_e}{E_2 E_1} \ln \frac{E_2}{E_1}} \tag{8-6}$$

式中　T_m——最佳反应温度，K；

T_e——平衡温度，K；

E_1，E_2——正、逆反应的活化能，kJ/(kmol·K)；

R——气体常数，kJ/(kmol·K)。

最佳温度与气体的原始组成、转化率及催化剂有关。在原始组成和催化剂一定时，氨含量增大，最佳温度下降。在一定压力下，氨含量提高，相应的平衡温度和最佳温度下降；压力提高，平衡温度与最佳温度也相应提高。

⑤ 内扩散的影响　上述反应速率方程式未考虑内扩散、外扩散的影响。实际生产中，由于气体流量大，气流与催化剂颗粒外表面传递速率足够快，外扩散影响可忽略不计，但内扩散阻力却不容忽略，内扩散速率影响氨合成反应的速率。

图 8-4 为压力 30.4MPa、空速 30000h^{-1}下，对不同温度及粒度催化剂所测得的出口氨含量。由图可见，温度低于 380℃，出口氨含量受粒度影响较小。超过 380℃，在催化剂的活性范围内，温度越高，粒度对出口氨含量影响越显著。

由图也可看出，采用小颗粒催化剂可提高出口氨含量。但颗粒过小压降增大，且小颗粒催化剂易中毒而失活。因此，要根据实际情况，在兼顾其他工艺参数的前提下，综合考虑催化剂的粒度。

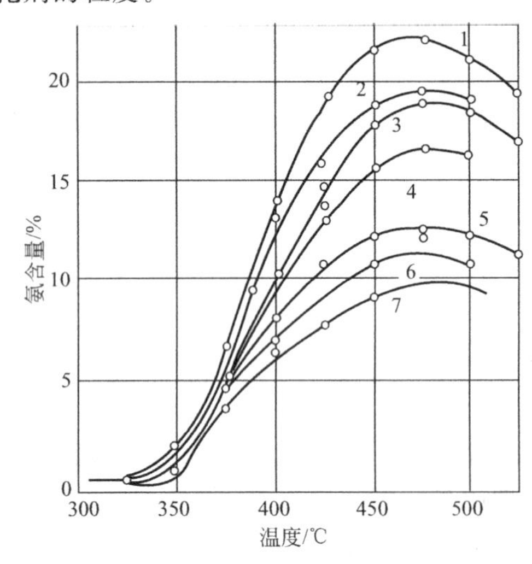

图 8-4　不同粒度催化剂出口氨含量与温度的关系（30.4MPa，30000/h）

1—0.6mm；2—2.5mm；3—3.75mm；4—6.24mm；5—8.03mm；6—10.2mm；7—16.25mm

二、氨合成催化剂

长期以来，人们对氨合成催化剂做了大量的研究工作，发现对氨合成有活性的金属有 Os、U、Fe、Mo、Mn、W 等。其中以铁为主体并添加有促进剂的铁系催化剂价廉易得，活性良好，使用寿命长，从而获得广泛的应用。

1. 催化剂的组成和作用

目前，大多数铁催化剂都是经过精选的天然磁铁矿采用熔融法制备的，其活性组分为金属铁，另外添加 Al_2O_3、K_2O 等助催化剂。其中二价铁和三价铁的比例对催化剂的活性影响很大，适宜的 FeO 含量为 24%～38%（质量分数），Fe^{2+}/Fe^{3+} 约为 0.5。

国内生产的 A 系氨合成催化剂已达到国内外同类产品的先进水平。表 8-2 为国内外主要型号的氨合成催化剂的组成和性能。

表 8-2 国内外氨合成催化剂的组成和主要性能

国别	型号	组成	外形	还原前堆密度/(kg/L)	推荐使用温度/℃	主要性能
中国	A109	Fe_3O_4、Al_2O_3、K_2O、CaO、MgO、SiO_2	不规则颗粒	2.7～2.8	380～500	还原温度比 A106 低 20～30℃，525℃耐热 20h，活性不变
	A301	FeO、Al_2O_3、K_2O、CaO	不规则颗粒	3.0～3.3	320～500	低温、低压、高活性，还原温度 280～300℃，极易还原
丹麦	KMI	Fe_3O_4、Al_2O_3、K_2O、CaO、MgO、SiO_2	不规则颗粒	2.5～2.9	380～550	390℃还原明显，耐热及抗毒性较好，耐热温度 550℃
英国	ICI35-4	Fe_3O_4、Al_2O_3、K_2O、CaO、MgO、SiO_2	不规则颗粒	2.6～2.9	350～530	温度超过 530℃，活性下降
美国	C73-2-03	Fe_3O_4、Al_2O_3、Co_3O_4、K_2O、CaO	不规则颗粒	2.88	360～500	500℃以下活性稳定

通常制得的催化剂为黑色不规则的颗粒，有金属光泽，堆积密度为 2.5～3.0kg/L，孔隙率 40%～50%。还原后的铁催化剂一般为多孔的海绵状结构，孔呈不规则的树枝状，内表面积为 4～16m^2/g。

2. 催化剂的还原和使用

氨合成催化剂在还原之前没有活性，使用前必须经过还原，使 Fe_3O_4 变成 α-Fe 微晶才有活性。还原反应如下：

$$Fe_3O_4+4H_2 \rightleftharpoons 3Fe+4H_2O \qquad \Delta H_{298}^0=149.9kJ/mol \tag{8-7}$$

确定还原条件的原则，一方面使 Fe_3O_4 能充分还原为 α-Fe，另一方面是还原生成的铁结晶不因重晶而长大，以保持有最大的比表面积和活性中心。

催化剂升温还原的效果是以实际生产中累计出水量来量度。一般要求还原终点的累计出水量应达到理论出水量的 95%以上。

催化剂还原反应可表示为

$$FeO+H_2 \rightleftharpoons Fe+H_2O$$

$$Fe_2O_3+3H_2 \rightleftharpoons 2Fe+3H_2O$$

若催化剂的质量为 $m$kg，铁比为 $A=w(Fe^{2+})/w(Fe^{3+})$，总铁百分含量为 $T=w(Fe^{2+})+w(Fe^{3+})$。

催化剂理论出水量可用下式计算：

$$m_{理}=\frac{M_{H_2O}}{M_{Fe}}\times\frac{T_m}{A+1}\times(1.5+A) \tag{8-8}$$

在催化剂升温还原阶段，应把升温速率、出水速率及水汽浓度作为核心指标控制。实际生产中，应预先绘制出升温还原曲线图，制定升温还原方案。升温还原曲线图反映在不同阶段的升温速率、恒温时间、操作压力、水汽浓度、气体成分等，是升温还原操作的重要依据。操作者根据工况实际应及时调整，尽量使升温还原的实际操作曲线与指标曲线相吻合，以最大限度地保证催化剂的活性。

催化剂的还原可在塔外进行，即催化剂的预还原。预还原催化剂不但可以缩短还原时间 1/4～1/2，而且能够保证催化剂还原彻底，延长催化剂使用寿命。

氨合成催化剂一般寿命较长，在正常操作下，预期寿命 6～10 年。催化剂经长期使用后活性会下降，氨合成率降低。这种现象称为催化剂的衰老，其衰老的主要原因是 α-Fe 微晶逐渐长大，催化剂内表面变小，催化剂粉碎及长期慢性中毒所致。

氨合成催化剂的毒物有多种，如 S、P、As、卤素等能与催化剂形成稳定的表面化合物，造成永久性中毒。某些氧化物，如 CO、CO_2、H_2O 和 O_2 也会影响催化剂的活性。此外，某些油类以及重金属 Cu、Ni、Pb 等也是合成催化剂的毒物。

为此，原料气送往合成工段之前应充分清除各类毒物，以保证原料气的纯度。一般大型氨厂进合成塔的原料气中的 $\varphi(CO+CO_2)<10\times10^{-6}$（体积分数），小型氨厂 $\varphi(CO+CO_2)<30\times10^{-6}$（体积分数）。

如上所述，氨合成催化剂的性能对合成氨生产有着直接且重要的影响，不断改进催化剂的性能，开发新型催化剂具有重要的意义。新型催化剂的研制目前主要从两个方面进行，一方面是从降低催化剂的活性温度并提高催化剂的活性入手。研究发现，加入稀土元素钴、铈等，对降低催化剂的活性温度、提高催化剂的活性效果比较明显。加入钴后，可以起到双活性组分的作用，同时钴的加入可使铁催化剂的结构发生变化，还原态的铁微晶可减少 10nm，比表面积增大 $3\sim6m^2/g$，从而促进催化剂活性的提高。比如我国研制的 A201 型催化剂、英国的 ICI74-1 催化剂，操作压力 8～10MPa，氨净值达 12%～14%。以钌为主活性组分的非铁催化剂，其活性比铁催化剂高 10～20 倍，并正在中试规模装置中使用。另一方面是催化剂外形的改进，可由原来的非规则形状，加工成球形小颗粒，能有效地降低床层阻力，节省能耗。

三、氨的分离及合成工艺流程

1. 氨的分离

由于氨合成率较低，合成塔出口气体中氨含量一般在 25%以下。因此必须将生成的氨分离出来，而未反应的氢氮气送回系统循环利用。

氨的分离方法有冷凝分离法和溶剂吸收法。目前，工业生产中主要采用冷凝法分离氨。

冷凝法分离氨是利用氨气在高压低温下易于液化的原理进行的。高压下与液氨呈平衡的气相饱和氨含量可近似按拉尔逊公式计算。

$$\lg y_{NH_3}^{*}=4.1856+\frac{1.9060}{\sqrt{p}}-\frac{1099.5}{T} \quad (8\text{-}9)$$

式中 $y_{NH_3}^{*}$——与液氨呈平衡的气相氨含量，%；

p——总压力，MPa；

T——气体的温度，K。

由式（8-9）看出，降低温度，提高压力，气相中的平衡氨含量低，即冷凝分离氨效果好。如操作压力在 45MPa 以上，用水冷却即可使氨冷凝。而在 20～30MPa 下操作，水冷只能冷凝分离部分氨，气相中尚含有 7%～9%的氨，需进一步以液氨作冷冻剂使混合气体降温至−10℃，方可将气相氨含量降至 2%～4%。

在冷凝过程中，部分氢氮气和惰性气体溶解其中。冷凝的液氨在氨分离器中与气体分开后经减压送入贮槽。贮槽压力一般为 1.6～1.8MPa，由于压力降低，溶解在液氨中的气体大部分在贮槽中又释放出来。工业上称为“贮槽气”或“弛放气”。

2. 氨合成工艺流程

氨合成工艺流程虽然不尽相同，但都包括以下几个步骤：氨的合成、氨的分离、新鲜氢氮气的补入，未反应气体的压缩与循环，反应热的回收与惰性气体排放等。

氨合成工艺流程的设计关键在于合理组合上述几个步骤，其中主要是合理确定循环机、新鲜气补入及惰性气体放空的位置以及氨分离的冷凝级数和热能的回收方式等。

(1) 传统氨合成流程　20世纪60年代之前，合成氨厂大都采用往复式压缩机，活塞环采用注油润滑，因此，氢氮气压缩机与循环气压缩机所输送的气体中常含一定量的油雾。为了避免油对合成塔的污染，循环机往往置于水冷与氨冷之间，以利用氨冷器冷凝液氨时将油雾凝集而分离。由氢氮气压缩机压缩后补入的新鲜原料气，虽然已经过精制，但仍含有微量水蒸气和微量CO、CO_2，它们都是氨合成催化剂的毒物。因此，在传统流程中，新鲜气补入水冷与氨冷间的循环气的油分离气中，使其在氨冷凝过程中被液氨洗涤而最终被净化。补入的新鲜气中还含有少量甲烷和氩气，随着气体的不断补入和循环使用，循环气中的甲烷和氩气的含量会不断提高。为避免惰性气体量过高而影响氨合成反应，须进行惰性气体排放，排放点通常设置在循环机之前。

图8-5为传统的中压氨合成流程。合成塔1出口气体经水冷器2冷却至常温。其中部分气氨被冷凝，液氨在氨分离器3中分出。为降低惰性气体含量，循环气在氨分离器后部分放空，大部分循环气经循环压缩机4压缩后进入油分离器5，新鲜气也在此补入。然后气体进入冷交换器6的上部换热器管内，回收氨冷器出口循环气的冷量后，再经氨冷器7冷却到−10℃左右，使气体中绝大部分氨冷凝下来，在冷交换器下部氨分离器中将液氨分离。分离了液氨的低温循环气经冷交换器上部换热器管间预冷进氨冷器的气体，自身被加热到10～30℃进入氨合成塔，完成循环过程。

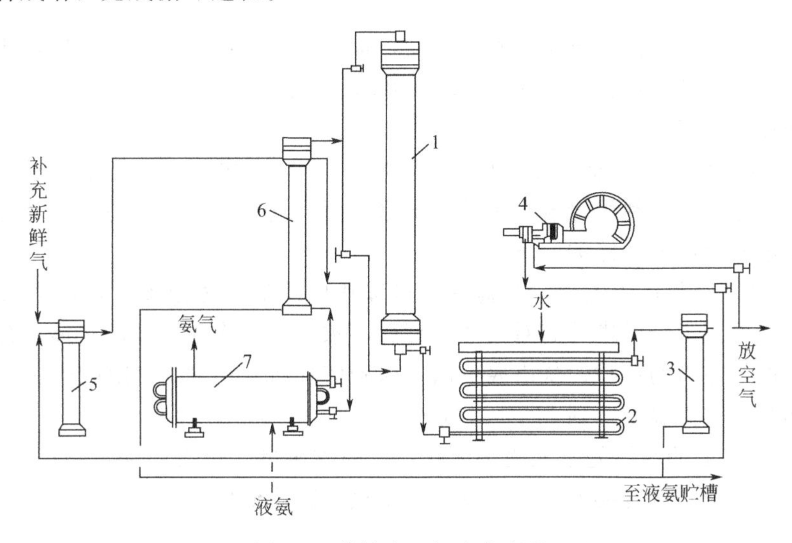

图8-5　传统中压氨合成流程

1—氨合成塔；2—水冷器；3—氨分离器；4—循环压缩机；5—油分离器；6—冷交换器；7—氨冷器

由于该流程简单，设备投资低，在一段时期内为中小型合成氨厂广泛采用。但上述流程还很不完善。主要问题是由于新鲜气中所含微量二氧化碳与循环气中的氨形成氨基甲酸铵之类的结晶，堵塞管口使冷交换器管内阻力大。为了解决这一问题，可将补充气的位置移到冷交换器出口至氨冷器的管线上，此处已有液氨冷凝，生成的微量氨基甲酸铵被冷凝液溶解而排放，从而解决了系统阻力逐渐增大的问题。另外，此流程热能未充分回收利用。

近年来，由于采用无油润滑循环机，基本上消除了润滑油对合成塔的污染，有些工厂已将循环机置于合成塔前方。此方法既可提高合成氨操作压力，又有利于反应的进行，还可以降低氨冷系统进口气体的温度，减少冷冻量的消耗。

(2) 节能型工艺流程　节能型工艺流程通过合理设置余热回收装置，使反应的热量得到

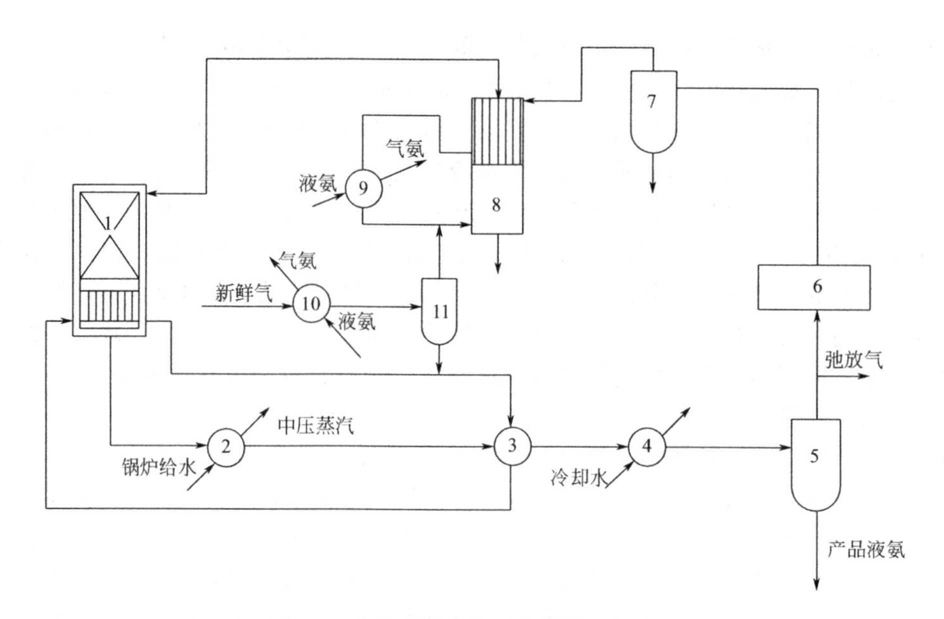

图 8-6　节能型带余热回收器的工艺流程

1—合成塔；2—废热回收器；3—冷交换器；4—水冷器；5—氨分离器；6—循环压缩机；
7—油分离器；8—冷交换器；9—氨冷器；10—新鲜气氨冷器；11—新鲜气分离器

充分回收。另外，由于降低了进水冷器的温度，提高了水冷器冷凝氨的效果，从而减少了氨冷器的冷量消耗。图 8-6 为节能型带余热回收器的工艺流程。

此流程特点概述如下。

① 新鲜气经新鲜气氨冷器 10 冷却，且在冷交换器 3 二次入口处与循环气混合，然后进入冷交换器的下分离器，利用冷凝下来的液氨除去新鲜气中的水、油污、一氧化碳和二氧化碳等，保证了进入合成塔气体的质量。

② 采用先进塔后预热的流程，既提高了进催化床层的气体温度，提高了出塔气体的余热回收价值，又保证了合成塔外筒对气体温度的要求。来自冷交换器的气体从合成塔 1 上部进入合成塔内件与外筒的环隙，从塔底引出，送到塔外冷交换器 3，用低位热量预热二次进合成塔的循环气，气体温度升到 175℃二次入塔。

③ 二次出合成塔的气体先进入废热回收器 2 回收热量，使之产生 1.2～2.5MPa 的中压蒸汽，然后，送入塔外冷交换器 3 与未反应气换热，回收低位热。

3. 凯洛格（Kellogg）大型氨厂氨合成工艺流程

凯洛格氨合成工艺流程，采用蒸汽透平驱动带循环段的离心式压缩机，气体不受油雾的污染，但新鲜气中尚含微量二氧化碳和水蒸气，需经氨冷最终净化。另外，由于合成塔操作压力较低（15MPa），采用三级氨冷将气体冷却至－23℃，以使氨分离较为完全。

图 8-7 为凯洛格氨合成工艺流程。来自净化系统的新鲜气通过压缩机吸入罐进入离心压缩机 15 低压段，压缩到 6.5MPa，经新鲜气甲烷化气换热器 1、水冷却器 2 及氨冷却器 3 逐步冷却到 8℃，进入段间冷凝液分离器 4 将冷凝下来的水分离掉。干气进入离心压缩机的高压段继续压缩，并与循环气在最后一个循环级叶轮汇合，压缩到 15.0MPa，温度为 69℃。经过水冷却器 5 气体温度降至 32℃，分两路继续冷却、冷凝。一路约 50% 的气体通过两个串联的氨冷却器 6 和 7，一级氨冷却器 6 中，液氨在 13℃下蒸发，将气体冷却到 22℃，二级氨冷却器 7 中，液氨在－7℃下蒸发，将气体冷却到 1℃。

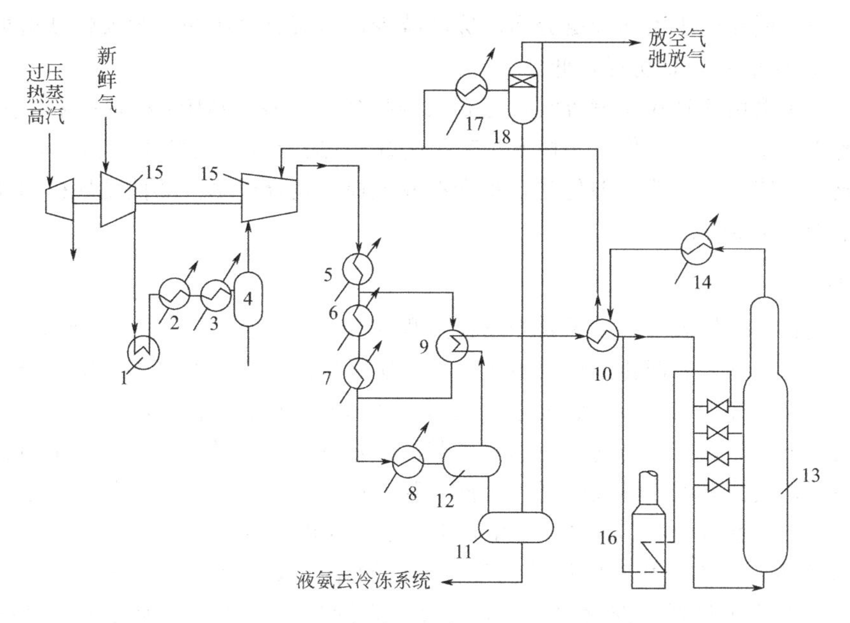

图 8-7 凯洛格氨合成工艺流程

1—新鲜气甲烷化气换热器；2,5—水冷却器；3,6～8—氨冷却器；4—冷凝液分离器；9—冷热交换器；10—塔前预热器；11—低压氨分离器；12—高压氨分离器；13—氨合成塔；14—锅炉给水预热器；15—离心压缩机；16—开工加热炉；17—放空气氨冷却器；18—放空气分离器

另一路气体与高压氨分离器 12 来的－23℃气体在冷热交换器 9 中换热，降温至－9℃，冷气体升温到 24℃。两路气体汇合后温度为－4℃，再经过第三级氨冷却器 8，利用在－33℃下蒸发的液氨将气体进一步冷却到－23℃，然后送往高压氨分离器 12。分离液氨后含氨 2%的气体经冷热交换器 9 和塔前预热器 10，加热至 130～140℃进入冷激式氨合成塔 13。部分气体由合成塔底部进入，沿外筒与催化剂筐的环隙自下而上进入塔顶的内部换热器，被出塔气加热至反应温度，自上而下通过四层催化剂后进入中心管自下而上地导入塔内换热器，加热进入催化剂层气体后离开合成塔。另一部分冷激气经过四根冷激管分别加到四层催化剂的顶部，用以调节催化剂层温度。合成塔出口气体，首先进入锅炉给水预热器 14 和塔前预热器 10 降温后，大部分气体回到压缩机 15 完成了整个循环过程。放空气在放空气氨冷却器 17 中被氨冷却、冷凝，经放空气分离器 18 分离液氨后，去氢回收系统。

四、氨合成工艺条件

1. 压力

提高操作压力有利于提高平衡氨含量和氨合成速率，增加装置的生产能力，有利于简化氨分离流程。但是，压力高时对设备材质及加工制造的技术要求较高。同时，高压下反应温度一般较高，催化剂使用寿命缩短。

生产上选择操作压力主要涉及功的消耗，即氢氮气的压缩功耗、循环气的压缩功耗和冷冻系统的压缩功耗。图 8-8 为某日产 900t 氨合成工段功耗随压力的变化关系。由图可

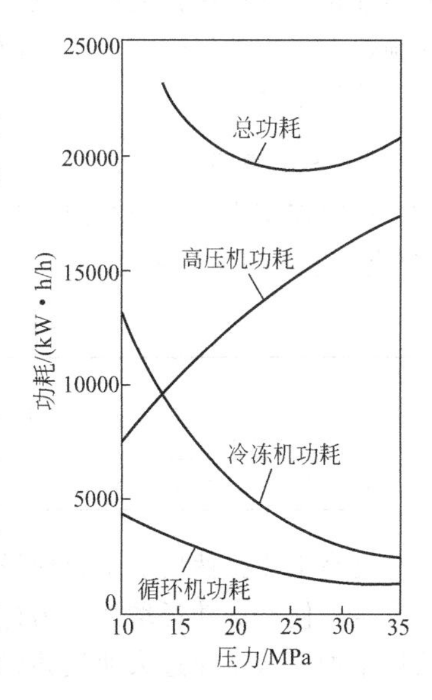

图 8-8 氨合成压力与功耗的关系

见，提高压力，循环气压缩功和氨分离冷冻功减少，而氢氮气压缩功却大幅度增加。当操作压力在20～30MPa时，总功耗较低。

实际生产中采用往复式压缩机时，氨合成的操作压力在30MPa左右；采用蒸汽透平驱动的高压离心式压缩机，操作压力降至15～20MPa。随着氨合成技术的进步，采用低压力的径向合成塔，装填高活性的催化剂，都会有效地提高氨合成率，降低循环机功耗，可使操作压力降至10～15MPa。

2. 温度

合成反应存在最佳温度，如果整个反应过程能按最佳温度曲线进行，则反应速率最大，即相同的生产能力下所需催化剂用量最少。但是实际生产中完全按最佳温度曲线操作是不现实的。首先，在反应初期，最佳温度已超过催化剂的耐热温度。而此时，由于远离平衡，即使在较低温度下操作仍有较高的反应速率。其次，随着反应的进行，反应热不断放出，床层温度不断提高，最佳温度应逐渐降低。因此，随着反应的进行，应从催化床中不断移出适当的热量，使床层温度符合 T_m 的要求。生产上确定反应温度的原则如下。

① 催化床温度应在催化剂的活性温度范围内操作。入口温度高于催化剂的起始活性温度20℃左右，热点温度低于催化剂的耐热温度。在满足工艺条件的前提下，尽量维持低温操作。随着催化剂使用时间的增长，因催化剂活性下降，操作温度应适当提高。

② 催化床温度应尽可能接近最佳温度。为此，必须从催化床中不断移出热量，并且对移出的热量加以合理利用。

根据催化床与冷却介质之间换热方式的不同，移热方式可分为连续换热和多段换热式两大类。连续换热是指反应过程和换热过程同时进行；多段换热则是把催化剂分成几段，反应后的气体引到换热器中，通过间壁换热、冷激等多种方式移热。

工业生产中，应严格控制两点温度，即床层入口温度（或零米温度）和热点温度。氨合成的操作温度应视催化剂的型号来确定。

鉴于氨合成反应的最适宜温度随氨含量提高而降低，要求随反应的进行，不断移出反应热。生产上按降温方法的不同，氨合成塔内件可分为内部换热式和冷激式。内部换热式内件采用催化剂床层中排列冷管或绝热层间安置中间热交换器的方法，以降低床层的反应温度，并预热未反应的气体。冷激式内件采用反应前尚未预热的低温气体进行层间冷激，以降低反应气体的温度。

3. 空间速率

空间速率表示单位时间、单位体积催化剂处理的气量。表8-3给出了生产强度、氨净值（合成塔进出口氨含量之差）与空速的相对关系。

表8-3　空速与生产强度、氨净值之间的关系

空间速率/h^{-1}	10000	15000	20000	25000	30000
氨净值/%	14.0	13.0	12.0	11.0	10.0
生产强度/[kg NH_3/(m^3·h)]	908	1276	1584	1831	2015

提高空速虽然增加了合成塔的生产强度，但氨净值降低。氨净值的降低，增加了氨的分离难度，使冷冻功耗增加。另外，由于空速提高，循环气量增加，系统压力降增加，循环机功耗增加。若空速过大使气体带出的热量大于反应放出的热量，导致催化剂床层温度下降，以至不能维持正常生产。因此，采用提高空速强化生产的方法已不再被人们所推荐。

一般而言，氨合成操作压力高，反应速率快，空速可高一些；反之可低一些。例如30MPa的中压法氨合成塔，空速可控制在20000～30000h^{-1}；15MPa的轴向冷激式合成塔，其空速为10000h^{-1}。

4. 合成塔进口气体组成

合成塔进口气体组成包括氢氮比、惰性气体含量和初始氨含量。

最适宜的氢氮比与反应偏离平衡的状况有关。当接近平衡时，氢氮比为3；当远离平衡时氢氮比为1最适宜。生产实践表明，进塔气中的适宜氢氮比在2.8～2.9之间，而对含钴催化剂其适宜氢氮比在2.2左右。因氨合成反应氢与氮总是按3∶1的比例消耗，所以新鲜气中的氢氮比应控制为3，否则，循环气中多余的氢或氮会逐渐积累，造成氢氮比失调，使操作条件恶化。

惰性气体的存在，无论从化学平衡、反应速率还是动力消耗，都是不利的。但要维持较低的惰气含量需要大量地排放循环气，导致原料气消耗增高。生产中必须根据新鲜气中惰性气体含量、操作压力、催化剂活性等综合考虑。当操作压力较低，催化剂活性较好时，循环气中的惰性气体含量宜保持在16%～20%。反之宜控制在12%～16%。

在其他条件一定时，降低入塔氨含量，反应速率加快，氨净值增加，生产能力提高。但进塔氨含量的高低，需综合考虑冷冻功耗以及循环机的功耗。通常操作压力为25～30MPa时采用一级氨冷，进塔氨含量控制在3%～4%；而压力为20MPa合成时采用二级氨冷，进塔氨含量在2%～3%；压力为15MPa左右采用三级氨冷，此时进塔氨含量控制在1.5%～2%。

五、氨合成塔

1. 结构特点及基本要求

氨合成塔是合成氨生产的重要设备之一，作用是使精制气中氢氮混合气在塔内催化剂层中合成为氨。氨合成是在高温高压条件下进行的，氢氮气对碳钢设备有明显的腐蚀作用。

氢对碳钢设备的腐蚀作用一种是氢脆，即氢溶解于金属晶格中，使钢材在缓慢变形时发生脆性破坏；另一种是氢腐蚀，即氢气渗透到钢材内部，使碳化物分解并生成甲烷，甲烷聚积于晶界微观孔隙中形成高压，导致应力集中，沿晶界出现破坏裂纹。有时还会出现鼓泡。氢腐蚀与压力、温度有关，温度超过221℃、氢分压大于1.43MPa，氢腐蚀开始发生。

在高温高压下，氮与钢中的铁及其他很多合金元素生成硬而脆的氮化物，导致金属机械性能降低。

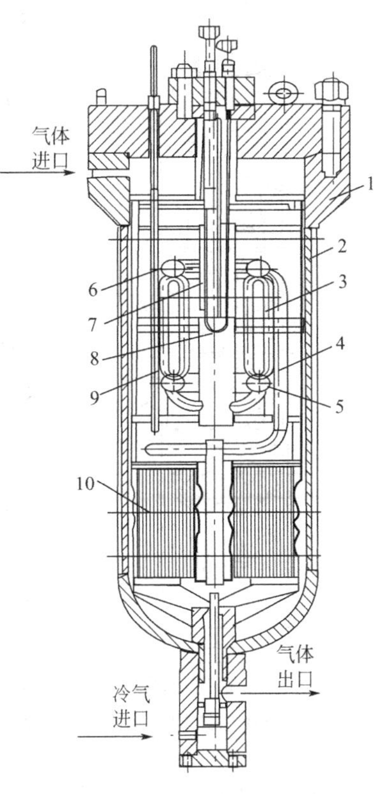

图8-9 单管并流氨合成塔

1—外筒；2—内件；3—冷管；4—上升气管；5—下环管；6—上环管；7—电加热器；8—中心管；9—温度计；10—换热器

为合理解决上述问题，合成塔通常都由内件和外筒两部分组成，合成塔的典型结构（单管并流式）见图8-9。内件一般由催化剂管、热交换器和电加热器三个主要部分组成。催化剂筐是装填催化剂的容器。为使床层温度遵循最佳温度分布，催化剂筐中装有许多冷管以移除反应放出的热量。热交换器承担回收催化剂层出口气体显热并预热进催化剂层气体的任务，大都采用列管式，多数置于催化剂层之下，称为下部热交换器。也有放置于催化剂层之上的。电加热器是补充热量的装置，垂直悬挂在中心管上。用于催化剂升温还原或生产不正常时，反应热不能维持氨合成塔自热平衡时的加热，以调节催化剂层的温度。大型氨合成塔的内件一般不设置电加热器，由塔外加热炉供热。由于内件外面设有保温层，以减少向外筒散热。内件虽在500℃的高温下工作，但只承受高温而不承受高压。承受的压力为环隙气流和内件气流的压差，此压差一般为0.5～2.0MPa。因外筒主要承受高压(操作压力与大气压之差)，但不承受高温，可用普通低碳合金钢或优质碳钢制造。在正常情况下，使用寿命可达40～50年。内件用镍铬不锈钢制作，由于承受高温和氢腐蚀，内件寿命一般比外筒短得多。

气体从合成塔顶部进入，温度较低（一般低于50℃），沿内件与外筒之间的环隙向下，进入下部换热器10以合成反应器的余热预热进塔气体，升温后的气体从升气管4进入单管并流换热器的上环管6，并由此分配到各个冷管3中，并流入下环管5，下环管集气送入中心管8，由中心管顶部折流到催化剂筐，气体在催化床中进行合成反应，热量被冷管移出，从催化层底部出来的气体经下部换热器回收热量后，由塔底出口管送出。

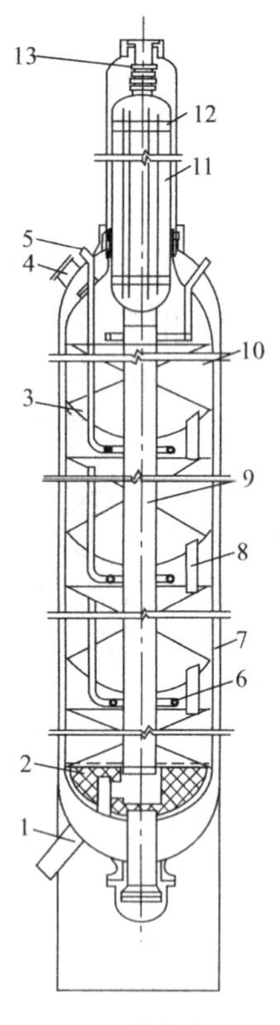

图8-10　轴向冷激式合成塔结构

1—塔底封头接管；2—氧化铝球；3—筛板；4—人孔；5—冷激气接管；6—冷激管；7—下筒体；8—卸料管；9—中心管；10—催化剂床；11—换热器；12—上筒体；13—波纹连接管

2. 氨合成塔分类

合成塔除了在结构上应力求简单可靠并能满足高温高压的要求外，在工艺方面必须使氨合成反应在接近最适宜温度条件下进行，以获得较大的生产能力和较高的氨合成率。同时力求降低合成塔的压力降，减少循环气体的动力消耗。虽然氨合成塔结构繁多，但一般分为两大类。

(1) 按移热的方式分类

① 冷管式　在催化剂层设置冷却管，反应前温度较低的原料气在冷管中流动，连续移出反应热，降低催化剂层的温度，并将原料气预热到催化剂起活温度。根据冷管的结构不同，分为双套管、三套管、单管等。冷管式合成塔结构复杂，一般用于直径为500～1000mm的中小型氨合成塔。图8-9为冷管式合成塔。

② 冷激式　将催化剂分为多层（一般不超过5层），气体经每层绝热反应后，温度升高，通入冷的原料气与之混合，温度降低后再进入下一层。冷激式合成塔结构简单，加入未反应的冷原料气，降低了氨合成率，一般多用于大型合成塔。近年来，有些中小型合成塔也采用了冷激式。

图8-10为凯洛格四层轴向冷激式氨合成塔，该塔外筒形状为上细下粗的瓶式，在缩口部位密封，以便解决大塔径造成的密封困难。内件包括四层催化剂床、床层间气体混合装置（冷激管和挡板）以及列管换热器。

气体由塔底封头接管1进入进入塔内，经内筒和外筒之间的环隙向上流动以冷却外筒，再经过上部热交换器11的管间，被预热到400℃左右进入催化剂床10第一层催化剂进行绝热反应。经反应后气体温度升高至500℃左右，在第一、二层间的空间与冷激气混合降温，然后进入第二层进行催化绝热反应。依此类推，最后气体从第四层催化剂层底部流出，折流向上经过中心管 9，进入热交换器的管内，换热后由塔顶波纹连接管 13 排出。

③ 间接换热式　将催化剂分为几层，层间设置换热器，上一层反应后的高温气体，进入换热器降温后，再进入下一层进行反应。凯洛格 KAAP 氨合成塔、国内 JR 型氨合成塔就属于此种结构。此种塔的氨净值较高，节能降耗效果明显。

(2) 按气体流动方向分类

① 轴向塔　气体沿塔轴向流动的称为轴向塔。图 8-9、图 8-10 分别为轴向冷管式、轴向冷激式氨合成塔。

② 径向塔　气体沿塔半径方向流动的称为径向塔。如托普索径向氨合成塔等。

气体径向流动的合成塔有时称为托普索径向塔。图 8-11 为径向冷激式氨合成塔。一部分气体从塔顶进入，向下流经内件与外筒之间的环隙，再进入下部换热器的管间；另一部分气体由塔底冷气副线进入，二者混合后经中心管进入第一段催化剂层。气体沿径向辐射状流经催化剂层后进入环形通道，在此与由塔顶进入的冷激气混合，进入第二段催化剂层，从外部沿径向向里流动，再由中心管外面的环形通道向下流经换热器管内，加热进催化剂层气体后，从塔底部流出塔外。

20 世纪 60 年代，中小型氨厂一般采用冷管式合成塔。近年来开发的新型合成塔，塔内既可装冷管，也可采用冷激，还可以应用间接换热，既有轴向塔也有径向塔。大型氨厂一般为冷激式合成塔。

20 世纪 80 年代末，针对多层冷激式氨合成塔存在的问题，瑞士卡萨利（Casale）制氨公司将 Kellogg 的多层轴向冷激式合成塔改造成为轴径向混合型合成塔，如图 8-12 所示。

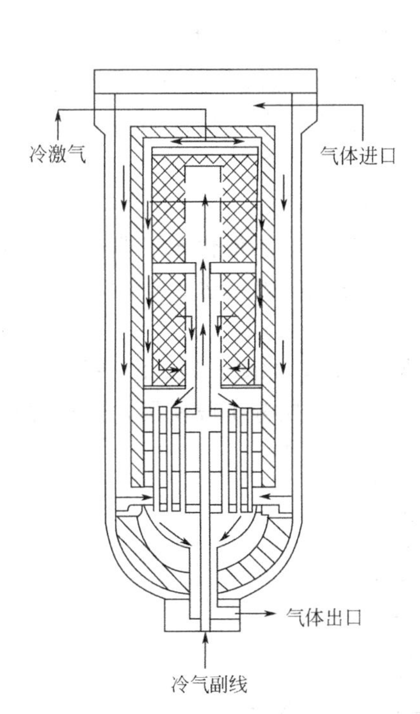

图 8-11　托普索径向氨合成塔内件结构

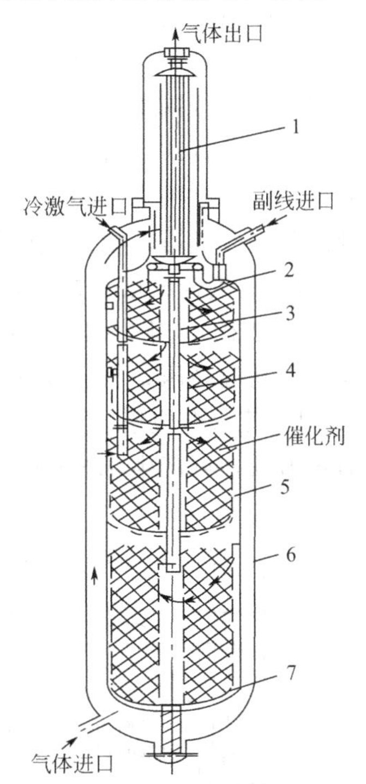

图 8-12　用 Casale 技术改造的轴径向合成塔内件结构

1—换热器；2—内筒；3—中心管（迷宫式密封）；
4—催化剂筐筒壁（气体分布器）；5—催化剂筐筒壁；
6—外筒；7—底部封头

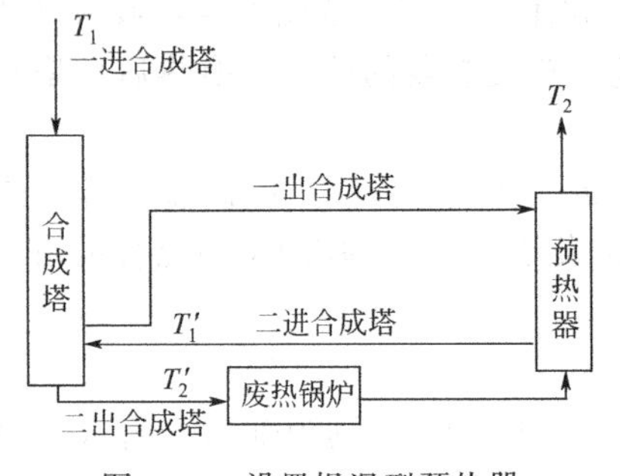

图 8-13　设置提温型预热器局部工艺流程

3. 氨合成塔的余热回收

出塔气体的余热回收价值取决于出塔气体温度的高低。出塔气体温度越高，其回收价值越大，所产的蒸汽压力高、数量大。在出塔氨含量一定的情况下，进口气体温度提高，出塔气体温度亦提高。在进口气体温度一定的情况下，提高出塔氨含量（或氨净值），也可提高出塔气体的温度。

综上所述，氨合成塔的出口气体温度主要与进塔气体温度和氨净值有关。

提高合成塔进气温度，最简便的措施是加设换热器，利用合成塔出口气体的余热预热合成塔进口气体。如图 8-13 所示，该流程既考虑了合成塔外筒对温度的要求，又达到了提高进塔气体温度，从而提高出塔气体温度的目的。为保持合成塔塔壁温度不超温，温度为 T_1 的气体经内外筒之间的环隙自上而下，不进入塔内换热器，而是引出塔外进提温型预热器，从而提高二进合成塔气体温度 T_1' 使二次出塔气体温度 T_2' 相应提高。一般情况下 $T_1'-T_1=120\sim140℃$，相当于出塔气体温度提高 120～140℃，提高了回收余热的品位。

氨净值的提高一是选择优质合成塔内件，二是在合成塔内件一定的情况下，严格操作条件，保证催化剂的活性，也可达到较高的氨净值。氨净值的提高，不仅提高出塔气体温度，而且增加余热回收量，因为在气体离开余热回收器温度相同的情况下，其焓值随氨净值的增大而减小，余热回收量增大。

热能回收有两种方式，一种是利用余热副产蒸汽，另一种是用来加热锅炉给水。

如用于副产蒸汽，按锅炉安装的位置又可分两类：塔内副产蒸汽合成塔（内置式）和塔外副产蒸汽合成塔（外置式），内置式副产蒸汽合成塔虽热能利用好，但因结构复杂且塔的容积利用系数低，目前已很少采用。

外置式副产蒸汽合成塔，根据反应气抽出位置的不同分为三种。

① 前置式副产蒸汽合成塔。抽气位置在换热器之前，反应气出催化床层即进入废热锅炉换热，然后回换热器，如图 8-14（a）所示。此法产生的蒸汽压力可达 2.5～4.0MPa，但设备及管线均承受高温高压，材质要求高。

② 中置式副产蒸汽合成塔。抽气位置在Ⅰ、Ⅱ换热器之间，如图 8-14（b）所示。由于气体温度较前置为低，可产生 1.3～1.5MPa 蒸汽，蒸汽可供变换等工段使用，且对材质的要求不很高。

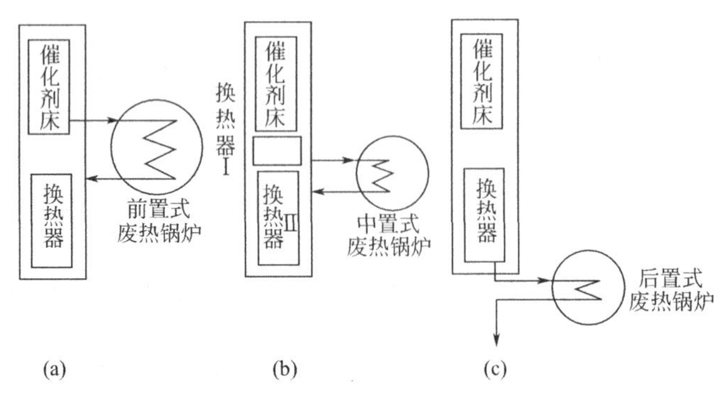

图 8-14　外置式副产蒸汽合成塔

③ 后置式副产蒸汽合成塔。抽气位置在换热器之后，如图 8-14（c）所示。由于气体温度较低，只能产生 0.4MPa 左右的低压蒸汽，使用价值低。

六、氨合成塔的操作控制要点

生产操作控制的最终目的，是在安全生产的前提下，强化设备的生产能力，降低原料消耗，使系统进行安全、持续、均衡、稳定的生产。

生产操作中控制的各个指标在生产过程中互相影响又互为条件，如何使工艺指标相对稳定，波动较小，使系统处于安全、稳定的状态，是一件复杂而又细致的工作。操作人员应首先熟悉系统的工艺情况，并熟知生产条件之间的内在联系，当一个条件起了变化，能迅速地及时进行预见性调节。除了通过观看仪表进行操作控制外，还应通过系统中某些现象的变化，正确果断地进行处理，避免操作中事故的发生和扩大。

氨合成塔的操作控制应以氨产量高、消耗低和操作稳定为目的，而操作稳定是实现高产量、低消耗的必要条件。氨合成塔的操作控制最终表现在催化床层温度的控制上，在既定的反应温度下，应始终保持温度的相对稳定。影响温度的主要因素有压力、循环气量、进塔气体成分等。下面将一一讨论。

1. 温度的控制

温度的控制关键是对催化床层热点温度和入口温度的控制。

(1) 热点温度的控制 对冷管式合成塔，不论是轴向还是径向，其热点温度是指催化床层最高一点的温度。由前述冷管式催化床温度的分析可知，催化床的理想温度分布是先高后低，即热点位置应在催化床的上部。对冷激式合成塔，每层催化剂有一热点温度，其位置在催化床的下部。显然，就其中一层催化剂而言，温度分布并不理想，但多层催化剂组合起来，则显示温度的合理性。

虽然，热点温度仅是催化床中一点的温度，但却能全面反映催化床的情况。床层其他部位的温度随热点温度的改变而相应变化。因此，控制好热点温度，在一定程度上就相当于控制好了床层温度。但是，热点温度的大小及位置不是固定不变的，它随着负荷、空速和催化剂使用的时间而有所改变。表 8-4 为 A 系列催化剂在不同使用时期热点温度控制指标。

表 8-4 A 系列催化剂在不同使用时期热点温度 单位：℃

阶段	使用初期	使用中期	使用后期
A106	480～490	490～500	500～520
A109	470～485	485～495	495～515
A110	460～480	480～490	490～510
A201	460～475	475～485	485～500

正确控制热点温度的几点要求如下。

首先，根据塔的负荷及催化剂的活性情况，应该在稳定的前提下，尽可能维持较低的热点温度。因为热点温度低不仅可提高氨的平衡浓度，还可延长内件催化剂的使用寿命。生产中一般根据催化剂不同使用时期和生产负荷，规定热点温度范围，控制 10℃ 的温差，如(470±5)℃。这一方面考虑操作中可能会引起的温度波动；另一方面在操作中应根据系统的实际情况来确定床层温度的高低。在压力高、空速大和进口氨含量低的情况下，因为反应不易接近平衡，所以将热点温度维持在指标的上限以提高反应速率。相反，应将热点温度维持在指标的下限，以提高平衡氨含量。

其次，热点温度应尽量维持稳定，虽然规定波动幅度为10℃，但当系统生产条件稳定和勤于调节时，能经常在2～4℃范围内波动，波动速率要小于5℃/15min。因为热点温度稳定，可以控制反应在最适宜条件下进行。但需指出，在控制热点温度的同时，对床层的其他温度点也应密切注意。特别是床层的入口温度。

(2) 入口温度的控制　床层入口温度应高于催化剂的起始活性温度。床层入口温度既会影响绝热层的温度，又会影响到催化床层的热点温度。这是由于床层顶部的反应速率随入口温度的变化而变化，这种变化会使不同深度床层反应速率相应发生变化，伴随各部位的反应热也有变化，以至整个床层的温度要重新分布。因此，在其他条件不变的情况下，入口床层的温度控制了整个床层的反应情况。所以调节热点温度时，应特别注意床层入口温度的变化进行预见性的调节。在催化剂活性好、气体成分正常和压力高的情况下，入口温度可以维持低一些。反之，入口温度必须维持较高。

(3) 催化床调节温度的方法　催化剂床层温度是各种条件综合形成的一种相对、暂时的平衡状态，随着生产条件的变化，平衡被破坏，需通过调节在新的条件下建立平衡。因此，操作人员必须善于观察、判断条件的变化趋势，预见性地进行调节，使催化床层温度保持稳定。经常调节催化床温度的手段有：循环量、主副阀、进口氨含量及惰性气体成分等，具体调节方法如下。

① 调节塔副阀　开大塔副阀，将增加不经下部热交换器预热的气量，降低进入催化床气体的温度，使催化床的整体温度下降。反之，关小塔副阀，则会提高进入催化床的温度，使催化床的整体温度升高。在正常满负荷生产时，如空速已加足，催化剂层温度有小范围波动时，用副阀调节比较方便。副阀调节不得大幅度波动，更不得时而开大、时而关死。

② 调节循环量　当温度波动幅度较大时，一般以循环量调节为主，用塔副阀配合调节。关小循环机副阀，增加循环量，即入塔的空速增加，单位体积的催化床生成的热量小于气体带出的热量，使催化床温度下降；反之，催化床温度升高。

改变入塔氨含量和系统中的惰性气体含量、改变操作压力和使用电加热器等方法，也能调节床层温度。但一般情况下只采用调节循环量和塔冷气副阀两种方法。其他调温方法仅作为非常手段，一般不采用。

在多层冷激式合成塔内，第一层催化床层的温度决定了全塔的反应情况，其温度调节的方法与前述相同，其他各层用控制冷激气量的方法调节，调节迅速方便。

2. 压力的控制

生产中压力一般不作为经常调节的手段，应保持相对稳定。而系统压力的波动的主要原因是负荷的大小和操作条件的好坏。操作中，系统压力的控制要点如下。

① 必须严格控制系统的压力不超过设备允许的操作压力，这是保证安全生产的前提。当合成操作条件恶化，系统超压时，应迅速减少新鲜气补充量，以降低负荷，必要时可打开放空阀，卸掉部分压力。

② 在正常操作条件下，应尽可能降低系统的压力。这样可以降低循环机的功耗，使合成塔操作稳定。如降低冷凝温度，适当降低惰性气体含量等。但当夏季由于冷冻能力不足，而合成塔能力有富裕时，可维持合成塔在较高的压力下操作，以节省冷冻量。

③ 在合成塔能力不足的情况下，应将系统压力维持在指标的高限进行生产，以获得最多的氨产量。但这时应特别注意其他条件的变化，及时配合减少新鲜气的补充量，控制压力

不超过指标。

④ 有时因新鲜气量大幅度减少，使系统压力降得很低，氨合成反应减少，床层温度难以维持，这时可减少循环量，并适当提高氨冷器的温度，使压力不致过低。生产实践表明，这种方法可使合成塔的温度得到维持。

⑤ 调节压力时，必须缓慢进行，以保护合成塔内件。如果系统压力急剧改变，会使设备和管道的法兰接头以及循环机填料密封遭到破坏。一般规定，在高温下压力升降速率为0.2～0.4MPa/min。

3. 进塔气体成分控制

进塔气体中氨含量越低，对氨合成反应越有利。在气体总压与分离效率一定时，进塔气体中的氨含量主要取决于氨冷器出口气体温度。影响氨冷出口气体温度的主要因素是气氨总管压力和液氨的液位。气氨总管压力低，液氨蒸发温度低，冷却效率高。但总管压力过低，不但要消耗冷量，而且影响氨加工系统的正常操作，因此，一般控制在0.1～0.2MPa。液氨的液位高，冷却效果好，但液位太高蒸发空间减小，冷却效率并不能提高。

氢氮比的波动会对床层温度、系统压力及循环气量等一系列工艺参数产生影响。一般进塔气中的氢氮比控制在2.8～2.9。当进塔气中的氢含量偏高时，容易使反应恶化，床层温度急剧下降，系统压力升高，生产强度下降，此时，可采用减小循环量或加大放空气量的办法及时调整。由氨合成反应的机理可知，由于氮的吸附是反应的控制步骤，增加氮的分压有利于氨的合成反应。当进塔气中的氢含量偏低时，床层温度有上升的趋势。而氢氮反应是按3∶1进行的，氮气过量也会在循环气中越积越多，使操作条件恶化。但其影响要小于氢过量。

循环气中的惰性气含量与很多因素有关，最主要的是新鲜混合气中的惰性气含量、排放量以及合成系统的工作压力等。增加放空量，惰性气体含量降低，但氢氮气损失增大。在实际生产中，循环气中惰性气含量的控制与催化剂的活性和操作条件有关。如催化剂活性高，反应好，惰性气含量可控制高一些，一般为16%～23%。当催化剂活性较差或操作条件恶化时，往往容易造成系统超压，则控制要低一些，一般为10%～14%。

第二节　乙炔法生产醋酸乙烯酯生产工艺

醋酸乙烯酯是无色可燃性液体，具有醚的特殊气味。醋酸乙烯酯沸点为345.7K，熔点189K，微溶于水，能溶于大多数有机溶剂。其蒸气与空气可形成爆炸性混合物，爆炸极限(体积分数）为2.65%～38%。醋酸乙烯酯有毒，其蒸气对人的眼睛和皮肤有刺激作用，空气中最高允许浓度为5mg/m^3。醋酸乙烯酯可与水形成共沸物，共沸点为333K，共沸物中醋酸乙烯酯含量（质量分数）为93.5%。

醋酸乙烯酯的主要用途是通过自聚生产聚醋酸乙烯酯。聚醋酸乙烯酯经醇解可得聚乙烯醇。聚醋酸乙烯酯可用于黏合剂、涂料、纸张涂层、纺织品加工、树脂胶等；聚乙烯醇则是生产合成纤维维尼纶的主要原料。除自聚外，醋酸乙烯酯还能与氯乙烯、乙烯、丙烯腈等单体进行共聚，生产很多具有特殊性能的高分子合成材料，广泛用于国民经济和国防工业各部门。

醋酸乙烯酯的生产方法有乙烯法和乙炔法两种。因我国富煤少油，电石乙炔法占主导地位。

一、乙炔法生产醋酸乙烯酯的工艺原理

乙炔法合成醋酸乙烯酯的工艺过程又分为液相法和气相法两种。液相法是以气体乙炔与液体醋酸在分散于醋酸中的催化剂作用下进行的。催化剂可采用各种酸（硫酸、乙基硫酸、磷酸等）的汞盐。该法由于存在催化剂（汞盐）有毒且耗量大，反应会生成大量副产物二醋酸亚乙酯等缺点，近代工业生产中已被气相法所取代。气相法是醋酸蒸气和乙炔的混合气在高温下在醋酸锌-活性炭催化剂的作用下合成醋酸乙烯酯的。气相法的主要优点是：醋酸乙烯酯的收率高，催化剂价廉且无毒，系统中没有无机酸，对设备腐蚀性小。但气相法对乙炔要求严格，需纯度较高的乙炔。另外，反应过程需要在较高的温度下进行。

1. 反应原理

气相合成醋酸乙烯酯是利用乙炔分子中叁键的活泼性与醋酸在催化剂作用下进行加成反应而实现的。当用载体活性炭吸附的醋酸锌为催化剂时，其主反应为：

$$CH\equiv CH + CH_3COOH \longrightarrow CH_2=CHOCOCH_3 + Q$$

该反应是放热反应，伴随着醋酸乙烯酯的生成反应，同时也有副反应发生，其主要副反应如下。

(1) 乙醛的生成

乙炔与水作用　$CH\equiv CH + H_2O \longrightarrow CH_3CHO$

醋酸乙烯酯水解　$CH_2=CHOCOCH_3 + H_2O \longrightarrow CH_3COOH + CH_3CHO$

(2) 巴豆醛的生成

由乙醛生成　$2CH_3CHO \longrightarrow CH_3CH=CHCHO + H_2O$

乙炔与乙醛作用　$CH\equiv CH + CH_3CHO \longrightarrow CH_3CH=CHCHO$

(3) 丙酮的生成

由醋酸生成　$2CH_3COOH \longrightarrow CH_3COCH_3 + CO_2 + H_2O$

催化剂醋酸锌分解　$Zn(OCOCH_3)_2 \longrightarrow CH_3COCH_3 + CO_2 + ZnO$

(4) 二醋酸亚乙酯的生成

由乙炔与过量醋酸作用　$CH\equiv CH + 2CH_3COOH \longrightarrow CH_3CH(OCOCH_3)_2$

(5) 醋酸酐的生成

醋酸脱水　$2CH_3COOH \longrightarrow (CH_3CO)_2O + H_2O$

二醋酸亚乙酯分解　$CH_3CH(OCOCH_3)_2 \longrightarrow (CH_3CO)_2O + CH_3CHO$

催化剂醋酸锌分解　$Zn(OCOCH_3)_2 \longrightarrow (CH_3CO)_2O + ZnO$

2. 醋酸乙烯酯合成反应的化学平衡

通常用化学平衡常数来描述平衡状态。因为工业生产中醋酸乙烯酯合成反应都是在气相中进行的，所以，下面讨论气相平衡常数 K_p。乙炔和醋酸气相反应，生成醋酸乙烯，其反应方程式为：

$$CH\equiv CH + CH_3COOH \longrightarrow CH_2=CHOCOCH_3$$

平衡分压　p_1　p_2　p_3

气相平衡常数 K_p 为　$K_p = \frac{p_3}{p_2 p_1}$

乙炔和醋酸反应生成醋酸乙烯，是放热反应，升高温度不利于生产。然而，在工业生产中，对一批催化剂而言，随着操作时间的延长．催化剂活性不断下降。为了补偿由此造成的

产量降低，采用逐步提高反应温度的方法来维持生产能力不变。在醋酸乙烯生产中，由反应器出来的物料，远没达到化学平衡，即 K_p 对乙炔（或醋酸）转化率的限制不起决定作用。提高反应温度，是为了加快反应速率，维持生产能力。

原料配比对产率仍有一定影响。以乙炔和醋酸生成醋酸乙烯的反应为例，当乙炔与醋酸的摩尔比为 1∶1 时，醋酸乙烯的平衡产率应最大，这个比值正好是反应方程式中乙炔和醋酸的化学计量系数之比。但是，在醋酸乙烯生产中，乙炔和醋酸的摩尔比为 2.5～3，而不采用 1，其原因主要是从化学动力学方面考虑决定的。

3. 醋酸乙烯合成反应速率

乙炔和醋酸在醋酸锌-活性炭催化剂上进行的反应，是典型的气固相催化反应，大体由以下几个过程组成。

① 外扩散过程：反应组分乙炔和醋酸，由气相主体扩散到催化剂的外表面。

② 内扩散过程：乙炔和醋酸到达催化剂的外表面后，继续沿着微孔向内表面扩散。

③ 吸附过程：催化剂的内表面存在着很多具有催化作用的活性中心。当乙炔和醋酸到达内表面后．有些分子则被这种活性中心吸附。

④ 化学反应过程：乙炔和醋酸被活性中心吸附后，立即进行催化反应，最后生成醋酸乙烯。

⑤ 解吸过程：在催化剂活性中心生成的醋酸乙烯，由活性中心解吸。

⑥ 内扩散过程：由活性中心解吸的醋酸乙烯，继续沿催化剂的微孔向外表面扩散。

⑦ 外扩散过程：醋酸乙烯由催化剂外表面扩散到气相主体中去。

在这七步中最慢的过程叫控制步骤，影响了整个过程的反应速率。实验证明，催化剂对乙炔的吸附为整个过程的控制步骤。催化剂对醋酸的吸附很强，在整个生产过程中始终处于平衡吸附态，而对乙炔的吸附很弱。因此，在生产中，原料乙炔和醋酸的摩尔比不采用 1∶1，而是用乙炔大大过量的配比，目的在于加速乙炔的吸附，以加快总反应速率，提高反应器的生产能力。

由控制步骤导出的反应动力学方程如下：

$$r=k[C_2H_2]\cdot[Zn(OCOCH_3)_2] \tag{8-10}$$

式中 r——反应速率；

k——反应速率常数；

$[C_2H_2]$、$[Zn(OCOCH_3)_2]$——乙炔和醋酸锌的浓度。

由反应动力学方程可以得知，反应速率与乙炔的浓度（分压）及催化剂醋酸锌的浓度成正比，而与醋酸的分压无关。

二、乙炔法生产醋酸乙烯酯合成工序工艺流程

醋酸乙烯合成工艺流程主要由催化剂制备、乙炔净化、醋酸乙烯合成和排气回收四个部分组成。采用流化床反应器的醋酸乙烯酯合成工序工艺流程图如图 8-15 所示。

新鲜乙炔和循环乙炔汇合后，经鼓风机升压到 78.5～83.4kPa（表压）后，进入醋酸蒸发器 5 上部气体混合器。醋酸贮槽的醋酸经醋酸加料泵 4 送入醋酸蒸发器。采用间接加热使醋酸汽化。气态醋酸进入醋酸蒸发器上部气体混合器，控制乙炔与醋酸蒸气的摩尔比为 2.5∶1。混合后的气体，送入第一预热器 6（蒸汽预热器）和第二预热器 7（油预热器），将混合气体加热到 403～413K 后进入反应器 10 底部。在反应器内，混合原料气首先从入口温

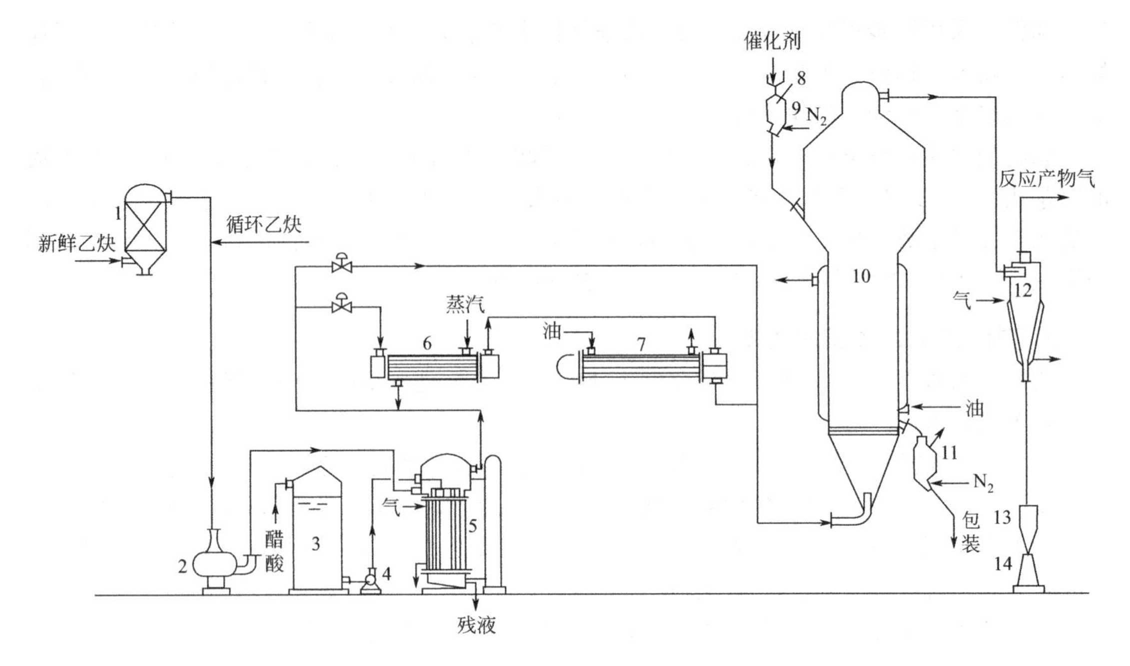

图 8-15 醋酸乙烯酯合成工序工艺流程

1—吸附槽；2—乙炔鼓风机；3—醋酸贮槽；4—醋酸加料泵；5—醋酸蒸发器；6—第一预热器；7—第二预热器；8—催化剂加入器；9—催化剂加入槽；10—流化床反应器；11—催化剂取出槽；12—粉末分离器；13—粉末受槽；14—粉末取出槽

度加热到反应温度，之后进行反应，生成醋酸乙烯酯以及副产物。反应热由反应器内部换热器的水和夹套中的油导出。为了保证催化剂的活性和补充被反应气体带出的催化剂，定期从反应器下部卸出一部分旧催化剂，加入一部分新催化剂。

从反应器出来的反应气体含有未反应的乙炔、醋酸及产物醋酸乙烯酯和少量副产物乙醛等，并夹带有少量的催化剂粉末。为了提高传热效率，避免催化剂粉末堵塞设备，首先采用粉末分离器 12 除去反应气体中催化剂粉末，然后采用三段板式塔对气体进行冷凝吸收，并完成初步分离。

经冷凝分离后，醋酸和醋酸乙烯酯水溶液送到醋酸乙烯酯精制工序，乙炔等不凝性气体送至乙炔回收工序。

三、乙炔法生产醋酸乙烯酯操作及分析

乙炔法生产醋酸乙烯酯，主要工艺条件是原料纯度、反应温度、空间速度、进料摩尔比等。

(1) 原料纯度　为了避免乙炔水合副反应的发生，乙炔和醋酸应尽可能地不含水分。同时为了不使催化剂中毒，原料中应除去可能存在的硫、磷、砷等催化剂毒物。

(2) 反应温度　实验表明，在 433～473K 范围内，醋酸反应速率随温度升高而迅速增加。醋酸乙烯酯合成反应活化能较大，由阿伦尼乌斯方程式可知，反应速率常数随着温度的升高而迅速增加。但是，温度的升高不仅加快主反应速率，同时也加快副反应速率。实践证明，副产物巴豆醛和丙酮的含量均随反应温度的升高而增加。乙醛的含量在温度较低时随温度升高而增大，其极限温度为 488K，超过此值，温度再增加，乙醛含量将下降。在反应产物中，巴豆醛的含量增加是极为不利的。醋酸乙烯酯中含有巴豆醛，对聚合物性能有很大影

响；巴豆醛与醋酸相对挥发度很小，分离非常困难，未反应的醋酸中含有巴豆醛，当它重新返回醋酸蒸发器时，一方面加剧了副产物的生成，另一方面造成了醋酸蒸发器的腐蚀和堵塞。在正常生产中，开车初期，催化剂活性高，反应温度应当控制得低一些。反应中期，催化剂的活性和选择性较好，反应温度应增加得很缓慢，这样可以最大限度地利用催化剂。后期，催化剂活性较差，为了维持反应器的生产能力，一般采用较高的反应温度。生产醋酸乙烯酯是一放热过程，在反应过程中应及时移除反应热，以控制反应温度稳定。适宜的反应温度一般控制在 443～483K 之间。

(3) 进料摩尔比　从前述反应动力学方程式可以看出，反应速率与乙炔的分压成正比，与醋酸的分压无关。所以，增加乙炔与醋酸的摩尔比，有利于加速反应的进行。随着乙炔与醋酸摩尔比的增加，醋酸转化率增加，反应速率加快。但过大的摩尔比，导致乙炔循环量增加，乙炔鼓风机的负荷加大，能量消耗高。所以，实际生产中，一般控制乙炔/醋酸摩尔比为（3～4）∶1 的范围内。

(4) 空间速度　当催化剂装载量恒定时，接触时间与空速成反比。空速小，接触时间长，乙炔与醋酸的转化率高，但由于单位时间通过催化剂的气量减小，所以生产能力降低。同时，空速小，接触时间长，二次反应加快，副产物增多，产品质量不好。随着空速的增加，接触时间缩短，副产物减少，虽然乙炔和醋酸单程转化率低，但每立方米催化剂单位时间通过的气量大，生产能力增加。然而，过大的空速会导致转化率过低，物料循环量增加，成本上升。工业生产中通常控制醋酸转化率 60%～70%时的空速为宜，采用醋酸锌/活性炭催化剂时，一般控制空速为 200～300h^{-1}。

四、流化床反应器

流化床反应器是气-固相催化反应器，广泛应用在化工、制药生产中。合成醋酸乙烯酯的流化床反应器如图 8-16 所示。

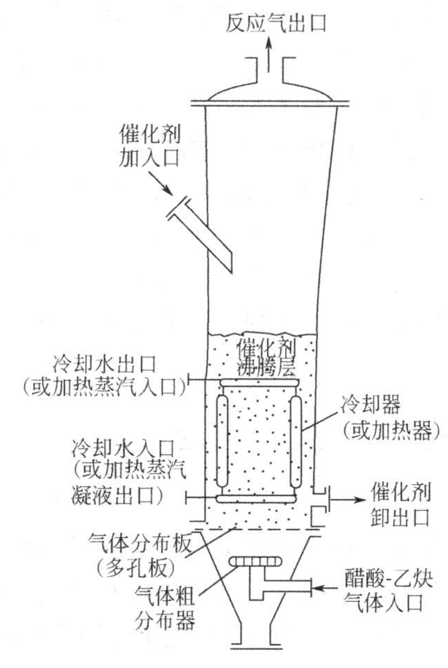

图 8-16　合成醋酸乙烯酯的流化床反应器

反应器由壳体、筛板、气体分布器以及换热器等构件组成。乙炔气与醋酸蒸气混合后，经鼓风机加压从反应器底部送入，经预分布器、分布板进入流化床，将床内细小催化剂颗粒吹成“沸腾状态”，使催化剂颗粒处于流化状态。原料气在“沸腾状态”的催化剂作用下，反应生成醋酸乙烯酯等。反应后的混合气体由顶部导出。反应产生的热量，部分由混合气体带出反应器，大部分经换热器由载热体移出，使反应温度保持在工艺规定的范围内。催化剂由于磨损和活性降低，定期进行新、旧催化剂交换，保持催化剂藏量和活性。

第三节　青霉素生产工艺

青霉素是抗生素工业的首要产品，通过生产菌的发酵制备。青霉素主要是抑制细菌细胞壁的合成起到杀菌作用。临床应用于控制敏感金黄色葡萄球菌、链球菌、肺炎双球菌、淋球菌、脑膜炎双球菌、螺旋体等引起的感染，对大多数革兰阳性菌（如金黄色葡萄球菌）和某些革兰阴性细菌及螺旋体有抗菌作用。

β-内酰胺类抗生素是分子中含有β-内酰胺环的一类天然和半合成抗生素的总称，青霉素属于β-内酰胺类抗生素。青霉素的基本结构是由β-内酰胺环和噻唑烷环组成的N-酰基-6-氨基青霉烷酸，如下所示。

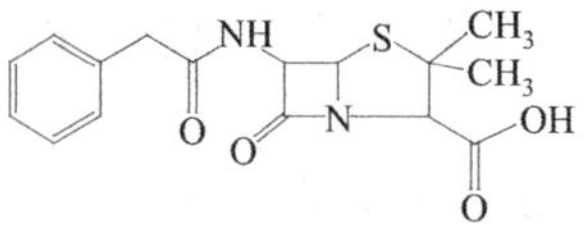

青霉素可分为三代：第一代青霉素指天然青霉素，如青霉素 G（苄青霉素）；第二代青霉素是指以青霉素母核-6-氨基青霉烷酸（6-APA）改变侧链而得到的半合成青霉素，如甲氧苯青霉素、羧苄青霉素、氨苄青霉素；第三代青霉素是母核结构带有与青霉素相同的β-内酰胺环，但不具有四氢噻唑环，如硫霉素、奴卡霉素。

青霉素 G 的生产可分为菌种发酵和提取精制两个步骤。①菌种发酵：将产黄青霉菌接种到固体培养基上，在 25℃下培养 7～10d，即可得青霉菌孢子培养物。用无菌水将孢子制成悬浮液接种到种子罐内已灭菌的培养基中，通入无菌空气、搅拌，在 27℃下培养 24～28h，然后将种子培养液接种到发酵罐已灭菌的含有苯乙酸前体的培养基中，通入无菌空气，搅拌，在 27℃下培养 7d。在发酵过程中需补入苯乙酸及适量的培养基。②提取精制：将青霉素发酵液冷却，过滤。滤液在 pH=2～2.5 的条件下，于萃取机内用醋酸丁酯进行多级逆流萃取，得到丁酯萃取液，转入 pH=7.0～7.2 的缓冲液中，加入成盐剂，经共沸蒸馏即可得青霉素 G 钾盐。

一、青霉素发酵工艺

现国内青霉素的生产菌种按其在深层培养中菌丝的形态分为丝状菌和球状菌两种，丝状菌根据其孢子颜色又分为黄孢子丝状菌和绿孢子丝状菌。现国内生产厂家采用的大都是黄孢子丝状菌，因此下面仅以丝状菌为例进行阐述。

丝状菌三级发酵工艺流程如图 8-17 所示。

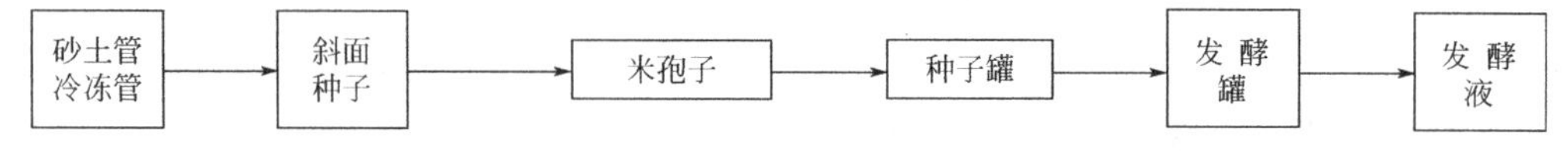

图 8-17 丝状菌三级发酵工艺流程

(1) 生产孢子的制备 将砂土保藏的孢子用甘油、葡萄糖、蛋白胨组成的培养基进行斜面培养，经传代活化。最适生长温度在 25～26℃，培养 6～8d，得单菌落，再传斜面，培养 7d，得斜面孢子。此阶段对应生长期中第 1 期。

移植到优质小米或大米固体培养基上，生长 7d，25℃，制得小米孢子。每批孢子必须进行严格摇瓶试验，测定效价及杂菌情况。

(2) 种子罐和发酵罐培养工艺 种子培养要求产生大量健壮的菌丝体，因此，培养基应加入比较丰富的易利用的碳源和有机氮源。青霉素采用三级发酵工艺。

① 一级种子发酵 接入小米孢子后，孢子萌发，形成菌丝。培养基成分：葡萄糖、蔗糖、乳糖、玉米浆、碳酸钙、玉米油、消沫剂等。通无菌空气，空气流量 1∶3（体积比）；充分搅拌 300～350r/min；40～50h；温度（27±1）℃。此阶段对应生长期中第 2、3 期。

② 三级发酵罐 生产罐。培养基成分：花生饼粉（高温）、麸质粉、玉米浆、葡萄糖、

尿素、硫酸铵、硫酸钠、硫代硫酸钠、磷酸二氢钠、苯乙酰胺及消泡剂、$CaCO_3$ 等。接种量为12%～15%。青霉素的发酵对溶氧要求极高，通气量偏大，通气比控制在0.7～1.8；150～200r/min；要求高功率搅拌，$100m^3$ 的发酵罐搅拌功率在200～300kW，罐压控制在0.04～0.05MPa，于25～26℃下培养，发酵周期在200h左右。前60h，pH5.7～6.3，后6.3～6.6；前60h为26℃，以后24℃。此阶段对应生长期中第4、5期。

(3) 发酵罐发酵过程控制　反复分批式发酵，$100m^3$ 发酵罐，装料 $80m^3$，带放6～10次，间隔24h。带放量10%，发酵时间204h。发酵过程需连续流加补入葡萄糖、硫酸铵以及前体物质苯乙酸盐，补糖率是最关键的控制指标，不同时期分段控制。

在青霉素的生产中，让培养基中的主要营养物只够维持青霉菌在前40h生长，而在40h后，靠低速连续补加葡萄糖和氮源等，使菌半饥饿，延长青霉素的合成期，大大提高了产量。

所需营养物限量的补加常用来控制营养缺陷型突变菌种，使代谢产物积累到最大。

二、青霉素提炼工艺

近年来，随着生物技术的飞速发展，许多新型分离方法在生物领域获得成功，因此人们也尝试将一些新的分离方法应用于青霉素的提纯。如双水相萃取，朱自强等试用双水相体系(ATPS)从发酵液中萃取提纯青霉素，其操作工艺是首先在发酵液中加入8%(质量分数)的聚乙二醇(PEG2000)和20%的硫酸铵进行萃取分相，青霉素富集于轻相，再用醋酸丁酯从轻相中萃取青霉素。此外，有报道的用于青霉素提纯的还有反胶团萃取和膜分离方法，以及传统的沉淀法和离子交换法。但实际生产中应用最广泛的还是溶剂萃取法，其他方法仅限于研究，未能大面积应用生产。图8-18是溶剂萃取法的工艺流程。

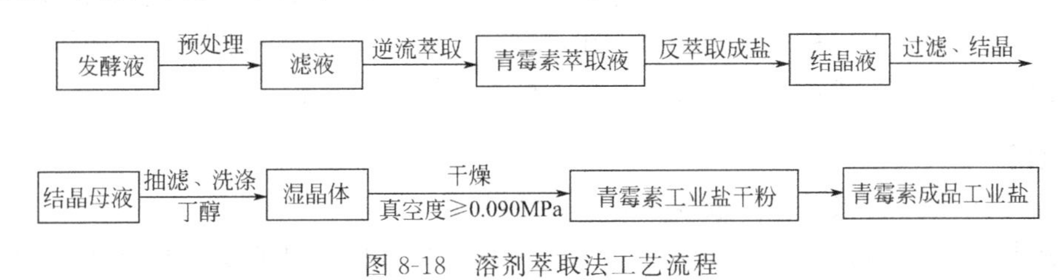

图8-18　溶剂萃取法工艺流程

发酵液经转鼓(膜)过滤，得到青霉素的水溶液，即滤液。滤液加入醋酸丁酯，在酸性条件下经二级逆流萃取，得到青霉素的醋酸丁酯溶液。加入碳酸钾后，生成青霉素钾盐的水溶液，青霉素由醋酸丁酯相转移到水相，其水溶液再经减压共沸结晶，得青霉素结晶母液。再经抽滤、洗涤得青霉素的湿晶体，干燥后得到青霉素工业盐。

1. 发酵液预处理

发酵液的组成比较复杂，其中残糖、残氮含量较高，很适应细菌的继续繁殖，同时滤液质量对产品质量有很大影响，因此要对发酵液进行预处理。

根据药物活性成分的性质和分离纯化的要求，结合所含杂质的种类和特点，选用适当的方法除去大部分固体杂质与蛋白，得到较为纯净的药物活性成分的溶液，并为分离、纯化后续工序奠定基础。

(1) 预处理原理　加入酸化剂，利用等电点原理将发酵液内的蛋白质沉降下来，加入絮凝剂使胶团变大，以利于转鼓过滤。

① 除蛋白质的方法　除杂蛋白质的方法有许多，如等电点沉淀法、变性沉淀法、盐析

法、有机溶剂沉淀法、反应沉淀法、加热法等。这里主要介绍等电点法。

蛋白质是一种两性化合物，在酸性溶液中带正电荷，在碱性溶液中带负电荷，而在某一pH值下，净电荷为零，此时它在水中的溶解度最小，此pH值称为等电点。一般情况下，蛋白质中羧基的电离度比氨基大，所以蛋白质的酸性强于碱性，其等电点多在酸性范围内（pH＝4.0～5.5）。

向混合液中加入酸或碱，调整pH值达到等电点，利用蛋白质在等电点时溶解度最低的特性，使蛋白质沉淀析出的方法，称为等电点沉淀法。

② 凝聚剂与絮凝剂　凝聚和絮凝技术能有效地改变细胞、菌体和蛋白质等胶体粒子的分散状态，使其聚集起来，体积增大，以利于固液分离。

常用的凝聚剂有两大类，一类是无机盐，如 $AlCl_3 \cdot 6H_2O$、$Al_2(SO_4)_3 \cdot 18H_2O$、$K_2SO_4 \cdot Al_2(SO_4)_3 \cdot 24H_2O$、$FeSO_4 \cdot 7H_2O$、$FeCl_3 \cdot 6H_2O$ 等；另一类是无机聚合物。

根据絮凝剂所带电性的不同，可分为阴离子型、阳离子型和非离子型三类。根据絮凝剂的组成不同，可分为有机高分子絮凝剂、无机絮凝剂和生物絮凝剂。青霉素预处理所用的絮凝剂为阳离子型絮凝剂，是由丙烯酰胺与阳离子型单体的共聚物。絮凝剂在水溶液中呈正电性，主要成分为阳离子型基于丙烯酰胺衍生物的聚合电解质，分子式为 $(CH_2CHCONH_2)_nCH_2CH[CONH(CH_2)3N(CH_3)_3Cl]_n$。

(2) 预处理工艺与操作　预处理工艺流程如下：

发酵液→迅速冷却至10℃以下→用10%硫酸调至pH5左右→加入絮凝剂→固液分离

发酵液迅速冷却至10℃以下，主要是考虑青霉素的稳定性；用10%硫酸调至pH＝5左右，不仅可以使发酵液中的蛋白质在等电点附近，使其大部分沉淀下来，减少对萃取过程的影响，还可以形成硫酸钙沉淀以去除发酵液中的 Ca^{2+}；加入絮凝剂使发酵液中的菌丝体与蛋白等聚集在一起，形成粗大的絮凝团，在过滤时形成菌饼，加快过滤速度。同时絮凝剂的加入也使滤液内蛋白含量降低，能有效减轻萃取过程的乳化现象。

2. 过滤

(1) 滤液质量　滤液质量一般要求有下列几项。

① 液体澄清（达到一定的透光率）　透光率的高低直接反映了液体内杂质含量的高低。测定时，可将液体离心5min（3000r/min）后，取上清液测定。若采用膜分离后，可直接测定。但不能用滤纸过滤，以免影响测定结果。

② pH值适中　因不同的药物成分，其稳定状态下的pH值不同，需将滤液pH值调整到适宜的范围内，以减缓药物的降解速度。

③ 一定浓度　液体中药物活性成分的浓度越高，越有利于后续分离纯化的进行，对处理能力、工艺方法选择、产品质量、三废处理等各个方面均能带来有益的影响。

④ 杂质含量要求（杂质残留及较高的纯度）　对溶剂萃取法来说，尽量减少蛋白质以及固体物含量；对离子交换法来说，要尽量减少液体中的高价离子；还有一些抗生素药物的分离对滤液色泽有一定要求。

(2) 过滤工艺选择　青霉素过滤工艺有两种方式，一是传统的转鼓过滤，二是膜过滤。这两种过滤方式各有特点。

真空转鼓过滤的特点如下：滤液中药物浓度高，滤液量小，后序生产处理量小；能连续自动操作，节省人力；生产能力大，改变过滤机转速可以调节滤饼层的厚度；特别适宜处理量大、容易过滤的料浆，对难以过滤的胶体物系或含细微颗粒的悬浮液，若采用预涂助滤剂措施也比较方便。其缺点是：滤液质量差，含有一定量的蛋白及其他固体杂质，滤液透光率差；附属设备较多，投资费用高；过滤面积小，过滤推动力有限，滤饼含水率大等。

膜过滤的特点如下：自动化水平高，工人劳动强度低；滤液质量高，不含蛋白质，色素含量低，在萃取过程中可不加破乳剂。但膜过滤有设备投资高、运行费用高的缺点。

(3) 转鼓过滤分析 过滤是以某种多孔物质作为介质来处理悬浮液的单元操作。在外力的作用下，悬浮液中的液体通过介质的孔道而固体颗粒被截留下来，从而实现固-液分离。工业上的过滤操作主要分为饼层过滤和深层过滤。

① 饼层过滤 如图 8-19 所示，过滤时滤浆置于过滤介质的一侧，固体颗粒在介质表面堆积、架桥而形成滤饼层。滤饼层是有效过滤层，随着操作的进行其厚度逐渐增加。由于滤饼层截留的固体颗粒粒径小于介质孔径，因此饼层形成前得到的初滤液是浑浊的，待滤饼形成后应返回滤浆槽重新过滤，饼层形成后收集的续滤液为符合要求的澄清滤液。饼层过滤适用于处理固体含量较高的混悬液。

② 深层过滤 如图 8-20 所示，过滤介质是较厚的粒状介质的床层，过滤时悬浮液中的颗粒沉积在床层内部的孔道壁面上，而不形成滤饼。深层过滤适用于生产量大而悬浮颗粒粒径小或是黏软的絮状物。如自来水厂饮水的过滤净化、中药生产中药液的澄清过滤等，均采用这种过滤方式。

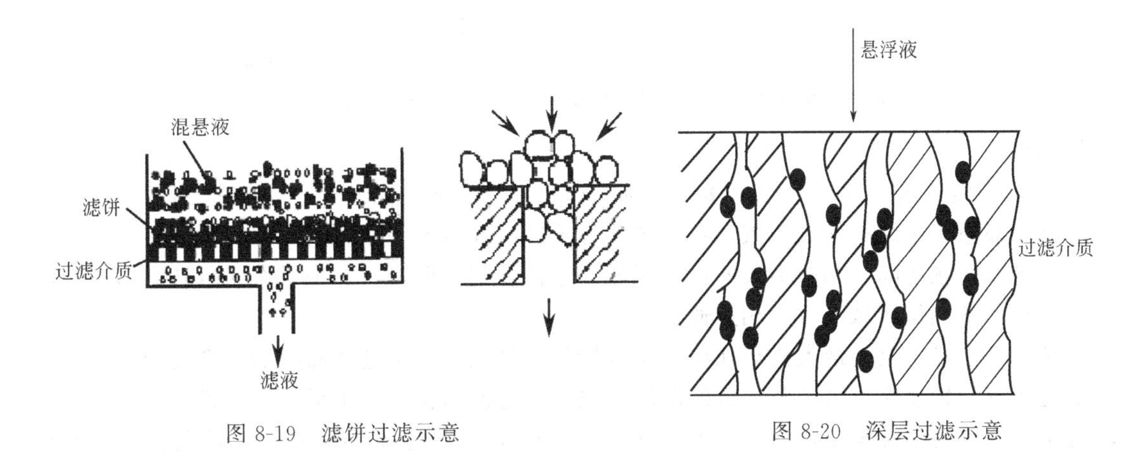

图 8-19 滤饼过滤示意

图 8-20 深层过滤示意

(4) 转鼓过滤工艺及操作 青霉素发酵液经冷却器温度降至 10℃以下，加入硫酸，调至 pH 值为 5.0～5.2。加入絮凝剂 cp-911，经转鼓真空过滤机过滤。

转筒真空过滤机的主要部件是一个水平放置的回转圆筒，简称转筒，如图 8-21 所示。转筒上钻有许多小孔，外面包上金属网和滤布。转筒的内部用隔板分成若干个互不相通的扇形格，一端与分配头相接。

转筒在旋转过程中分成如下几个区域。

① 过滤区 当浸在悬浮液内的各个扇形格同真空管路相接通时，格内为真空。由于转筒内外压力差的作用，滤液穿过滤布后被吸入扇形格内，经分配头被吸出，在滤布上则形成一层逐渐增厚的滤饼。

② 吸干区 当扇形格离开悬浮液时，格内仍与真空管路相接通，滤渣在真空下被吸干。

③ 洗涤区 洗涤水喷洒在滤渣上，经分配头与另一真空管路相接，洗涤液被吸出，使滤渣被洗涤并被吸干。

④ 吹松区 压缩空气经分配头与扇形格相通，从扇形格内部向外吹向滤渣，使其松动，

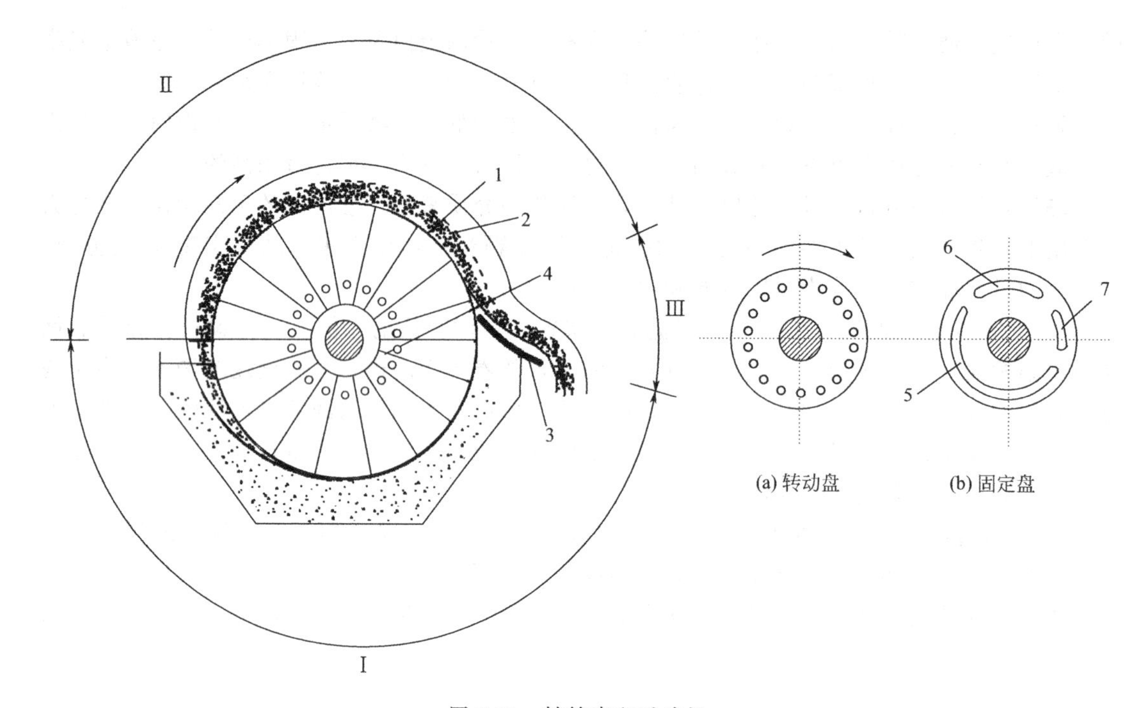

图 8-21　转筒真空过滤机

1—转筒；2—滤饼；3—刮刀；4—分配头；5—吸走滤液的真空凹槽；6—吸走洗水的真空凹槽；
7—通入压缩空气的凹槽；Ⅰ—过滤区；Ⅱ—洗涤脱水区；Ⅲ—卸渣区

以便卸料。

⑤ 滤布复原区　吹松的滤渣移近到刮刀时，滤渣就被刮落下来。滤渣被刮落后，可由扇形格内部通入压缩空气或蒸汽，将滤布吹洗干净，开始下一循环的操作。

各操作区域之间，都有不大的休止区域。这样，当扇形格从一个操作区域转向另一个操作区域时，各操作区域不致互相连通。

转筒真空过滤机的最大优点在于可实现操作自动化，单位过滤面积的生产能力大，只要改变过滤机的转速便可以调节滤饼的厚度。缺点是过滤面积远小于板框压滤机，设备结构比较复杂，滤渣的含湿量比较高，一般为10％～30％，洗涤也不够彻底等。转筒真空过滤机适用于颗粒不太细，黏性不太大的悬浮液。不宜用于温度太高的悬浮液，以免滤液的蒸气压过大而使真空失效。

3. 青霉素的萃取

青霉素在滤液内的浓度极低，一般在（2～3）$\times 10^4$ U/mL，可通过溶剂萃取法使青霉素的浓度提高至（6～9）$\times 10^4$ U/mL，并去除大量水溶性杂质。

萃取操作是利用物质溶解于某种液体的一种提取方法。将选定的某种溶剂加入到混合物中，因混合物中的各组分在同种溶剂中的溶解度不同，因此就可将所需提取的组分加以分离出来，这个操作过程叫做萃取。

制药工业中，萃取是一个重要的提取和分离混合物的单元操作。这是因为萃取法具有以下优点：传质速度快、生产周期短，便于连续操作、容易实现自动控制；分离效率高、生产能力大；采用多级萃取可使产品达到较高纯度，便于下一步处理。

(1) 萃取剂选择的一般方法与原则　一般情况下，选择萃取剂时应遵循“相似相溶”原理。如果溶质A为小分子物质时，相似是指溶质A与萃取剂S极性相似；如果溶质是大分子物质时，相似是指溶质 A 与萃取剂 S 的官能团相近与分子的空间结构相似。一般来说，有以下几种情况。

① 如果两种物质的母核相同，其分子中极性基团数量越多、极性越大，则物质的极性越大，亲水性越强，亲脂性越弱。

② 如果两种物质的结构类似，分子的平面性越强，亲脂性越强。如黄酮类化合物中由于分子中存在共轭体系，平面性强，亲脂性强。

(2) 萃取工艺 在萃取过程中，被萃取的溶液被称为原料液（F)。被萃取的物质称为溶质（A)，其余部分称为原溶剂或稀释剂（B)，而加入的液体溶剂称为萃取剂或溶剂（S)。所选定的萃取剂应对溶质具有较大的溶解能力，而与原溶剂应互不相溶或部分互溶，因此萃取剂与原料液混合萃取后，将分成两相，一相以萃取剂为主，提取了大部分溶质，称为萃取相（E)，另一相以原溶剂为主，称为萃余相（R)。萃取相和萃余相都是含有萃取剂的混合物，需要用蒸馏或反萃取等方法进行分离，除去萃取相中的萃取剂后，得到溶质含量较多的液相，称为萃取液（E′)，除去萃余相中的萃取剂后，所剩的液体称为萃余液（R′)，分离得到的萃取剂供循环使用。

生产上萃取操作包括三个步骤：首先，混合料液和萃取剂充分混合形成乳浊液；其次，分离将乳浊液分成萃取相和萃余相；第三，溶剂回收。混合通常在搅拌罐中进行；也可以将料液和萃取剂以很高的速度在管道内混合，湍流程度很高，称为管道萃取，也有利用在喷射泵内涡流混合进行萃取的，称为喷射萃取。分离通常利用离心机（碟片式或管式）。近来也有将混合和分离同时在一个设备内完成的，例如波德皮尔尼克萃取机、阿法-拉伐萃取机等各种萃取设备。

对于利用混合-分离器的萃取过程，按其操作方式分类，可以分为单级萃取和多级萃取，后者又可以分为错流萃取和逆流萃取。

① 单级萃取过程　图 8-22 是单级液-液萃取过程示意图。首先将原料液 F 和萃取剂 S 加入混合器内，使其相互充分混合，因溶质在两相间的组成远离平衡状态，在推动力作用下，两相间必发生溶质的传递过程，即溶质 A 从原料液 F 中向萃取剂 S 中扩散，使溶质与原料液中的其他组分分离；然后将原料液 F 与萃取剂 S 的混合液 M 引入分层器中，静置分层后，根据两相的物理性质（如密度）的不同，用机械方法将它们分离，得到萃取相 E 和萃余相 R，最后在回收设备内分别回收两相中的萃取剂 S，得到萃取液 E′和萃余液 R′，最终实现混合液的分离。

② 多级错流萃取　在此法中，料液经萃取后，萃取液再与新鲜萃取剂接触，再进行萃

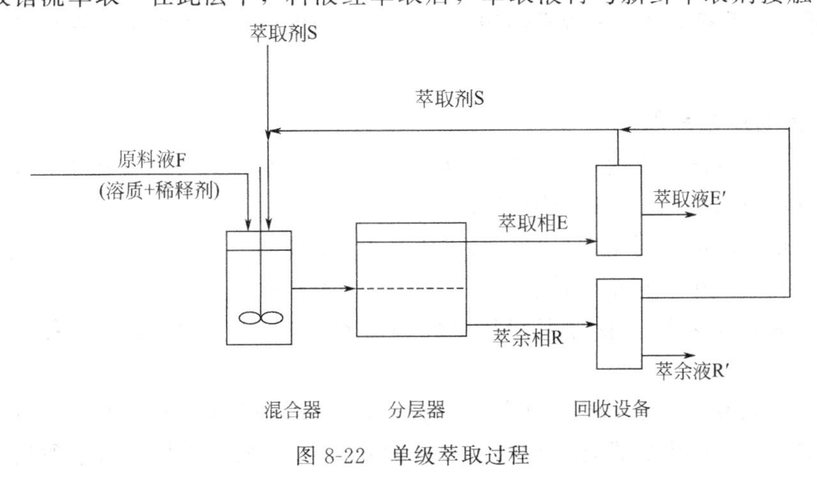

图 8-22　单级萃取过程

取。图 8-23 表示三级错流萃取过程，第一级的萃余液进入第二级作为料液，并加入新鲜萃取剂进行萃取。第二级的萃余液再作为第三级的料液，也同样用新鲜萃取剂进行萃取。此法特点在于每级中都加萃取剂，故萃取剂消耗量大，而得到的萃取液平均浓度较稀，但萃取较完全。

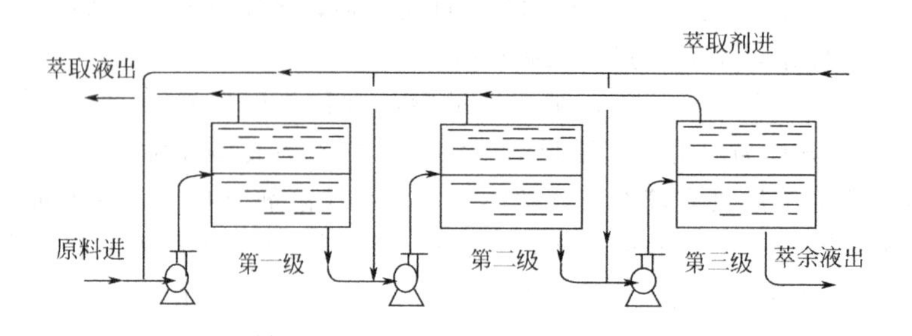

图 8-23　三级错流萃取

③ 多级逆流萃取　在多级逆流萃取中，在第一级中加入料液，并逐渐向下一级移动，而在最后一级中加入萃取剂，并逐渐向前一级移动。料液移动的方向和萃取剂移动的方向相反，故称为逆流萃取，如图 8-24 所示。在逆流萃取中，只在最后一级中加入萃取剂，故和错流萃取相比，萃取剂的消耗量较少，因而萃取液平均浓度较高。

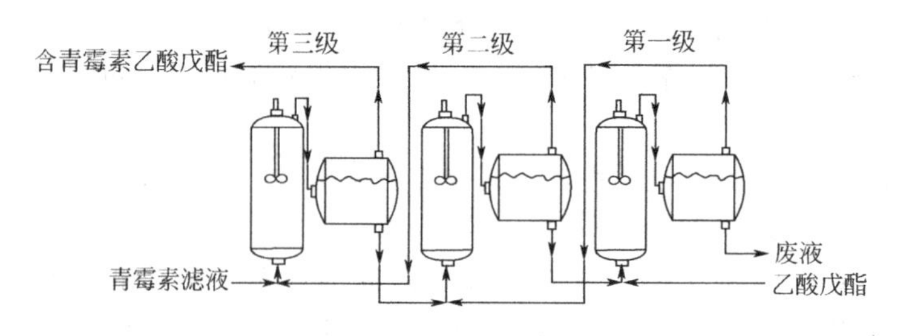

图 8-24　多级逆流萃取

(3) 萃取 pH 值　抗生素只能以某种状态存在时，才能从水相转移到酯相，或从酯相转入水相。所以选择合适的 pH 值，使其处于合适状态是十分关键的。如 pH＝2.0～2.5 时青霉素以游离酸状态由水相转移至丁酯相，而在 pH＝6.8～7.2 时以成盐状态由酯相进入缓冲液（水相）。另外 pH 值还影响分配系数 K 值的大小和抗生素的破坏程度，进而影响到提炼的收率。可见选择合适的 pH 值十分重要。

pH 过低，青霉素会降解为青霉烯酸；过高时，会生成青霉噻唑酸。在生产中，应控制 pH 为 2.0～2.5。

4. 青霉素的反相萃取

青霉素在有机相内的浓度较低，并是以青霉素游离酸的形式存在。所以，要生成盐，并通过结晶的方法予以纯化，以达到国家药典要求。

青霉素的反相萃取是利用青霉酸与碱式盐生成青霉素盐，并从有机盐中析出的过程，见图 8-25。在反相萃取中，利用青霉素溶解度随 pH 变化的原理，将 pH 调至 6.5～7.5 左右，利用溶解度与密度的不同，青霉素钾盐生成小液滴并在有机相中沉降下来，从而实现相分离。

青霉素的有机相溶液加入碳酸钾溶液，pH 调至 6.5～7.5 左右。此时，青霉素由游离酸的状态与碳酸钾反应生成青霉素钾盐溶液。静置 3h，分相，重相加入丁醇后，压入结晶

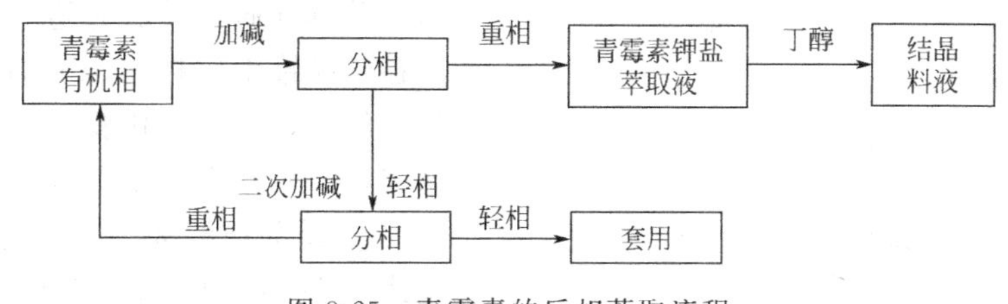

图 8-25　青霉素的反相萃取流程

罐中，进行结晶操作。分相后的轻相，第二次加入碳酸钾溶液，静置 2h。重相加入到青霉素有机相中，替代部分碳酸钾溶液。轻相回到提取工序作为萃取剂循环利用。

5. 青霉素结晶

结晶技术是使溶质从过饱和溶液中以结晶体状态析出的操作技术。结晶作为一种分离提纯方法，具有产品纯度高、生产温度适宜、能耗少、成本低等特点，因其操作简单，对设备腐蚀程度小，在传统医药化工生产中一直占有相当重要的位置。与其他分离方法相比，结晶法操作简单，成本低，应用非常广泛。

真空蒸发冷却采用的是使溶剂在真空下迅速蒸发而绝热冷却的结晶方法，实质上是以冷却及部分溶剂蒸发的双重作用达到过饱和。此法为自 20 世纪 50 年代以来一直应用较多的结晶方法，该方法设备简单，操作稳定，最突出的特点是容器内无换热面，所以不存在晶垢的问题，可用于热敏性药物的结晶分离。

(1) 浓度　结晶液控制适宜的浓度，溶液中的溶质分子或离子间才有足够的相碰机会，并按一定速率作定向排列聚合才能形成晶体。浓度太高时，由于溶质分子在溶液中聚集析出的速度太快，远远大于晶体生长速率，相应溶液黏度增大，共沉物增加，反而不利于结晶析出，只获得一些无定形固体微粒，或生成纯度较差的粉末状结晶。因此只有在适宜的浓度下，结晶的大小、均匀度、纯度等才能得到有效控制。如在味精（谷氨酸钠）的结晶过程中，只有在溶液保持适当的浓度时，形成的结晶才最佳，浓度过高时，结晶液发生混浊现象，表明新的晶核大量形成，此时须用热的蒸馏水调节到合适浓度才能消除混浊现象，获得整齐的较大结晶。

(2) 时间　结晶的形成和生长需要一定时间，不同的化合物，结晶时间长短不同。简单的无机或有机分子形成晶核时需要几十甚至几百个离子或分子组成，一般结晶时间不宜太长，通常要求在几小时之内完成，以缩短生产周期，提高生产效率。

(3) 搅拌　提高搅拌速率，可提高二次成核的速率，同时也提高了溶质的扩散速率，有利于晶体的生长，使结晶速率增大；由于搅拌对这两种速度都有加速作用，因此提高搅拌速度可能得到大的晶体，也可能得到小的晶体，一般通过由弱到强的搅拌试验，根据该产品质量要求和设备特点来确定一个比较适宜的搅拌速率。当搅拌速率超过某一值时，会把晶体打碎而变得细小。因此工业生产中，通过控制搅拌速率和改变搅拌浆的形式来获得需要的晶体；如搅拌速率分阶段控制，在晶核形成阶段的搅拌速率较快，在晶体生长（养晶）阶段的搅拌速率较慢；若采用直径及叶片较大的搅拌桨，则可以降低转速，即可达到较好的混合效果，又能获得较大的晶体；当晶形要求严格时，也可采用气流混合，以防止晶体破碎。

(4) 结晶设备与操作　在青霉素工业盐生产中，其结晶工艺流程如图 8-26 所示。

结晶操作要点如下。

① 加料液　检查结晶罐罐底放料阀阀门已关闭，检查结晶罐罐温在 35℃以下，打开料液进口阀门和排气阀门，打开滤芯进、出口阀门，开始加料；料液全部加完后，关闭进料阀

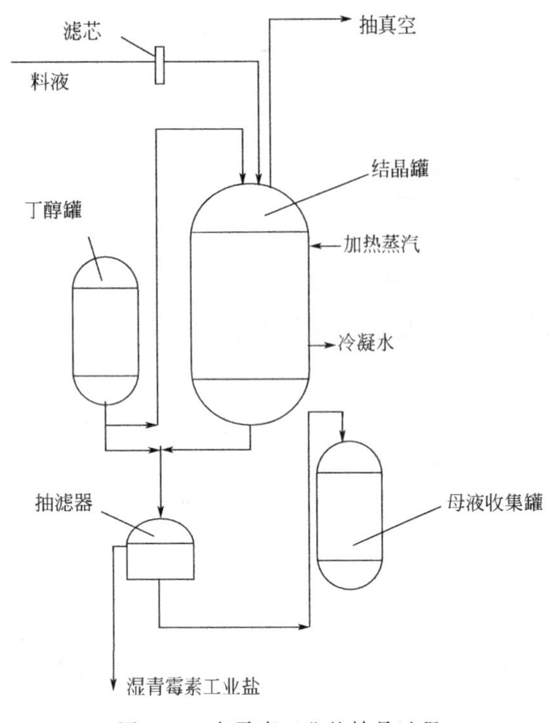

图 8-26 青霉素工业盐结晶过程

门，关排气阀，关滤芯进、出口阀门。料液在结晶罐中搅拌 15min 后，取样并测量料液体积，样品送化验室化验。上紧结晶罐盖，开始共沸结晶操作。

② 结晶前的准备　检查安全罐及收集罐罐底放料阀阀门已关闭，检查冷却水进、出阀门已关闭，开机械搅拌，调搅拌频率，通知真空泵岗位人员开启结晶系统真空泵，打开收集罐及安全罐上的真空阀门至最大。

③ 共沸　开真空泵，当结晶罐真空度达到规定值后，开下夹套蒸汽进、出阀门至最大，再打开蒸汽总控制阀门，调节阀门开度，控制蒸汽压力使温度达到控制要求。

6. 青霉素萃取设备

在药品生产中应用较多的是 Podbielniak 离心萃取机（简称 POD 机），如图 8-27 所示。其主要构件为卧式螺旋形转子，转子转速可高达 2000～5000r/min。操作时，轻液从螺旋转子的外沿引入，重液从螺旋转子的中心引入；当转子高速旋转产生离心力作用时，重相从中心向外沿流动，轻相从外沿向中心流动，两相在逆流流动过程中，同时完成混合与分离过程。离心萃取机具有萃取效率高，溶剂消耗量小，设备结构紧凑，占地面积小的特点，特别适用于处理两相密度差小、易乳化的料液；另外，由于两液体接触萃取时间短，可有效减少不稳定药物成分的分解破坏。

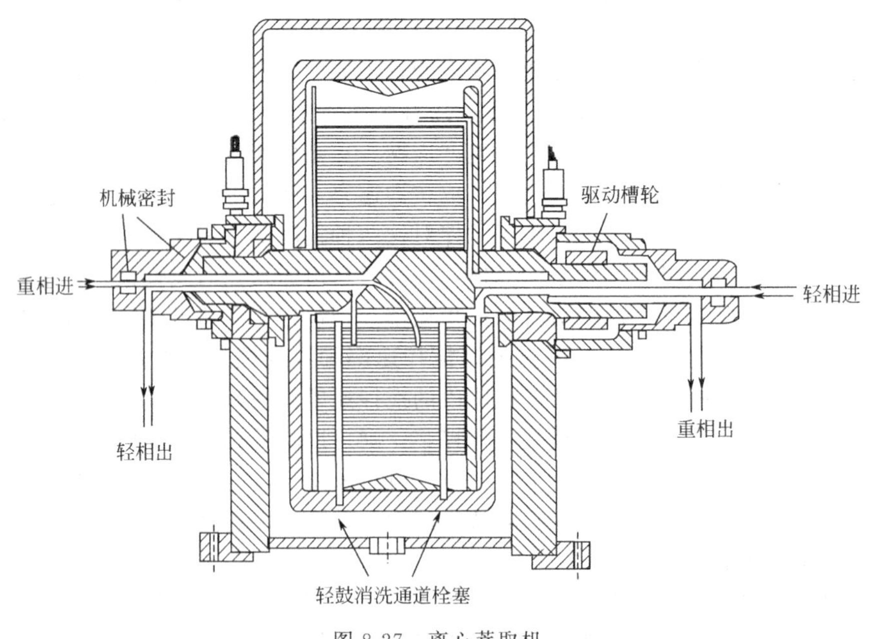

图 8-27 离心萃取机

思考题

8-1　如何提高平衡氨含量？

8-2　氨合成催化剂的活性组分是什么？各种促进剂的作用是什么？

8-3　氨合成工艺流程需要哪几个步骤？为什么？

8-4　氨合成塔为什么要设置外筒和内件？

8-5　三套管并流式氨合成塔的构造是怎样的？有何特点？气体在塔内的流程是怎样的？

8-6　如何提高氨合成过程余热回收的价值？

8-7　乙炔法生产醋酸乙烯酯，原料配比为什么乙炔大大过量？

8-8　试讨论乙炔法生产醋酸乙烯酯的工艺条件。

8-9　简述一下青霉素 G 生产的工艺流程，并说明各工序的生产任务。

8-10　青霉素 G 的发酵加入苯乙酸的目的是什么？

8-11　青霉素的酸化萃取中 pH 值控制在什么范围内？为什么？

8-12　酸化萃取的设备一般采用什么设备，其特点是什么？

8-13　请查一下相关资料，说明青霉素深加工的内容有哪些？

第九章

化工与制药生产安全知识与技术

第一节　安全生产概况

一、安全与本质安全

安全是人类生存和发展活动永恒的主题，安全生产管理作为生产的重要组成部分，是正常生产的重要保证。

1. 安全生产

安全生产是指为预防生产过程中发生人身、设备事故，形成良好劳动环境和工作秩序而采取的一系列措施和活动。安全生产的目的是保护劳动者在生产过程中安全，要求最大限度地减少劳动者的工伤和职业病，保障劳动者在生产过程中的生命安全和身体健康。

我国经过长期的安全生产管理实践与经验总结，并在借鉴国外安全管理的基础上，提出了“安全第一、预防为主、综合治理”的安全生产方针和“企业负责、行业管理、国家监察、群众监督、劳动者遵章守纪”的安全生产管理体制。

2. 安全、本质安全

(1) 安全　安全与危险是相对的概念，在生产中是指免除了不可接受的损害风险的状态。应当指出的是，世界上没有绝对意义上的安全，任何事物都包含不安全的因素，具有一定的危险。安全只是一个相对的概念，在某种意义上是指在设定的安全限定范围内就达到了安全。

(2) 本质安全　本质安全是指设备、设施或技术工艺含有内在的能够从根本上防止发生事故的功能。通过设计等手段使生产设备或生产系统本身具有安全性，即使在误操作或发生故障的情况下也不会造成事故。具体包括三方面的内容。

① 失误-安全功能。指操作者即使操作失误，也不会发生事故或伤害，或者说设备、设施和技术工艺本身具有自动防止人的不安全行为的功能。

② 故障-安全功能。指设备、设施或技术工艺发生故障或损坏时，还能暂时维持正常工作或自动转变为安全状态。

③ 上述两种安全功能应该是设备、设施和技术工艺本身固有的，即在它们的规划设计阶段就被纳入其中，而不是事后补偿的。

二、化工与制药安全生产特点

化工与制药行业生产具有易燃、易爆、有毒物质多，深冷、负压、压力容器多和有毒有害源点多的特点。如管理失控将会导致火灾、爆炸和中毒等事故，乃至造成重大伤亡和财产损失，更为严重者可导致厂毁人亡。随着生产规模日益扩大与自动化水平的提高，装置所蕴含的能量越来越高，一旦发生事故，不但在经济上会造成巨大的损失，而且人员伤亡和对环境的影响均非同小可，因此生产的安全问题日益受到重视。

三、企业安全生产现状

随国民经济的不断发展，我国安全管理水平不断提高，企业安全生产情况总体稳定，安全事故总量不断下降，安全生产形势发展较好，但也存在着诸多的问题。

在 1990 年至 2002 年的 13 年中，我国各类事故总量年均增长率为 6.28%，最高年份增长 22%；国民安全事故 10 万人死亡率每年平均增长近 5%。据统计，我国职业事故 10 万人死亡率是发达国家的 3～5 倍。

分析出现以上情况的原因，主要有以下因素。

① 企业安全投入水平较低。我国 20 世纪 90 年代每年平均的生产安全投入占 GDP 比例仅为 0.7%，而发达国家高达 3%以上。用万人投入率比较，美国是我国的 3 倍，英国是我国的 5 倍，日本是我国的 3 倍多。

② 从业人员素质普遍偏低。职业安全监察人员在执法过程中存在素质不高、执法不严、执法不规范的情况，而中小企业的从业人员技术水平低、人员素质低。直接从事安全生产的从业人员的安全操作技能与安全意识水平，决定了我国企业安全生产水平较低的现状。

③ 全民安全意识有待于进一步提高。长期以来，GDP 作为考核各级政府政绩的唯一尺度，致使各级政府未能妥善处理好安全生产与经济发展之间的关系，也未能真正树立起安全生产与社会经济科学协调发展的观念；企业经营者往往关注的是眼前的短期利益，缺乏科学的发展观；从业人员自身的安全意识和防范能力比较低下，安全操作水平也有待提高。

④ 安全法律体系需进一步完善。据统计，我国自建国以来颁布并实施的有关安全生产、劳动保护方面的主要法律法规约 280 余项，法律、法规不断完善。但与工业发达国家相比我国存在的差距是：习惯采用行政手段，而不是法律手段来管理安全生产；法律法规的可操作性差；职业安全与健康标准不健全；急需的法规空缺，有些法规还存在着重复和交叉等。

⑤ 安全保障机制薄弱，与经济发展不相适应。目前，我国的社会保险制度体系包括养老保险、医疗保险、工伤保险、失业保险和生育保险 5 方面项目。但劳动保险制度随着国家经济的发展而不断变化，现只在国有企业及集体企业中实行，而私营企业并未认真执行。20 世纪 80 年代以来，城市经济体制改革发展迅速，养老保险、失业保险、医疗保险三大保险改革发展迅速，而工伤保险发展缓慢。现阶段工伤保险的发展严重滞后于经济的快速发展，无论是政府及社会各方面都存在重视不足的情况。

四、安全生产法规建设

安全生产，事关人民群众生命财产安全、国民经济持续快速健康发展和社会稳定大局。为了使安全生产能达到持续稳定并不断提高，我国先后制定了一系列涉及安全生产的法律、法规和规章，对各类生产经营单位的安全生产提出了基本要求，如《刑法》、《劳动法》、《矿山安全法》、《职业病防治法》、《消防法》、《建筑法》、《煤矿安全监察条例》、《民用爆炸物品管理条例》、《锅炉压力容器安全监察暂行条例》、《重大事故隐患管理规定》，《国务院关于特大安全事故行政责任追究的规定》、《安全生产许可证条例》、《危险化学品安全管理条例》等。这些法律、行政法规，规定了各种生产经营活动所应具备的基本安全条件和要求。

为进一步加强我国安全生产，在 2002 年 6 月 29 日通过的《中华人民共和国安全生产法》(简称《安全生产法》) 可以说是我国安全生产法制进程中新的里程碑，它标志着我国安全生产法制建设进入了一个新阶段。《安全生产法》是一部专门涉及安全生产经营领域的法律，改变了以往多部单行法律交叉、重叠的现状，较全面地体现了国家关于加强安全生产管理的基本方针、基本原则及基本制度。

1. 生产经营单位主要负责人的职责

生产经营单位的主要负责人依照企业的组织形式不同而有所不同。通常是指在生产经营单位的日常经营活动中负有生产经营指挥权、决策权的领导人员，即企业的“第一把手”。生产经营单位的主要负责人对本单位的安全生产工作主要负有以下责任：

① 建立、健全安全生产责任制；

② 组织制定本单位安全生产规章制度和操作规程；

③ 保证本单位安全生产的投入和实施；

④ 督促、检查本单位的安全生产工作，及时消除生产安全事故隐患；

⑤ 组织制定并实施本单位的生产安全事故应急救援预案；

⑥ 及时、如实报告生产安全事故。

2. 从业人员的权利和义务

(1) 从业人员的权利 《安全生产法》主要规定了各类从业人员必须享有的、有关安全生产和人身安全的最重要、最基本的权利。这些基本安全生产权利，可以概括为以下五项。

① 事故工伤保险和伤亡求偿权 从业人员享有工伤保险和获得伤亡赔偿的权利，生产经营单位与从业人员订立的劳动合同，应当载明有关保障从业人员劳动安全、防止职业危害的事项，以及依法为从业人员办理工伤社会保险的事项。这两项内容是劳动合同必备的内容。

生产经营单位不得以任何形式与从业人员订立协议，免除或者减轻其对从业人员因生产安全事故伤亡依法应当承担的责任。在劳动合同确立过程中，应本着合法、平等自愿、协商一致三个原则，明确生产过程中的职业危害因素。因生产安全事故受到损害的人员，除依法享有获得工伤社会保险外，依照有关民事法律尚有获得赔偿的权利的，有权向本单位提出赔偿要求。生产经营单位必须依法参加工伤社会保险，为从业人员缴纳保险费。

② 危险因素和应急措施的知情权 从业人员有权了解其作业场所和工作岗位存在的危险因素。生产经营单位有义务事前告知有关危险因素和事故应急措施，不得隐瞒，更不得欺骗从业人员。否则，生产经营单位就侵犯了从业人员的权利，并对由此产生的后果承担相应的法律责任。

③ 安全管理的批评检控权 从业人员有权对本单位的安全生产工作提出建议；有权对本单位安全生产工作中存在的问题提出批评、检举、控告。

从业人员是生产经营活动的直接承担者，也是生产经营活动中各种危险的直接面对者。在安全生产活动中，从业人员对本单位的安全生产工作有切身的感受和体会，能够提出一些合理的、切中要害的建议。生产经营单位主要负责人应重视和尊重从业人员的意见和建议，并对他们的建议作出答复。

④ 拒绝违章指挥和强令冒险作业权　从业人员有权对本单位安全生产工作中存在的问题提出批评、检举、控告；有权拒绝违章指挥和强令冒险作业。

生产经营单位违章指挥、强令冒险作业是严重的违法行为，也是直接导致生产安全事故的重要原因。因此规定从业人员有权拒绝违章指挥和强令冒险作业，对于有效地防止生产安全事故发生，减少生命财产损失，稳定安全生产秩序，都具有十分重要的意义。

生产经营单位不得因从业人员对本单位的安全生产工作存在的问题提出批评、检举、控告或者拒绝违章指挥和强令冒险作业，而降低从业人员的工资和福利补贴，也不能降低其他待遇，更不能因此解除劳动合同。否则，依法追究生产经营单位的责任。

⑤ 紧急情况下的停止作业和紧急撤离权　从业人员发现直接危及人身安全的紧急情况时，有权停止作业或者在采取可能的应急措施后撤离作业场所。生产经营单位不得因从业人员在紧急情况下停止作业或者采取紧急撤离措施而降低其工资、福利等待遇或者解除与其订立的劳动合同。

(2) 从业人员义务

① 遵章守规，服从管理的义务。从业人员必须严格依照生产经营单位制定的规章制度和操作规程进行生产经营作业。

② 佩戴和使用劳保用品的义务。

③ 接受培训，掌握安全生产技能的义务。从业人员的安全生产意识和安全技能的高低，直接影响企业生产经营活动的安全性。从业人员应当接受安全生产教育和培训，掌握本职工作所需的安全生产知识，提高安全生产技能，增强事故预防和应急处理能力，进而有效预防安全事故的发生。

④ 发现事故隐患及时报告的义务。从业人员一旦发现事故隐患或者其他不安全因素，应当立即向现场安全管理人员或者本单位负责人报告，不得隐瞒不报或者拖延报告。

3. 工会的权利与义务

依照安全生产法和工会法、劳动法等法律的规定，工会在维护职工安全生产方面的权益的主要职责包括：

① 监督生产经营单位落实职工群众在安全生产方面的知情权。

② 工会有权就安全设施是否与主体工程同时设计、同时施工、同时投入生产使用进行监督，提出意见。

③ 工会作为从业人员的群众组织，对生产经营单位违反安全生产法律、法规，侵犯从业人员合法权益的行为，有权要求纠正。

④ 发现生产经营单位违章指挥、强令工人冒险作业或者生产过程中发现重大事故隐患，有权提出解决的建议。

⑤ 参加对生产安全事故的调查处理，向有关部门提出处理意见。

第二节　工业防毒

一、概述

毒物侵入人体后与人体组织发生化学或物理化学作用，并在一定条件下破坏人体的正常生理机能，引起某些器官和系统发生暂时性或永久性的病变，这种病变叫中毒。因此，在劳动过程中由于工业毒物引起的中毒叫职业中毒。

1. 工业毒物对人体的危害

工业毒物对人体产生的危害主要有神经系统、消化系统、血液系统、泌尿系统、心血管系统、生殖系统以及内分泌系统等器官，具体表现如下。

(1) 刺激性　刺激皮肤，引起皮肤脱落或皮炎；眼睛睁不开，疼痛，红肿；呼吸道灼热，呼吸不适，干痒，强烈刺激导致肺水肿。

(2) 过敏　皮肤，皮炎，发硬，水疱；呼吸，职业性哮喘，咳嗽。

(3) 窒息　可分为单纯窒息、血液窒息、细胞内窒息。单纯窒息是指外界空间内氧气量不足。血液窒息是指化学物质直接影响机体传送氧的能力，如一氧化碳。细胞内窒息是指由于化学物质影响机体与氧的结合能力。

(4) 昏迷与麻醉　接触高浓度的某些化学品，如乙醚等，可以影响中枢神经抑制，使人昏迷。

(5) 全身中毒。

(6) 致癌　随着科学技术和工业生产的发展，进入到环境中的致癌物也越来越多。据报道人类的癌症 80%以上是由于环境因素所引起，目前已知的化学致癌毒物约有 1100 种之多。

这些致癌物质作用于机体的方式有两种，一是直接作用，二是间接作用。多数化学致癌毒品属于间接作用。它们进入人体后，经过一系列代谢，一部分被排出体外，另一部分则变为具有致癌作用的中间产物，与细胞内的大分子，如核糖、核酸、蛋白质等结合，从而构成致癌物。

(7) 致畸胎　是指对未出生胎儿造成危害。受精卵在发育过程中，主要是在胚胎的器官分化发育的敏感时期，由于接触了某种化学毒物或受物理因素的刺激，影响器官的分化发育，导致形成程度轻重不同的畸形胎儿。

(8) 致突变　是指对人的遗传基因的影响可能导致后代发生异常。毒物可导致生物遗传基因的突变，导致长远的遗传影响。突变作用的潜在危害并不一定马上表现出来，有可能在隐性状态经历几代后才出现。突变作用可以发生在生殖细胞，也可以发生在体细胞。生殖细胞发生突变可导致不育，胚胎死亡、流产、出现畸形或引起其他遗传性疾病；体细胞的突变，一般认为就是癌症。最新研究表明，很多致突变物质能引起癌症，同时很多致癌物质又可致突变。

2. 工业毒物的毒性

毒性是用来表示毒物的剂量与引起毒害作用之间关系的一个概念，毒性是指毒物的剂量与中毒反应之间的关系。

常用的毒性指标在毒理学研究中，通常是以动物试验外推应用到人体进行毒性评价，毒性评价所用的单位一般以化学物质引起试验动物某种毒性反应所需要的剂量表示，并用以下指标表示毒性程度。

剂量是指某种物质引起一定毒性作用效应的量，以每单位动物体重摄入的毒物量来表示（mg/kg），或每单位动物体表面积摄入毒物的克数表示（mg/m^2）。

浓度系指单位体积空气中含有毒物的量，常用 mg/L 表示。

毒物的急性毒性可根据动物染毒试验资料 LD_{50} 进行分级。据此可将毒物分为剧毒、高毒、中等毒、低毒、微毒五级，具体见表 9-1。

表 9-1 毒物的急性毒性分级

毒性分级	大鼠一次经口 LD_{50}/(mg/kg)	6只大鼠吸入4h，死亡2～4只的浓度/(μg/g)	兔经皮 LD_{50}/(mg/kg)	对人可能致死的估计量	
				g/kg	总量/(g/60kg体重)
剧毒	<1	<10	<5	<0.05	0.1
高毒	1～50	10～	5～	0.05～	3
中等毒	50～500	100～	44～	0.5～	30
低毒	500～5000	1000～	350～	5～	250
微毒	>5000	10000～	2180～	>15	>1000

注：此表为联合国世界卫生组织推荐的五级标准。

3. 影响工业毒物毒性的因素

毒性物质的毒害作用涉及其数量、存在形态以及作用条件。毒物存在的形式直接关系到接触时中毒的危险性，影响到毒物进入人体的途径和病因。

（1）毒物本身的特性

① 化学结构　毒物的毒性与其化学结构有密切关系。其化学结构决定毒物在体内可能参与和干扰的生理生化过程，因而对决定其毒性大小和毒性作用特点有很大影响。

② 物理性质　毒物的物理性质与机体的呼吸速度有关。毒物的物理状态与人体对毒物吸收速度之间的关系，一般为气体毒物>液体毒物>固体毒物。

4. 毒物进入机体的途径

毒物进入机体的途径不同，引起中毒的程度和结果就不同。例如，呼吸道是金属汞中毒的主要途径。经其他途径接触金属汞很难引起人体中毒。

5. 毒物的浓度、剂量及接触时间

毒物的毒性作用与其剂量密切相关。毒物毒性再高，进入体内的毒物剂量不足也不会引起中毒。劳动环境的空气中毒物浓度愈高、接触的时间愈长，防护条件差，进入体内的剂量增大，则愈容易发生中毒。因此，降低生产环境中毒物浓度，缩短接触时间，减少毒物进入体内的剂量是预防职业中毒的重要环节。

6. 毒物的联合作用

生产环境中常同时存在多种毒物，两种或两种以上毒物对机体的相互作用称为联合作用。这种联合作用可表现为相加作用、相乘作用或拮抗作用。

7. 生产环境与劳动强度

任何毒物都是在一定的环境条件下呈现其毒作用的，并随着环境因素的不同而有所差异。生产环境中的物理因素与毒物的联合作用日益受到重视。

（1）生产环境的气象条件对毒作用的影响　在高温或高湿环境中毒物的毒性作用比在常温条件下大。

（2）毒物的纯度　工业毒物一般会含杂质，杂质可影响毒性，有时还会改变毒作用性质。

（3）其他环境因素　紫外线、噪声和震动可增加某些毒物的毒害作用。

（4）劳动强度　体力劳动强度大时，机体的呼吸、循环加快，可加速毒物的吸收；重体力劳动时，机体耗氧量增加，使机体对导致缺氧的毒物更为敏感。

8. 机体的机能状态与个体感受性

不同种属的动物对毒物的毒性反应常有很大的差异。毒物对人体的毒性作用差异更大，这不仅是由于接触剂量或环境条件不同而异，也与个人的耐受性、敏感性有很大关系。

接触同一剂量的毒物，不同的个体可出现迥然不同的反应。造成这种差别的因素很多，如健康状况、年龄、性别、生理变化、营养和免疫状况等。健康状态欠佳、营养状态不良和高敏感体质也容易发生中毒；胎儿、婴儿、儿童、老年人对毒性耐受力差，中毒程度往往较严重；未成年人，由于各器官系统的发育及功能不够成熟，对某些毒物的敏感性可能增高；一般女性比男性敏感，尤其是孕期、哺乳期、经期妇女，如月经期对苯、苯胺的敏感性增高；在怀孕期，铅、汞等毒物可由母体进入胎儿体内，影响胎儿的正常发育或导致流产、早产；肝、肾病患者，由于其解毒、排泄功能受损，易发生中毒；免疫功能降低或营养不良，对某些毒物的抵抗能力减低。将耐受性差的个体区别出来，使之脱离或减少接触并加强医学监护，有利于预防职业危害。

二、工业毒物在人体内的转化

1. 工业毒物的人体转化过程

工业毒物进入人体的途径主要有呼吸道、皮肤和消化道。其中，呼吸道进入是最常见、最主要、最危险的途径。

(1) 毒物在人体内的分布　毒物经不同途径进入体内后，由血液分布到各组织。由于各种毒物的化学结构和理化特性不同，它们与人体内某些器官表现出不同的亲和力，使毒物相对聚集在某些器官和组织内。例如一氧化碳和血液表现出极大的亲和力，一氧化碳与血红蛋白结合生成碳氧血红蛋白，造成组织缺氧，称低氧血症，使人感到头晕、头痛、恶心，甚至昏迷致死，这就是通常所说的一氧化碳中毒。毒物长期隐藏在组织内，其量逐渐积累，这种现象是蓄积。某种毒物首先在某一器官中蓄积并达到毒性作用的临界浓度，这一器官就被称为该毒物的靶器官。例如脑是甲基汞的靶器官；甲状腺是碘化物的靶器官；骨骼是镉的靶器官；砷和汞常蓄积在肝脏器官；农药具有脂溶性，易在脂肪组织中蓄积。

(2) 毒物的生物转化　进入体内的毒物，除少部分水溶性强的、分子量极小的毒物可以原形被排出体外，绝大部分毒物都要经过某些酶的代谢（或转化），从而改变其毒性，减少脂溶性，增强其水溶性而易于排泄。毒物进入体内后，经过水解、氧化、还原和结合等一系列代谢过程，其化学结构和毒性发生一定的改变，称为毒物的生物转化或代谢转化。

生物转化过程一般分两步进行，第一步，氧化、还原和水解反应，三种反应可任意组合；第二步，与某些极性强的物质结合，增强其水溶性，以利排出体外。

(3) 毒物的排出　进入体内的毒物，经代谢转化后，可通过泌尿道、消化道、呼吸系统等途径排出体外。进入细胞内的毒物除少数随各种上皮细胞的衰老脱落外，多数需经尿和胆汁排泄。有些毒物也可通过乳腺、泪腺、汗腺和皮肤排出。

2. 工业毒物的毒理作用

毒性物质进入机体后，通过各种屏障，转运到一定的系统、器官或细胞中，经代谢转化或无代谢转化，在靶器官与一定的受体或细胞成分结合，产生毒理作用。

(1) 损害酶系统　生化过程构成了整个生命的基础，而酶在这一过程中起着极其重要的作用。毒物可作用于酶系统的各个环节，使酶失活，从而破坏了维持生命必需的正常代谢过程，导致中毒症状。

(2) 损害组织或细胞 组织学检查发现，组织毒性表现为细胞变性，并伴有大量空泡形成、脂肪蓄积和组织坏死。组织毒性往往并不首先引起细胞功能如糖原含量或某些酶浓度的改变，而是直接损伤细胞结构。在肝、肾组织中，毒物的浓度总是较高，因此这些组织容易产生组织毒性反应。如溴苯在肝脏内经代谢转化为溴苯环氧化物，与肝内大分子共价结合，导致肝脏组织毒性，并可造成肾脏近曲小管坏死，汞类化合物可致肾的组织毒性。

(3) 阻断氧的吸收、输运作用 主要导致缺氧，具体表现为：①破坏了呼吸机能，如抑制或麻痹了呼吸中枢，或由于毒物引起喉头水肿等；②引起血液成分的改变，如发生变性血红蛋白血症以及溶血等；③使机体组织的呼吸抑制，如氰化物、硫化氢中毒等；④引起心血管机能的破坏，如对毛细血管及心肌的影响导致休克等。

(4) 干扰 DNA 和 RNA 的合成 脱氧核糖核酸（DNA）是细胞核的主要成分，染色体是由双股螺旋结构的 DNA 分子构成。长链 DNA 储存了遗传信息。DNA 的信息通过信使核糖核酸（RNA）被转录，最后翻译到蛋白质中。毒物作用于 DNA 和 RNA 的合成过程，产生致突变、致畸变、致癌作用。

遗传突变是遗传物质在一定的条件下发生突然变异，产生一种表型可见的变化。化学物质使遗传物质发生突然变异，称为致突变作用。这种作用可能是在 DNA 分子上发生化学变化，从而改变了细胞的遗传特性，或造成某些遗传特性的丢失。

染色体畸变是把 DNA 中许多碱基顺序改变，造成遗传密码中碱基顺序的重排。DNA 的结构改变达到相当严重的程度，在显微镜下就可以检测出染色体结构和数量上的变化。当毒物作用于胚胎细胞，尤其是在胚胎细胞分化期，最易造成畸胎。

致癌毒物与 DNA 原发地或继发地作用，使基因物质产生结构改变。通过基因的异常激活、阻遏或抑制，诱发恶性变化，呈现致癌作用。

三、职业中毒与最高容许浓度

职业中毒是在职业活动中，因接触各种有毒物质等因素而引起的急慢性疾病。

1. 职业中毒的类型

职业中毒分为以下三类。

(1) 急性中毒 在短时间内或是指一次性有害物质大量进入人体所引起的中毒为急性中毒。具有发病急、变化快和病情重的特点，如果救护不及时或治疗不当，预后严重，易造成死亡或留有后遗症。如一氧化碳中毒、氰化物中毒。

(2) 慢性中毒 少量的有害物质经过长时间的侵入人体所引起的中毒，称为慢性中毒，也就是职业病。慢性中毒发病慢，病程进展迟缓，初期病情较轻，与一般疾病难以区别，容易误诊。如果诊断不当，治疗不及时，会发展成严重的慢性中毒。慢性中毒绝大部分是蓄积性毒物所引起的。如慢性铅、汞、锰等中毒。

(3) 亚急性中毒 亚性中毒介于急性与慢性中毒之间，病变较急性时间长，发病症状较急性缓和的中毒，病程进展比慢性中毒快得多，病情较重。如二硫化碳、汞中毒等。

2. 毒物最高容许浓度

毒物对人体的作用都有一个量的问题，如果进入人体内的毒物剂量不足，则毒性高也不会引起中毒，所以存在一个阈浓度，只有当毒物的量超过该浓度时，才会对人产生毒性反应。毒物的量比阈值越低，对人体的作用就越小，人也就越安全。环境卫生标准和作业环境卫生标准一般用最高容许浓度表示。

最高允许浓度是指这样一个浓度，在其定期或终生的、直接或间接地经生态系统作用于人体时，对其一生或下几代不会引起用现代检查方法所能发现的肉体或精神疾患或超过生理性适应范围健康状况的变化。

四、综合防毒技术

综合防毒技术包括技术、教育、管理三项措施。防毒技术措施是指对生产工艺、设备、设施、操作等方面，从安全防毒角度考虑设计、计划、检查、保养等措施，主要从尽量减少人与毒物直接接触的措施入手。

1. 防毒的技术措施

(1) 替代或排除有毒或高毒物料　在生产过程中使用的原、辅料应该尽量采用无毒或低毒物质。用无毒物料代替有毒物料，用低毒物料代替高毒或剧毒物料，是消除毒性物料危害的有效措施。

(2) 改进工艺　选择危害性小的工艺代替危害性较大的工艺，是防止毒物危害的根本性措施。在选择新工艺或改造旧工艺时，应尽量选用那些在生产过程中不产生或少产生有毒物质的工艺。选择工艺路线时，把是否有毒作为权衡的重要条件。

(3) 生产设备密闭化、管道化、连续机械化措施　在化工与制药生产中，敞开式加料、搅拌、反应、测温、取样、出料、存放等，均会造成有毒物质的散发、外逸，污染环境。为了控制有毒物质，使其不在生产过程中散发出来造成危害，关键在于生产设备本身的密闭化，以及生产过程各个环节的密闭化。

(4) 隔离操作和自动控制　由于条件限制使毒物浓度不能降低至国家卫生标准时，可以采用隔离操作措施。隔离操作是把操作人员与生产设备隔离开来，使其免受毒物的危害。

2. 防毒的管理措施

要有组织、有计划地进行防毒的管理教育，改善劳动条件。并要把所需的经费、设备、器材与生产计划一起解决，切实保证。

(1) 加强防毒的宣传教育，健全有关防毒的管理制度　要宣传毒物的危害及教育职工加强防护，遵守安全操作规程等。要积极采取先进防毒经验和技术。

企业要制定防毒的操作规程、防毒的宣传教育制度、定期检测制度、设备维修制度、毒物的保管和领取制度、毒物的贮藏运输制度以及制定改善劳动条件措施计划等，这些规章制度对于搞好防毒工作都有着极为现实的意义。

(2) 加强监测，严格执行工业卫生法规　定期监测作业环境中的有毒有害物质浓度，保证有毒有害物质浓度在国家允许范围内。国家推行的《工业企业设计卫生标准》（GBZ 1—2010），规定的作业场所空气中有害物质的最高容许浓度是制定防毒措施及鉴定其工作效果的依据。《工作场所有害因素职业接触限值　第1部分：化学有害因素》（GBZ 2.1—2007）和《工作场所有害因素职业接触限值　第2部分：物理因素》（GBZ 2.2—2007）要求工作场所有害物质浓度达到标准。

(3) 严格执行“三同时”方针　《安全生产法》第二十四条规定：“生产经营单位新建、改建、扩建工程项目的安全设施，必须与主体工程同时设计、同时施工、同时投入生产和使用，安全设施投资应当纳入建设项目概算。”

(4) 卫生保健措施的执行　对从事有毒有害作业的职工，由相关卫生部门定期为他们进行健康检查，便于对职业中毒早发现、早治疗；国家规定发放保健费，以增加他们的营养，增强他们的体质。

各单位的卫生保健部门应培训医务人员进行有关的中毒急救处理，要随时备齐有关急救的医药器材。也要开展预防职业中毒的各项工作。

3. 个体防毒措施

个人防护也是防毒的预防措施之一。按对劳动者防护的部位可分两大类。

(1) 重视个人卫生　禁止在有毒作业场所吃饭、饮水、吸烟。饭前洗手漱口，班后洗浴，定期清洗工作服等。这对于防止有毒物质从皮肤、口腔、消化道侵入人体，具有重要意义。

(2) 防毒措施

① 严格遵守安全操作规程，加强个人防护，要注意正确选择和使用有效的安全防护用品，避免中毒事件的发生。

② 皮肤防护：为防止毒物从皮肤侵入人体，要穿用具有不同性能的工作服、工作鞋、防护镜等。

③ 呼吸防护：为防止毒物从呼吸道侵入人体，应使用呼吸防护器。

第三节　防火防爆

一、防火防爆基本知识

化工与制药生产中储存、使用的原料、中间体和产品很多都是易燃易爆物质，若发生火灾和爆炸事故，会造成十分严重的后果，不仅会造成操作者伤亡，而且还会危及在场的其他生产人员，甚至会使周围的居民遭受灾难，所以防火防爆是实现安全生产的重要条件。

1. 燃烧的基础知识

(1) 燃烧　燃烧是发光放热的化学反应。几乎所有可燃物的燃烧都是由空气（氧）助烧进行的，但燃烧不仅是指可燃物和氧（空气）的化学反应，而是包括能与其他氧化剂所起的具有上述特征的所有化学反应。

(2) 燃烧的条件　燃烧是有条件的，可燃物、助燃物和点火源是燃烧必须同时具备的三个必要条件，又称三要素。

① 可燃物质　凡是能与空气、氧气和其他氧化剂发生剧烈氧化反应的物质，都称为可燃物质。

② 助燃物质　凡是具有较强的氧化性能，能与可燃物质发生化学反应并引起燃烧的物质称为助燃物。例如空气、氧气、氯气、氯酸钾、双氧水、氟和溴等。

③ 点火源　能引起可燃物质燃烧的能源称为点火源。常见的点火源有明火、电火花、摩擦或撞击等机械火花、静电火花、化学能或高温物体导致的危险温度和自燃放热等。

三要素是燃烧的三个必要条件，但不是充分条件，三条件具备不一定能燃烧，要使之燃烧还必须使可燃物达到一定数量或浓度，助燃物有足够的数量和点火源具备足够的能量，且这些条件相互结合和相互作用。

(3) 燃烧的基本类型　闪燃、着火和自燃是燃烧的三大基本类型。

① 闪燃和闪点　可燃液体的温度越高，蒸发出的蒸气越多。当温度不高时，液面上少量的可燃蒸气与空气混合后，遇点火源而发生一闪即灭（延续时间少于 5s）的燃烧现象，

称闪燃。可燃液体发生闪燃的最低温度，称为该液体的闪点。一般闪点越低，则火灾危险性越大。如环氧丙烷的闪点为－37℃，煤油为28～45℃，说明环氧丙烷不仅比煤油的火灾危险性大，还表明环氧丙烷具有低温火灾危险性。

② 着火和燃点　着火就是可燃物质与点火源接触而能燃烧，并且在点火源移去后仍能保持继续燃烧的现象。一般来说，物质的燃点越低，其火灾危险性越大。

③ 自燃和自燃点　可燃物质受热升温而不需明火作用就能自行燃烧的现象称为自燃。引起自燃的最低温度称为自燃点。自燃点越低，则火灾危险性越大。

2. 爆炸的基础知识

爆炸是物质在瞬间以机械能形式放出大量能量的现象。其特点是具有破坏力，产生爆炸声和冲击波。

(1) 爆炸及其分类　按照爆炸能量来源的不同，爆炸可分为物理性爆炸和化学性爆炸两类。

物理性爆炸是由物理变化（温度、体积和压力等因素）引起的。在物理性爆炸的前后，物质的性质及化学成分均不改变。锅炉的爆炸是典型的物理性爆炸，其原因是过热的水迅速蒸发出大量蒸汽，使蒸汽压力不断提高，当压力超过锅炉的极限强度时，就会发生爆炸。

化学性爆炸是物质在短时间内完成化学反应，形成其他物质，同时产生大量气体和能量的现象。依照爆炸时所进行的化学变化，化学性爆炸可分为以下几种。

① 简单分解爆炸　爆炸时不发生燃烧反应，而是爆炸物分解为元素，并在分解反应过程中产生热量。如乙炔银、乙炔铝、碘化氮、三氯化氮、重氮盐、酚铁盐等，这类容易分解的不稳定物质是最危险的，受摩擦、撞击、轻微振动或受热即能引起爆炸。

② 复分解爆炸　伴有燃烧反应，燃烧所需氧是由本身分解时产生的。各种氮及氯的氧化物、苦味酸、硝化剂、各类含氧炸药等都属于复分解爆炸物。

③ 可燃性混合物爆炸　又分为气体爆炸性混合物和粉尘爆炸性混合物两种。该类爆炸在化工、制药等企业的爆炸事故中占主导地位。可燃气体、可燃液体蒸气或可燃性粉尘与空气或氧、氯气等助燃气体的混合物均属可燃性混合物。当可燃物含量与空气、氧等助燃气体达一定比例范围内，即达爆炸极限范围内时，该可燃性混合物已成为爆炸性混合物。

(2) 爆炸极限　可燃气体、液体蒸气或可燃粉尘与助燃物构成的混合物，并不是在任何浓度下都可以爆炸的，只有混合到一定比例范围内，遇激发能源才能爆炸。该比例范围的最低值，即能引起爆炸的最低浓度，称为该可燃物在该助燃物中的爆炸下限；其最高值，即能引起爆炸的最高浓度，称为爆炸上限。上、下限之间的范围，称为该可燃物在该助燃物中的爆炸极限范围即爆炸范围。

(3) 粉尘爆炸　当可燃性固体呈粉体状态，粒度足够细，飞扬悬浮于空气中，并达到一定浓度，在相对密闭的空间内，遇到足够的点火能量，就能发生粉尘爆炸。具有粉尘爆炸危险性的物质较多，常见的有制药过程产生的药物粉尘、金属粉尘（如镁粉、铝粉等）、粮食粉尘等。

二、防火防爆基本措施

安全生产要突出“安全第一、预防为主”的指导方针。一旦发生事故，就要考虑将事故控制在最小范围内，不发生火灾、爆炸的蔓延，将损失最小化。因此，火灾及爆炸蔓延的控制在开始设计时就应重点考虑。安全设计对制药、化工生产的安全有着决定性的影响。要从厂址选择、平面设计、厂房结构、消防设施、人员配备等角度，充分考虑安全操作、安全控制、安全管理等要素，从根本上保证企业安全生产的发展。

1. 厂房布置与安全间距

(1) 企业厂址定位的安全措施　确定工厂的厂址不仅仅是技术方面的工作，也关系到企业本质安全性。从安全角度应着重考虑工程地质条件、气象条件、用水方便、有利交通等几个方面的问题。

(2) 总体平面布置的基本要求　工厂总平面布置，应根据工厂的生产流程及各组成部分的生产特点和火灾危险性，结合地形、风向等条件，按功能分区集中布置。对于危险性较大的车间，应与其他车间保持一定的间距。对个别危险性大的设备，可采用隔离操作与远距离操纵。

(3) 工艺装置间的安全距离——防火间距　在企业平面设计中，工艺装置之间设置足够的防火间距，其目的是在一套装置发生火灾时，不会使火灾蔓延到相邻的装置，限制火灾的范围。

防火间距的另一个重要作用是为消防灭火活动提供场所，使消防设施免受危害，使消防车辆能够通行。

2. 点火源的控制

引起火灾爆炸的点火能源有明火、摩擦与撞击、高热物及高温表面、电气火花、静电火花、绝热压缩、自然发热、化学反应热以及光线和射线等。

(1) 明火　在有易燃易爆物质存在的场所，防范明火是最基本也是最重要的安全措施。

① 加热操作　在生产过程中，加热操作是采用最多的操作步骤之一。对易燃液体进行加热，应尽量避免采用明火。

② 爆炸性气体存在场所动火　在积存有可燃气体、蒸气的管沟、深坑、下水道及其附近，没有消除危险之前，不能有明火作业。

③ 飞火和移动火　烟囱飞火，汽车、拖拉机、柴油机等的排气管喷火等都可能引起可燃气体或蒸气的爆炸事故，故此类运输工具在未采取防火措施时不得进入危险场所。

(2) 摩擦与撞击　生产中，摩擦与撞击往往成为火灾、爆炸的起因，如金属零件、铁钉等落入粉碎机、反应器、提升机等设备内，由于铁器和机件撞击起火；铁器工具相撞击或与混凝土地坪撞击发生火花。

(3) 高温热表面　加热装置、高温物料输送管道的表面温度都比较高，应防止可燃物落于其上而着火；高温物料的输送管线不应与可燃物、可燃建筑构件等接触；可燃物的排放口应远离高温表面，如果接近，则应有隔热措施。加热温度高于物料自燃点的工艺过程，应严防物料外泄或空气进入系统。

(4) 电火花与电弧　电极之间或带电体与导体之间被电压击穿，空气被电离形成短暂的电流通路，即为放电并产生电火花；电弧是由大量密集的电火花汇集而成。电火花的温度都很高，特别是电弧，其温度可高达 3000～6000℃，可熔化金属。所以，在有爆炸危险的场所内，电火花的产生将会引起可燃物燃烧或爆炸，易燃易爆物质存在的场所，一个电火花即可造成事故。

(5) 静电　虽然静电电荷积累的能量不大，但静电电荷的电位却能达到几千伏、几万伏甚至更高。由于电位高，所以很容易发生静电放电现象。

3. 可燃物的控制

(1) 取代或控制用量　在化学品的生产、使用、加工过程中，用燃烧性能较差的溶剂代替易燃溶剂，会显著改善操作的安全性。

(2) **防止泄漏** 应保证设备的密闭性，对处理危险物料的设备及管路系统，在保证安装检修方便的前提下，应尽量少用法兰连接，而尽量采用焊接等。

在操作系统中增加自动控制与自动报警装置可以提高装置的安全性，减少人为泄漏事故的发生，从而提高企业的安全生产水平。

(3) **通风排气** 某些无法密闭且向生产场所泄漏或散发可燃气体、有毒气体、粉尘的场所，要设置良好的通风排气设备，降低作业场所空气中可燃气体、有毒气体及粉尘的浓度，防止形成爆炸性混合物和有害物质超过限值。

(4) **惰性化处理** 用惰性气体部分取代空气，在通入可燃性气体时就不能形成爆炸性混合气体，从而消除爆炸危险和阻止火焰的传播，这就是惰性化的含义。用惰性气体置换容器、管道内的空气或可燃物，使系统内氧气的浓度低于最小氧气浓度，或使可燃气降至可燃下限以下。

但是，由于惰性气体没有颜色，没有气味，泄漏时不易发现，易造成人员窒息。所以，在其惰性化处理防爆时，要采取控制措施，防止泄漏造成人员窒息。

4. 化学反应的控制

温度、压力、流量、投料比等工艺参数，是生产过程中的主要参数，也是进行工艺设计和设备设计的基础参数。在生产过程中，实际的参数可以有一定的波动范围，在此范围内不仅可以顺利完成生产，而且是安全的，如果超出安全范围则可能发生事故。因此按照工艺要求严格控制工艺参数在安全操作限度以内，是实现制药安全生产的基本条件。

(1) 温度控制

① 移出反应热 移出反应热的方法主要是通过传热把反应器内的热量由流动介质带走，常用的方式有夹套冷却、蛇管冷却等。

② 防止搅拌中断 搅拌能加速物料的扩散混合，使反应均匀进行，反应器内温度也均匀，有利于温度控制和反应的进行。一般情况下，搅拌停止则立即停止加料，在恢复搅拌后，应待反应温度趋于平稳时再继续加料。如果必要，可以在设计时考虑双路供电。

③ 正确选用传热介质 传热介质就是热载体，常用热载体有水蒸气、热水、联苯醚、熔盐等。

(2) 控制投料速度和料比 对于放热反应，投料速度过快，放热速率也快，放热速率超过设备移出热量的速率，热量急剧积累，可能出现“飞温”和冲料危险。因此投料时必须严格控制，不得过量，且投料速度要均匀，不得突然增大。

(3) 投料顺序 生产中必须按照一定的投料顺序投料，否则，容易出现事故。如在配制稀硫酸时，必须先加水，然后在搅拌状态下再加浓硫酸，以免造成爆沸。

(4) 原料纯度 许多化学反应，在原材料纯度不够，含有过量禁忌杂质的情况下，会引起燃烧爆炸。如生产乙炔的电石，其含磷量不得超过0.08%，因为磷化钙与水作用产生磷化氢，磷化氢二聚体遇空气能自燃，可导致乙炔-空气混合气体爆炸。

(5) 投料量 化学反应中反应罐和设备都有一定的安全容积，特别是带搅拌的反应罐，如果不能控制合适的投料量，就会在开启搅拌时液面升高，导致料液溢出、设备超压等。投料量过少时，有可能造成温度计无法准确测量液温，而仅仅测出上面气体的含量，从而导致假温度现象，造成操作人员判断失误，引发各类事故。

三、限制火灾爆炸的扩散与蔓延

一旦发生事故，如何把事故影响控制在最小的范围内，使损失最小化，是从设计到事故应急全周期都要考虑的重点内容，前面从厂址选择、厂房布局、防火间距等方面已做了介绍，现主要介绍报警装置、安全防火设施等方面。

1. 火灾报警装置

火灾监测装置是发现火灾苗头的设备。在火灾酝酿期和发展期陆续出现的火灾信息，有臭气、烟、热流、火光、辐射热等，这些都是监测装置的探测对象。

(1) 感温报警器 感温报警器可分为定温式和差动式两种。定温式感温报警器是在安装检测器的场所温度上升至预定的温度时，在感温元件的作用下发出警报。自动报警的动作温度一般采用65～100℃。

(2) 感烟报警器 感烟报警器能在事故地点刚发生阴燃冒烟还没有出现火焰时，即发出警报，所以它具有报警早的优点，根据敏感元件的不同，感烟报警器分为离子感烟报警器和光电感烟报警器两种。

(3) 感光报警器 利用物质燃烧时火焰辐射的红外线和紫外线，制成红外检测器和紫外检测器。

(4) 测爆仪 爆炸事故是在具备一定的可燃气、氧气和火源这三要素的条件下出现的。其中可燃气的偶然泄漏和积聚程度，是现场爆炸危险性的主要监测指标，相应的测爆仪和报警器便是监测现场爆炸性气体泄漏危险程度的重要工具。

2. 阻火装置

阻火装置的作用是防止火焰窜入设备、容器与管道内，或阻止火焰在设备和管道内扩展。其工作原理是在可燃气体进出口两侧之间设置阻火介质，当任一侧着火时，火焰的传播被阻而不会烧向另一侧。常用的阻火装置有安全液封、阻火器和单向阀。

(1) 安全液封 这类阻火装置以液体作为阻火介质。目前广泛使用安全水封，它以水作为阻火介质，一般装置在气体管线与生产设备之间。常用的安全水封有开敞式和封闭式两种。

(2) 阻火器 这类阻火装置的工作原理是：火焰在管中蔓延的速度随着管径的减小而减小，最后可以达到一个火焰不蔓延的临界直径。这一现象按照链式反应理论的解释是，管子直径减小，器壁对自由基的吸附作用的程度增加。一般有金属网阻火器、砾石阻火器、波纹型阻火器、泡沫金属型阻火器、多孔板型阻火器、复合型阻火器、星型旋转阀阻火器。

(3) 单向阀 单向阀是利用阀前后介质的压力差而自动启闭，控制介质单向流动的阀门。防止物料泄漏并引起安全事故，特别是当下游发生火灾和超压时，由于压力作用，就会使单向阀关闭，阻止火灾蔓延。

(4) 防爆墙、防爆门 厂房内设置防爆墙，将爆炸危险性高的区域与其他区域分隔，可在发生爆炸事故时最大限度地减少受害范围，使人员伤亡和财产损失减少到最低。

3. 泄压装置

泄压装置包括安全阀和爆破片。

(1) 安全阀 安全阀的作用是为了防止设备和容器内压力过高而爆炸。安全阀按其结构和作用原理分为静重式、杠杆式和弹簧式等。

(2) 爆破片 爆破片又称防爆膜、泄压膜。是一种断裂型的安全泄压装置。它的一个重要作用是当设备发生化学性爆炸时，保护设备免遭破坏。

4. 指示装置

用于指示系统的压力、温度和水位的装置为指示装置。它使操作者能随时观察了解系统的状态，以便及时加以控制和妥善处理。常用的指示装置有压力表、温度计和水位计。

5. 安全联锁

安全联锁就是利用机械或电气控制依次接通各个仪器和设备，使之彼此发生联系，达到安全运行的目的。

四、消防安全

遵照“预防为主，防消结合”的消防方针，在做好防火工作的同时，还必须掌握灭火和火灾扑救知识，以便及时有效扑灭各种初火和火灾。

企业员工最基本的技能就是要掌握“四懂四会”，这是消防安全基本常识。“四懂”就是：懂火灾的危险性；懂火灾的预防措施；懂火灾的扑救方法；懂火灾的逃生知识。“四会”就是：会报火警；会使用消防器材；会扑灭初起火灾；会组织逃生。

1. 灭火的基本原理与方法

基本的灭火方法有隔离法、冷却法、窒息法和化学抑制灭火法。

(1) 隔离法　隔离法就是将着火的区域与周围可燃物质隔开，中断可燃物的供给，使火灾不能蔓延。

(2) 冷却法　可燃物质需要达到一定的温度才能够燃烧，即必须达到最小着火温度(燃点)。冷却法就是将灭火剂直接喷撒在燃烧物体上，使燃烧物质的温度降低至燃点以下，燃烧过程停滞或减缓，或者将邻近着火场的可燃物温度降低，避免扩大形成新的燃烧条件。

(3) 窒息法　窒息法就消除助燃物（空气、氧气或其他氧化剂），使燃烧因缺少助燃物质而停止。主要是采取措施阻止助燃物进入燃烧区，或者用惰性介质和阻燃性物质冲淡稀释助燃物，使燃烧得不到足够的氧化剂而熄灭。

(4) 化学抑制灭火法　根据燃烧的链式反应理论，在燃烧三要素都具备的条件下，燃烧过程中燃烧物质和助燃物质还必须先转化成自由基，自由基是燃烧持续所必需的一个锁链(环节)，自由基增加则燃烧持续，增加得越多则燃烧得越旺；反之，自由基减少则燃烧速度减慢甚至熄灭。化学反应中断法又称抑制法，就是将抑制剂掺入燃烧区域，消除自由基，以抑制燃烧连锁反应进行，使燃烧中断而灭火。

2. 灭火剂

常用的灭火剂有水、水蒸气、泡沫、二氧化碳、干粉等。现将这几类灭火剂的性能与应用范围分述如下。

(1) 水及水蒸气　水是消防上最普遍应用的灭火剂，因为水在自然界广泛存在，供应量大，取用方便，成本低廉，对人体及物体基本无害，水有很好的灭火效能，主要有下列几方面。

① 热容量大　水是一种吸热性很强的物质，具有很大的热容量。1kg 水温度升高 1℃，需要 1kcal 的热量；而当 1kg 水蒸发汽化时，又需要吸收 539kcal 的热量。因此，水就可以从燃烧物上吸收掉很多的热量，使燃烧物的温度迅速降低以致熄灭。

② 隔离空气　当水喷入燃烧区以后，便立即受热汽化成为水蒸气。1kg 水全部蒸发时，能够形成 1700L 体积的水蒸气，当大量的水蒸气笼罩于燃烧物周围时，可以阻止空气进入

燃烧区，从而大大减少了空气中氧的百分比含量，使燃烧因缺氧窒息而熄灭。

③ 机械冲击作用　密集水流能喷射到较远的地方，具有机械冲击作用，能冲进燃烧表面而进入内部，破坏燃烧分解的产物，使未着火的部分隔离燃烧区，防止燃烧物质继续分解而熄灭。

(2) 泡沫灭火剂　灭火用的泡沫是一种体积细小、表面被液体围成的气泡群，密度小于最轻的易燃液体，能覆盖在液面上，主要用于扑救易燃液体火灾。泡沫所以能灭火主要是在液体表面生成凝聚的泡沫漂浮层，起窒息和冷却作用。

泡沫灭火剂主要用于扑救各种不溶于水的可燃、易燃液体的火灾，也可用来扑救木材、纤维、橡胶等固体的火灾。由于泡沫灭火剂中含一定量的水，所以不能用来扑救带电设备及遇水燃烧物质引起的火灾。

(3) 二氧化碳及惰性气体灭火剂　通常二氧化碳是以液态灌进钢瓶内作灭火剂用，喷射在燃烧区内的二氧化碳能稀释空气而使氧或可燃气体的含量降低，当空气中二氧化碳浓度达到29.2%时，燃烧着的火焰就会熄灭。因喷射出来的干冰温度可达－78.5℃，除了具有窒息作用外，还有一定的冷却作用。

由于二氧化碳不含水分，不导电，可用来扑灭精密仪器及一般电气火灾，以及不能用水扑灭的火灾。但不能扑灭金属钾、钠、镁、铝等的火灾。

(4) 干粉灭火剂　干粉灭火剂是一种干燥的、易于流动的微细固体粉末，由能灭火的基料（90%以上）和防潮剂、流动促进剂、结块防止剂等添加剂组成。一般用干燥的二氧化碳或氮气作动力，将干粉从容器中喷出形成粉雾，喷射到燃烧区灭火。

3. 消防器材及使用方法

(1) 灭火器　是指在其压力作用下，将所装填的灭火剂喷出，以扑救初起火灾的小型灭火器具。

厂房、库房、露天设备、生产装置区、贮罐区，除应设置固定灭火设施外，还应设置灭火器，用来扑救初起火灾。

灭火器的种类及数量，应根据保护部位的燃烧物料性质、火灾危险性、可燃物的数量、厂房和库房的占地面积，以及固定灭火设施对扑救初起火灾的可能性等因素，综合考虑决定。具体见《建筑灭火器配置设计规范》GB 50140—2005。

(2) 消防用水　消防用水设施主要有消防给水管道和消防栓两种。

① 消防给水管道　简称消防管道。是一种能够保障消防所需用水量的给水管道，一般要求独立供水。消防管道有高压和低压两种。室外消防管道应环状供水，输水管路不少于两条，环状管道应用阀门分为若干独立管段，每个管段消火栓数量不宜超过5个。

② 消火栓　消火栓可供消防车取水，也可直接连接水带进行灭火，是消防供水的基本设施。消火栓分为室外和室内两类。室外消防栓分为地下式和地上式两种，一般在北方易冻区域必须设置为地下式，以防止水结冰。

第四节　压力容器安全

根据2009年8月31日中华人民共和国国家质量监督检验检疫总局颁布的《固定式压力容器安全技术监察规程》（TSG R0004—2009 特种设备安全技术规范）规定，固定式压力容器（以下简称压力容器）是指安装在固定位置，或者仅在使用单位内部区域使用的压力容器，同时应具备以下三个条件：最高工作压力（p_W）≥0.1MPa（不包括液体静压力，下同）；设计压力与容积的乘积大于或者等于2.5MPa·L；盛装介质为气体、液化气体和最高工作温度高于或者等于标准沸点的液体。

一、压力容器分类

压力容器非常复杂且种类繁多。根据使用和管理等不同要求，可分为固定式和移动式（如汽车、铁路槽车、气瓶）；根据壳体承压方式分为内压、外压和夹套容器；根据安装方式分为立式和卧式容器；按压力高低分为低、中、高和超高压容器。而通常多按压力、用途和安全监察角度进行分类。

1. 按压力分类

按设计压力大小将容器分为低压、中压、高压、超高压4个等级。

低压（代号L）　$0.1MPa \leqslant p < 1.6MPa$

中压（代号M）　$1.6MPa \leqslant p < 10MPa$

高压（代号H）　$10MPa \leqslant p < 100MPa$

超高压（代号U）　$p \geqslant 100MPa$

2. 按危险性和危害性分类

根据容器的工作压力、用途、容积和介质的危险性，按照《压力容器安全技术监察规程》可分为三类。简单地说是根据容器的危险因素及其发生事故时可能造成的后果大小进行分类。

(1) 一类容器　非易燃或无毒介质的低压容器及易燃或有毒介质的低压传热容器和分离容器属于一类容器。

(2) 二类容器　任何介质的中压容器；剧毒介质的低压容器；易燃或有毒介质的低压反应容器和储运容器属于二类容器。

(3) 三类容器　高压、超高压容器；pV（设计压力×容积）≥$0.2MPa \cdot m^3$的剧毒介质低压容器和剧毒介质的中压容器；$pV \geqslant 0.5MPa \cdot m^3$的易燃或有毒介质的中压反应容器；$pV \geqslant 10MPa \cdot m^3$的中压储运容器；中压废热锅炉和内径大于1m的低压废热锅炉。

二、压力容器安全附件

压力容器上使用的安全附件有压力表、温度计、安全阀、液位计、爆破片、爆破帽、易熔塞、紧急切断装置等。

1. 压力表

用来测量容器内介质的实际压力值，以防超限。对其安全要求是：选用的压力表必须与容器内的介质相适应。低压容器使用的压力表精度不应低于2.5级；中压及高压容器使用的压力表精度不应低于1.5级。表盘刻度极限值为最高工作压力的1.5～3.0倍，最好选用2倍；表盘直径不应小于100mm，如观察距离超过2m，则表盘直径不应小于150mm。压力表安装前要按国家计量部门的有关规定对其进行校验。在刻度盘上应划出指示最高和最低工作压力红线，注明下次检验日期（一般每年至少校验一次）。压力表校验后应加铅封。

2. 温度计或测温仪表

用以测量介质或催化剂或器壁温度，以防超限发生事故。应按工艺要求确定测量点。温度计或测量仪表安装使用前必须校验，并定期校验，以保其准确性。

3. 安全阀

是当容器超压时能自动泄压的装置。有弹簧式、杠杆式和静重式安全阀等。弹簧式安全阀要有提升把手和防止随意拧动调整螺丝的装置；杠杆式安全阀要有防止重锤移动的装置和限制杠杆越出的导架；静重式安全阀要有防止生铁片飞脱装置。安全阀应装排气管，对有毒有害和易燃易爆介质其排气管要引出室外，并超过临近最高厂房高度 2m 以上，且在防雷保护区内。安全阀应按规定的开启压力进行调整和校验，校后要进行铅封。并定期做手动或自动的放气放水（液）试验，以防阀芯和阀座粘住。

4. 液位计或液位报警器

用以指示液位的高低，以防液位超限，发生事故。有玻璃管（板）、磁性液位计和浮球式或磁铁式液位报警器等。用于易燃、毒性程度为极度、高度危害介质的液化气体压力容器上，应采用板式或自动液位指示计或磁性液位计，并有防止泄漏的保护装置。要求液面指示平稳的，不应采用浮子（标）式液位计。

5. 爆破片

爆破片是断裂型的超压泄放装置。爆破片具有结构简单、灵敏、准确、无泄漏、泄放能力强等优点。一般用于不适于装安全阀的容器上，如介质容易结晶、聚合或黏度较大的容器。

6. 易熔塞

易熔塞是超温熔化型泄放装置，在设备超压且超温时，安装于设备接管上的易熔堵塞物熔化而使设备排出介质泄压，如气瓶上的易熔塞。

三、压力容器的安全操作

严格按照岗位安全操作规程的规定，精心操作和正确使用压力容器，是保证安全生产的一项重要措施。

1. 精心操作，动作平稳

操作要精力集中，勤检查和调节。在升压、升温或降压、降温时，都应缓慢，不能使压力、温度骤升骤降。保持压力和温度的相对稳定，减少压力和温度的波动幅度，是防止容器疲劳破坏的重要环节之一。

在压力容器操作中，阀门的启用要特别谨慎。开车、正常运行和停车时，各阀门的开关状态以及开关的先后顺序不能搞错，必须按岗位安全操作规程的规定进行操作。要防憋压闷烧、防止高压串入低压系统、防止性质相抵触的物料相混以及防止液体和高温物料相遇。

2. 禁止超压、超温、超负荷

压力容器的设计都是根据预定的最高工作压力、温度、负荷和介质特性，从而确定容器的材质、容积、壁厚和进出口管径；确定安全附件的材质、规格等。超压是引起容器爆炸的一个主要原因。超压有时并不立即导致容器的爆炸，但是会使材料中存在的裂纹加快扩展速度，缩短了容器的使用寿命或为爆炸准备了条件。

材料的强度一般是随温度的升高而降低。超温使材料强度下降，因而产生较大的塑性变形（如局部超温能使容器产生鼓包），最终导致容器失效或爆炸。超温还往往是使容器发生蠕变破坏的主要原因。除此之外，严格控制化学反应温度也是预防燃烧、爆炸的一个重要措施。运行中不准超过最高或最低允许工作温度，特别是低温容器或工作温度较低的容器，如温度低于了规定的范围，就可能导致容器的脆性破坏。

超负荷会对容器产生不同的危害。有的加快了容器和管道的磨损减薄；有的（如液化气体槽、罐）充装过量后，温度稍有升高，压力急剧上升而发生爆炸等。

3. 巡回检查，及时发现和消除缺陷

压力容器的破坏大多数有先期征兆，只要勤于检查，仔细观察，是能够发现异常现象的。因此，在容器运行期间应定时、定点、定线进行巡回检查。检查内容包括工艺条件、设备状况和安全附件，是否正常、灵敏、可靠或出现异常。

4. 紧急停止运行

容器在运行中如发生故障，出现下列情况之一，严重威胁安全时，操作人员应立即采取措施，停止容器运行，并通知生产调度和有关领导。

① 容器的压力或壁温超过操作规程规定的最高允许值，采取措施后仍不能使压力或壁温降下来，并有继续恶化的趋势。

② 容器的主要承压组件产生裂纹、鼓包、变形或泄漏等缺陷，危及容器安全。

③ 安全附件失灵、接管断裂、紧固件损坏，难以保证容器安全运行。

④ 发生火灾直接威胁到容器安全操作。

容器停止运行的操作，一般应切断进料、泄放器内介质，使压力降下来。对于连续生产的容器，紧急停止运行前务必与前后有关岗位作好联系工作。

第五节　电气安全

一、电气安全基本知识

电能在带给人类生活方便和幸福的同时，如果不能合理安全用电，可能对人体构成多种伤害，其中触电事故最为常见。

1. 触电的种类

电流致人伤害可分为电击和电伤两种。

(1) 电击　电击是电流通过人体内部，引起严重的病理变化，危及人的生命，俗称触电。人触及带电导体、漏电设备外壳和其他带电体，以及雷击和电容放电，都可导致电击，电击在人体表面往往不留痕迹。按触及带电体的方式和电流通过人体途径，触电又可分为三种情况：

① 单相触电　人体在地面或其他接地导体上，人体其他某一部位触及一相带电体的触电。大部分触电都是单相触电，在中性点直接接地电网中，单相触电时构成回路，电流较大危险性较大（加于人体电压近220V）。

② 两相触电　人体两处同时触及两相带电体的触电。加于人体电压可达380V，危险性也是较大的。漏电保护装置在此类触电事故中基本不起作用。

③ 跨步电压触电　当带电体接地有电流流入地下时，在接地点附近，由两脚间跨步电压引起的触电。高压设备故障接地或有大电流流过的接地装置附近都可能出现较高的跨步电压。一般从漏电点到20m外的大地，电压是逐渐降低的。20m之外，危险性基本可以忽略。

(2) 电伤　电伤是指电流的热效应、化学效应、机械效应对人体造成的局部伤害。电伤多见于肌体外部，而且往往在肌体上留下伤痕。主要有以下几种。

① 电烧伤　是指电流的热效应对人体造成的伤害，又分为电流灼伤和电弧烧伤。电流灼伤是人体触及带电体，电流通过人体由电能转化为热能对人体造成的伤害。一般发生在低压系统中。电弧温度高达6000℃，可造成人体大面积、大深度灼伤，甚至烧焦肢体及其他部位。

② 电烙印　电流化学效应和机械效应作用的结果，在人体与带电体经常接触的皮肤表面形成圆形和椭圆形的肿块，可导致表皮坏死。

③ 皮肤金属化　是指在电弧高温作用下，金属气化，微粒渗入皮肤，造成皮肤张紧等伤害。一般与电弧烧伤同时发生。

④ 电光眼　是发生弧光放电时，红外线、紫外线、可见光等对眼睛的伤害，对于瞬间的放电，紫外线是引起电光眼的主要原因。电光眼多表现为角膜炎和结膜炎，也就是电焊作业中常说的“打眼”。

2. 影响触电伤害程度的因素

大量触电事故表明，触电都是由于电流对人体的作用而引起的。电流通过人体时，会引起针刺感、压迫感、打击感、痉挛、疼痛、血压升高、心律不齐、昏迷，甚至心室颤动等症状。其对人体伤害的严重程度与通过人体电流的大小、通过人体的接触时间、通过人体的途径、人体电阻、电流种类及人体状况多种因素有关。

(1) 电流大小　通过人体电流越大，其生理反应越明显，感觉越强烈，引起心室颤动所需时间越短，致命危险性越大。根据人体对电流的生理反应，一般将电流划分为以下三级。

① 感知电流　引起人体感觉的最小电流。人体对电流的最初感觉是轻微的发麻和刺痛。成年男性的平均感知电流约1.1mA，成年女性约为0.7 mA。

② 摆脱电流　当电流增大到一定程度时，触电者因肌肉收缩、发生痉挛而抓紧带电体，将不能自行摆脱电源。触电后能自主摆脱电源的最大电流称为摆脱电流。一般男性平均为16mA，女性约为10mA。

③ 致命电流　在较短时间内会危及生命的电流为致命电流。电击致死的主要原因大都是由于电流引起了心室颤动而造成的。

(2) 通电时间　通过电流时间越长，能量积累就越多，引起心颤电流就越小，危险越大。

(3) 电流途径　人体受伤害程度主要取决于通过心脏、肺及中枢神经的电流大小。电流通过大脑是最危险的，会立即引起死亡，但较为罕见。最常见的是由于电流刺激人体心脏引起心室颤动致死。电流途径危害性从小到大为从脚→脚，手→手，左手→脚，右手→脚，头→脚，其中头→脚危害最大。

(4) 电流种类　工频电流（50Hz）对人体伤害最严重，因为频率在30～300Hz的交流电最易引起心室颤动。

(5) 身体状况　与人的身体状况有关，儿童较成人敏感，女性较男性敏感，病患者特别是心脏病患者，触电死亡可能性更大。

3. 触电事故规律

在电流伤害事故中，往往会在极短的时间内发生严重的后果。因此，研究触电事故发生的规律、制定有效安全措施，对防止触电事故发生具有重要意义。

触电事故的发生规律如下。

(1) 季节性明显　夏秋两季（6、9月天气热潮，电气绝缘下降；天热人出汗，皮肤电阻下降，易导电）多。

(2) 低压触电多　低压电网广，接触人数、机会多；设备防护，管理低于高压；操作员工缺少必要的电气安全知识。

(3) 携带式和移动式设备触电事故多　主要是因为此类电气设备经常移动，使用环境恶劣，接头处易发生故障，操作工经常用手紧握，触电机会较多。

(4) 单相触电事故多　占触电事故总数的70%以上。

(5) 电气连接部位触电事故多　插销、开关、分支线、焊接头、电缆头、熔断器等接头部位牢固性差，易外露，安全可靠性差。

(6) 青、中年及非电工触电事故多　电气安全知识缺乏。

(7) 误操作事故多　安全技术知识欠缺，安全技术措施不完备，违章或无章可循等。

二、触电事故预防与急救

1. 防直接接触的措施

人体触及正常时带电的导体为直接接触。其特点是人体的接触电压为全部工作电压，其故障电流就是人体的触电电流，通过人体电流一般比较高，危险性较大。防止直接接触触电，是电气设备使用过程中首先要考虑的问题。

(1) 绝缘　用绝缘物质或材料，把导体包住封闭起来，使人体不能触及带电导体的措施。绝缘材料有无机（瓷件）、有机（橡胶）和混合绝缘材料三类。为防绝缘损坏应按规定进行严格绝缘性能检查。绝缘性能用绝缘电阻、耐压强度、泄漏电流和介质损耗等指标衡量。电工绝缘材料的体积电阻率一般在$10^7\Omega\cdot m$以上。

(2) 屏护　当电气设备不便以绝缘，或绝缘不足以保证安全时，为防触电或电弧伤人，应采取屏护措施，即用遮栏、护罩、护盖、箱匣等隔离措施。

(3) 间距　为防止人体触及或过分接近带电体，防止车辆等物体碰撞或过分接近带电体，防止电气短路事故和因此引起火灾，在带电体和地面之间、带电体之间、带电体与其他设备和设备之间，均需保持一定的安全距离，该距离称为间距。

(4) 电工安全用具　电工安全用具是防止触电、坠落、灼伤等工伤事故，保障工作人员安全的各种电工用具。主要包括电压和电流指示器、绝缘安全用具、登高安全用具、检修工作中的临时接地线、围栏及各种安全标示牌等。

绝缘安全用具分为1000V以上和1000V以下两类。绝缘安全用具包括绝缘杆、绝缘钳、绝缘手套、绝缘鞋、绝缘站台、电压指示器等。

(5) 安全电压　安全电压是人体允许通过的电流和人体电阻之积，采用该电压，通过人体的电流不超过允许的范围，是防止触电事故的基本措施之一，也是制定安全技术措施的依据。具有安全电压的设备属于Ⅲ类设备。

我国规定工频安全电压的上限值，即在任何情况下，任何两导体之间或任一导体与地之间不许超过的工频有效值为50V。我国规定工频有效值42V、36V、24V、12V和6V为安全电压的额定值。凡手提照明、危险环境的携带式电动工具，如无特殊安全结构和安全措施，应采用42V或36V安全电压；无特殊防护的局部照明灯应采用36V或24V安全电压；工作地点狭窄、行动不便，以及周围有大面积接地导体的环境，如金属容器内等特别危险场所，应采用12V安全电压。水下作业等特殊场所应采用6V安全电压。

(6) 安装漏电保护器 属直接接触的有效附加保护。安装动作电流小于30mA的高灵敏度的漏电保护器，当低压电器发生故障，或因操作者粗心大意误操作时，可作为补充保护手段，它只是辅助保护措施，不能代替上述基本保护措施，至少要和上述5种基本措施中的一种同时使用。

2. 防止触电的综合管理措施

触电事故涉及的原因很多，防止触电事故必须采取综合措施。做好电气安全生产管理工作，除采取上述技术措施外，还必须采取电气安全组织措施，其内容如下。

(1) 建立健全并严格执行电气安全规章制度和操作规程 特别是两票三制（工作票、操作票、交接班制、巡回检查制、设备定期试验与轮换制度），以岗位责任制为中心的各项管理制度。

(2) 进行电气安全技术培训和教育 电工作业人员是特种作业人员，必须经当地劳动部门进行专业安全技术培训、考试合格取证后，持证作业。

(3) 进行电气安全检查。

(4) 严肃处理工伤事故。

3. 触电急救

触电急救时，首先要使触电者迅速脱离电源，然后根据触电者具体情况进行相应救治。现场抢救要迅速、准确、就地、坚持。

(1) 低压触电事故脱离电源方法

① 触电地点附近有电源开关或插头，可立即拉下开关或拔下插锁。

② 开关不在触电地点附近，可立即用有绝缘柄的电工钳等或干燥木柄斧头切断电源线。

③ 当电线搭落在触电者身上或被压在身下时，可用干的衣服、手套、绳索、木板、棒等绝缘物为工具，拉开触电者或挑开电线，使之脱离电源。

(2) 高压触电事故脱离电源方法

① 通知有关部门停电。

② 戴上高压绝缘手套，穿上绝缘靴。用相应电压等级的绝缘工具拉开开关。

③ 抛挂接地线，使线路接地短路，迫使保护装置动作，断开电源。抛线前，一端先可靠接地，然后抛另一端，注意抛掷一端不得触及触电者和其他人。

(3) 现场急救

当触电者脱离电源后，迅速组织医务等有关人员进行对症救护。现场应用的方法有人工呼吸法及胸外心脏按压法。

对需要救助的触电者，在进行抢救时一般按以下三种情况处理。

① 触电者伤势不重、神志清醒，仅仅有些心慌、四肢麻木、全身无力，或者虽在触电过程中一度昏迷，但已经清醒，应使触电者安静休息，不要走动。严密观察伤势并请医生前来诊治或送往医院。

② 如果触电者伤势较重，已失去知觉，但心脏跳动及存在呼吸，应使触电者舒适、安静地平卧，保持空气流通。解开其衣服利于呼吸，如冬天应注意保温；并速请医生前来诊治或送往医院。如发现呼吸困难、神志不清，甚至发生痉挛，应准备心脏跳动停止或呼吸停止后的进一步抢救工作。

③ 如果触电者伤势严重，呼吸停止或心脏停止跳动，或两者均已停止，应立即采取人工呼吸及胸外心脏按压，并速请医生前来诊治或送往医院。

思考题

9-1 影响企业安全的因素有哪些？

9-2 简述从业人员的权利与义务有哪些，并试着说明在以后工作中要如何实施。

9-3 工业毒物对人体的危害有哪些？

9-4 试着查询一种工业毒物，并简述工业毒物的毒理作用。

9-5 如何防止职业病的发生？

9-6 “四懂四会”有哪些内容，如何落实到以后的工作中？

9-7 如何使用消防器材？

9-8 如何正确操作压力容器？

9-9 影响触电的因素有哪些？

9-10 触电后如何进行急救？

附　录

一、某些气体的重要物理性质

名称	分子式	密度(0℃，101.33kPa)/(kg/m³)	比热容/[kJ/(kg·℃)]	黏度 $\mu\times10^5$/Pa·s	沸点(101.33kPa)/℃	汽化热/(kJ/kg)	临界点		热导率/[W/(m·℃)]
							温度/℃	压强/kPa	
空气	—	1.293	1.009	1.73	−195	197	−140.7	3768.4	0.0244
氧	O_2	1.429	0.653	2.03	−132.98	213	−118.83	5036.6	0.0240
氮	N_2	1.251	0.745	1.70	−195.78	199.2	−147.13	3392.5	0.0228
氢	H_2	0.0899	10.13	0.842	−252.75	454.2	−239.9	1296.6	0.163
氦	He	0.1785	3.18	1.88	−268.95	19.5	−267.96	228.94	0.144
氩	Ar	1.7820	0.322	2.09	−185.87	163	−122.44	4862.4	0.0173
氯	Cl_2	3.217	0.355	1.29(16℃)	−33.8	305	+144.0	7708.9	0.0072
氨	NH_3	0.771	0.67	0.918	−33.4	1373	+132.4	11295	0.0215
一氧化碳	CO	1.250	0.754	1.66	−191.48	211	−140.2	3497.9	0.0226
二氧化碳	CO_2	1.976	0.653	1.37	−78.2	574	+31.1	7384.8	0.0137
二氧化硫	SO_2	2.927	0.502	1.17	−10.8	394	+157.5	7879.1	0.0077
二氧化氮	NO_2	—	0.615	—	+21.2	712	+158.2	10130	0.0400
硫化氢	H_2S	1.539	0.804	1.166	−60.2	548	+100.4	19136	0.0131
甲烷	CH_4	0.717	1.70	1.03	−161.58	511	−82.15	4619.3	0.0300
乙烷	C_2H_6	1.357	1.44	0.850	−88.50	486	+32.1	4948.5	0.0180
丙烷	C_3H_8	2.020	1.65	0.795(18℃)	−42.1	427	+95.6	4355.9	0.0148
正丁烷	C_4H_{10}	2.673	1.73	0.810	−0.5	386	+152	3798.8	0.0135
乙烯	C_2H_4	1.261	1.222	0.985	−103.7	481	+9.7	5135.9	0.0164
丙烯	C_3H_6	1.914	1.436	0.835(20℃)	−47.7	440	+91.4	4599.0	—
乙炔	C_2H_2	1.171	1.352	0.935	−83.66(升华)	829	+35.7	6240.0	0.0184
氯甲烷	CH_3Cl	2.308	0.582	0.989	−24.1	406	+148	6685.8	0.0085
苯	C_6H_6	—	1.139	0.72	+80.2	394	+288.5	4832.0	0.0088

二、某些液体的重要物理性质

名称	分子式	密度（20℃）/(kg/m³)	沸点（101.33kPa）/℃	汽化热/(kJ/kg)	比热容（20℃）/[kJ/(kg·℃)]	黏度（20℃）/mPa·s	热导率(20℃)/[W/(m·℃)]	体积膨胀系数 $\beta\times10^4$（20℃）/$℃^{-1}$	表面张力 $\sigma\times10^3$（20℃）/(N/m)
水	H_2O	998	100	2258	4.183	1.005	0.599	1.82	72.8
氯化钠盐水（25%）	—	1186（25℃）	107	—	3.39	2.3	0.57（30℃）	(4.4)	—
氯化钙盐水（25%）	—	1228	107	—	2.89	2.5	0.57	(3.4)	—
硫酸	H_2SO_4	1831	340（分解）	—	1.47(98%)	—	0.38	5.7	—
硝酸	HNO_3	1513	86	481.1	—	1.17(10℃)	—	—	—
盐酸(30%)	HCl	1149	—	—	2.55	2(31.5%)	0.42	—	—
二硫化碳	CS_2	1262	46.3	352	1.005	0.38	0.16	12.1	32
戊烷	C_5H_{12}	626	36.07	357.4	2.24(15.6℃)	0.229	0.113	15.9	16.2
己烷	C_6H_{14}	659	68.74	335.1	2.31(15.6℃)	0.313	0.119	—	18.2
庚烷	C_7H_{16}	684	98.43	316.5	2.21(15.6℃)	0.411	0.123	—	20.1
辛烷	C_8H_{18}	763	125.67	306.4	2.19(15.6℃)	0.540	0.131	—	21.8
三氯甲烷	$CHCl_3$	1489	61.2	253.7	0.992	0.58	0.138（30℃）	12.6	28.5（10℃）
四氯化碳	CCl_4	1594	76.8	195	0.850	1.0	0.12	—	26.8
苯	C_6H_6	879	80.10	393.9	1.704	0.737	0.148	12.4	28.6
甲苯	C_7H_8	867	110.63	363	1.70	0.675	0.138	10.9	27.9
邻二甲苯	C_8H_{10}	880	144.42	347	1.74	0.811	0.142	—	30.2
间二甲苯	C_8H_{10}	864	139.10	343	1.70	0.611	0.167	10.1	29.2
对二甲苯	C_8H_{10}	861	138.35	340	1.704	0.643	0.129	—	28.0
苯乙烯	C_8H_9	911（15.6℃）	145.2	(352)	1.733	0.72	—	—	—
氯苯	C_6H_5Cl	1106	131.8	325	1.298	0.85	0.14(30℃)	—	32
硝基苯	$C_6H_5NO_2$	1203	210.9	396	1.47	2.1	0.15	—	41
苯胺	$C_6H_5NH_2$	1022	184.4	448	2.07	4.3	0.17	8.5	42.9
苯酚	C_6H_5OH	1050（50℃）	181.8（熔点 40.9）	511	—	3.4(50℃)	—	—	—
萘	$C_{16}H_8$	1145（固体）	217.9（熔点 80.2）	314	1.80(100℃)	0.59(100℃)	—	—	—
甲醇	CH_3OH	791	64.7	1101	2.48	0.6	0.212	12.2	22.6
乙醇	C_2H_5OH	789	78.3	846	2.39	1.15	0.172	11.6	22.8
乙醇(95%)	—	804	78.2	—	—	1.4	—	—	—
乙二醇	$C_2H_4(OH)_2$	1113	197.6	780	2.35	23	—	—	47.7
甘油	$C_3H_5(OH)_3$	1261	290(分解)	—	—	1499	0.59	5.3	63
乙醚	$(C_2H_5)_2O$	714	34.6	360	2.34	0.24	0.14	16.3	18

续表

名称	分子式	密度(20℃)/(kg/m³)	沸点(101.33kPa)/℃	汽化热/(kJ/kg)	比热容(20℃)/[kJ/(kg·℃)]	黏度(20℃)/mPa·s	热导率(20℃)/[W/(m·℃)]	体积膨胀系数 $\beta\times10^4$(20℃)/$℃^{-1}$	表面张力 $\sigma\times10^3$(20℃)/(N/m)
乙醛	CH_3CHO	783(18℃)	20.2	574	1.9	1.3(18℃)	—	—	21.2
糠醛	$C_5H_4O_2$	1168	161.7	452	1.6	1.15(50℃)	—	—	43.5
丙酮	CH_3COCH_3	792	56.2	523	2.35	0.32	0.17	—	23.7
甲酸	HCOOH	1220	100.7	494	2.17	1.9	0.26	—	27.8
醋酸	CH_3COOH	1049	118.1	406	1.99	1.3	0.17	10.7	23.9
醋酸乙酯	$CH_3COOC_2H_5$	901	77.1	368	1.92	0.48	0.14(10℃)	—	—
煤油	—	780～820	—	—	—	3	0.15	10.0	—
汽油	—	680～800	—	—	—	0.7～0.8	0.19(30℃)	12.5	—

三、某些固体的重要物理性质

名　称	密度/(kg/m³)	热导率/[W/(m·℃)]	比热容/[kJ/(kg·℃)]
(1)金属			
钢	7850	45.3	0.46
不锈钢	7900	17	0.50
铸铁	7220	62.8	0.50
铜	8800	383.8	0.41
青铜	8000	64.0	0.38
黄铜	8600	85.5	0.38
铝	2670	203.5	0.92
镍	9000	58.2	0.46
铅	11400	34.9	0.13
(2)塑料			
酚醛	1250～1300	0.13～0.26	1.3～1.7
聚氯乙烯	1380～1400	0.16	1.8
低压聚乙烯	940	0.29	2.6
高压聚乙烯	920	0.26	2.2
有机玻璃	1180～1190	0.14～0.20	—
(3)建筑、绝热、耐酸材料及其他			
黏土砖	1600～1900	0.47～0.67	0.92
耐火砖	1840	1.05(800～1100℃)	0.88～1.0
绝缘砖(多孔)	600～1400	0.16～0.37	—
石棉板	770	0.11	0.816
石棉水泥板	1600～1900	0.35	—
玻璃	2500	0.74	0.67
橡胶	1200	0.06	1.38
冰	900	2.3	2.11

四、干空气的物理性质

温度 t /℃	密度 ρ /(kg/m³)	比热容 c_p /[kJ/(kg·℃)]	热导率 $\lambda\times10^2$ /[W/(m·℃)]	黏度 $\mu\times10^5$ /Pa·s	普朗特数 Pr
−50	1.584	1.013	2.035	1.46	0.728
−40	1.515	1.013	2.117	1.52	0.728
−30	1.453	1.013	2.198	1.57	0.723
−20	1.395	1.009	2.279	1.62	0.716
−10	1.342	1.009	2.360	1.67	0.712
0	1.293	1.005	2.442	1.72	0.707
10	1.247	1.005	2.512	1.77	0.705
20	1.205	1.005	2.593	1.81	0.703
30	1.165	1.005	2.675	1.86	0.701
40	1.128	1.005	2.756	1.91	0.699
50	1.093	1.005	2.826	1.96	0.698
60	1.060	1.005	2.896	2.01	0.696
70	1.029	1.009	2.966	2.06	0.694
80	1.000	1.009	3.047	2.11	0.692
90	0.972	1.009	3.128	2.15	0.690
100	0.946	1.009	3.210	2.19	0.688
120	0.898	1.009	3.338	2.29	0.686
140	0.854	1.013	3.489	2.37	0.684
160	0.815	1.017	3.640	2.45	0.682
180	0.779	1.022	3.780	2.53	0.681
200	0.746	1.026	3.931	2.60	0.680
250	0.674	1.038	4.288	2.74	0.677
300	0.615	1.048	4.605	2.97	0.674
350	0.566	1.059	4.908	3.14	0.676
400	0.524	1.068	5.210	3.31	0.678
500	0.456	1.093	5.745	3.62	0.687
600	0.404	1.114	6.222	3.91	0.699
700	0.362	1.135	6.711	4.18	0.706
800	0.329	1.156	7.176	4.43	0.713
900	0.301	1.172	7.630	4.67	0.717
1000	0.277	1.185	8.041	4.90	0.719
1100	0.257	1.197	8.502	5.12	0.722
1200	0.239	1.206	9.153	5.35	0.724

五、水的物理性质

温度 /℃	饱和蒸气压/kPa	密度 /(kg/m³)	焓 /(kJ/kg)	比热容 /[kJ/(kg·℃)]	热导率 $\lambda\times10^2$ /[W/(m·℃)]	黏度 $\mu\times10^5$ /Pa·s	体积膨胀系数 $\beta\times10^4$ /℃⁻¹	表面张力 $\sigma\times10^5$ /(N/m)	普朗特数 Pr
0	0.6082	999.9	0	4.212	55.13	179.21	−0.63	75.6	13.66
10	1.2262	999.7	42.04	4.191	57.45	130.77	+0.70	74.1	9.52
20	2.3346	998.2	83.90	4.183	59.89	100.50	1.82	72.6	7.01
30	4.2474	995.7	125.69	4.174	61.76	80.07	3.21	71.2	5.42
40	7.3766	992.2	167.51	4.174	63.38	65.60	3.87	69.6	4.32
50	12.34	988.1	209.30	4.174	64.78	54.94	4.49	67.7	3.54

续表

温度 /℃	饱和蒸气 /kPa	密度 /(kg/m³)	焓 /(kJ/kg)	比热容 /[kJ/(kg·℃)]	热导率 $\lambda\times10^2$ /[W/(m·℃)]	黏度 $\mu\times10^5$ /Pa·s	体积膨胀系数 $\beta\times10^4$ /℃$^{-1}$	表面张力 $\sigma\times10^5$ /(N/m)	普朗特数 Pr
60	19.923	983.2	251.12	4.178	65.94	46.88	5.11	66.2	2.98
70	31.164	977.8	292.99	4.187	66.76	40.61	5.70	64.3	2.54
80	47.379	971.8	334.94	4.195	67.45	35.65	6.32	62.6	2.22
90	70.136	965.3	376.98	4.208	68.04	31.65	6.95	60.7	1.96
100	101.33	958.4	419.10	4.220	68.27	28.38	7.52	58.8	1.76
110	143.31	951.0	461.34	4.238	68.50	25.89	8.08	56.9	1.61
120	198.64	943.1	503.67	4.260	68.62	23.73	8.64	54.8	1.47
130	270.25	934.8	546.38	4.266	68.62	21.77	9.17	52.8	1.36
140	361.47	926.1	589.08	4.287	68.50	20.10	9.72	50.7	1.26
150	476.24	917.0	632.20	4.312	68.38	18.63	10.3	48.6	1.18
160	618.28	907.4	675.3	4.346	68.27	17.36	10.7	46.6	1.11
170	792.59	897.3	719.29	4.379	67.92	16.28	11.3	45.3	1.05
180	1003.5	886.9	763.25	4.417	67.45	15.30	11.9	42.3	1.00
190	1255.6	876.0	807.63	4.460	66.99	14.42	12.6	40.0	0.96
200	1554.77	863.0	852.43	4.505	66.29	13.63	13.3	37.7	0.93
210	1917.72	852.8	897.66	4.555	65.48	13.04	14.1	35.4	0.91
220	2320.88	840.3	943.70	4.614	64.55	12.46	14.8	33.1	0.89
230	2798.59	827.3	990.18	4.681	63.73	11.97	15.9	31	0.88
240	3347.91	813.6	1037.49	4.756	62.80	11.47	16.8	28.5	0.87
250	3977.67	799.0	1085.64	4.844	61.76	10.98	18.1	26.2	0.86
260	4693.75	784.0	1135.04	4.949	60.48	10.59	19.7	23.8	0.87
270	5503.99	767.9	1185.28	5.070	59.96	10.20	21.6	21.5	0.88
280	6417.24	750.7	1236.28	5.229	57.45	9.81	23.7	19.1	0.89
290	7443.29	732.3	1289.95	5.485	55.82	9.42	26.2	16.9	0.93
300	8592.94	712.5	1344.80	5.736	53.96	9.12	29.2	14.4	0.97
310	9877.6	691.1	1402.16	6.071	52.34	8.83	32.9	12.1	1.02
320	11300.3	667.1	1462.03	6.573	50.59	8.3	38.2	9.81	1.11
330	12879.6	640.2	1526.19	7.243	48.73	8.14	43.3	7.67	1.22
340	14615.8	610.1	1594.75	8.164	45.71	7.75	53.4	5.67	1.38
350	16538.5	574.4	1671.37	9.504	43.03	7.26	66.8	3.81	1.60
360	18667.1	528.0	1761.39	13.984	39.54	6.67	109	2.02	2.36
370	21040.9	450.5	1892.43	40.319	33.73	5.69	264	0.471	6.80

六、饱和水蒸气的物理性质（按温度排列）

温度 /℃	绝对压力		蒸汽的密度 /(kg/m³)	焓				汽化热	
				液体		蒸汽			
	kgf/cm²	kPa		kcal/kg	kJ/kg	kcal/kg	kJ/kg	kcal/kg	kJ/kg
0	0.0062	0.6082	0.00484	0	0	595	2491.1	595	2491.1
5	0.0089	0.8730	0.00680	5.0	20.94	597.3	2500.8	592.3	2479.9
10	0.0125	1.2262	0.00940	10.0	41.87	599.6	2510.4	589.6	2468.5
15	0.0174	1.7068	0.01283	15.0	62.80	602.0	2520.5	587.0	2457.7
20	0.0238	2.3346	0.01719	20.0	83.74	604.3	2530.1	584.3	2446.3
25	0.0323	3.1684	0.02304	25.0	104.67	606.6	2539.7	581.6	2435.0
30	0.0433	4.2474	0.03036	30.0	125.60	608.9	2549.3	578.9	2423.7

续表

温度/℃	绝对压力		蒸汽的密度/(kg/m³)	焓				汽化热	
				液体		蒸汽			
	kgf/cm²	kPa		kcal/kg	kJ/kg	kcal/kg	kJ/kg	kcal/kg	kJ/kg
35	0.0573	5.6207	0.03960	35.0	146.54	611.2	2559.0	576.2	2412.4
40	0.0752	7.3766	0.05114	40.0	167.47	613.5	2568.6	573.5	2401.1
45	0.0977	9.5837	0.06543	45.0	188.41	615.7	2577.8	570.7	2389.4
50	0.1258	12.340	0.0830	50.0	209.34	618.0	2587.4	568.0	2378.1
55	0.1605	15.743	0.1043	55.0	230.27	620.2	2596.7	565.2	2366.4
60	0.2031	19.923	0.1301	60.0	251.21	622.5	2606.3	562.0	2355.1
65	0.2550	25.014	0.1611	65.0	272.14	624.7	2615.5	559.7	2343.4
70	0.3177	31.164	0.1979	70.0	293.08	626.8	2624.3	556.8	2331.2
75	0.393	38.551	0.2416	75.0	314.01	629.0	2633.5	554.0	2319.5
80	0.483	47.379	0.2929	80.0	334.94	631.1	2642.3	551.2	2307.8
85	0.590	57.875	0.3531	85.0	355.88	633.2	2651.1	548.2	2295.2
90	0.715	70.136	0.4229	90.0	376.81	635.3	2659.9	545.3	2283.1
95	0.862	84.566	0.5039	95.0	397.75	637.4	2668.7	542.4	2270.9
100	1.033	101.33	0.5970	100.0	418.68	639.4	2677.0	539.4	2258.4
105	1.232	120.85	0.7036	105.1	440.03	641.3	2685.0	536.3	2245.4
110	1.461	143.31	0.8254	110.1	460.97	643.3	2693.4	533.1	2232.0
115	1.724	169.11	0.9635	115.2	482.32	645.2	2701.3	530.0	2219.0
120	2.025	198.64	1.1199	120.3	503.67	647.0	2708.9	526.7	2205.2
125	2.367	232.19	1.296	125.4	525.02	648.8	2716.4	523.5	2191.8
130	2.755	270.25	1.494	130.5	546.38	650.6	2723.9	520.1	2177.6
135	3.192	313.11	1.715	135.6	567.73	652.3	2731.0	516.7	2163.3
140	3.685	361.47	1.962	1407	589.08	653.9	2737.7	513.2	2148.7
145	4.238	415.72	2.238	145.9	610.85	655.5	2744.4	509.7	2134.0
150	4.855	476.24	2.543	151.0	632.21	657.0	2750.7	506.0	2118.5
160	6.303	618.28	3.252	161.4	675.75	659.9	2762.9	498.5	2087.1
170	8.080	792.59	4.113	171.8	719.29	662.4	2773.3	490.6	2054.0
180	10.23	1003.5	5.145	182.3	763.25	664.6	2782.5	482.3	2019.3
190	12.80	1255.6	6.378	192.9	807.64	666.4	2790.1	473.5	1982.4
200	15.85	1554.77	7.840	203.5	852.01	667.7	2795.5	464.2	1943.5
210	19.55	1917.72	9.567	214.3	897.23	668.6	2799.3	454.4	1902.5
220	23.66	2320.88	11.60	225.1	942.45	669.0	2801.0	443.9	1858.5
230	28.53	2798.59	13.98	236.1	988.50	668.8	2800.1	432.7	1811.6
240	34.13	3347.91	16.76	247.1	1034.56	668.0	2796.8	420.8	1761.8
250	40.55	3977.67	20.01	258.3	1081.45	664.0	2790.1	408.1	1708.6
260	47.85	4693.75	23.82	269.6	1128.76	664.2	2780.9	394.5	1651.7
270	56.11	5503.99	28.27	281.1	1176.91	661.2	2768.3	380.1	1591.4
280	65.42	6417.24	33.47	292.7	1225.48	657.3	2752.0	364.6	1526.5
290	75.88	7443.29	39.60	304.4	1274.46	652.6	2732.3	348.1	1457.4
300	87.6	8592.94	46.93	316.6	1325.54	646.8	2708.0	330.2	1382.5
310	100.7	9877.96	55.59	329.3	1378.71	640.1	2680.0	310.8	1301.3
320	115.2	11300.3	65.95	343.0	1436.07	632.5	2648.2	289.5	1212.1
330	131.3	12879.6	78.53	357.5	1446.78	623.5	2610.5	266.6	1116.2
340	149.0	14615.8	93.98	373.3	1562.93	613.5	2568.6	240.2	1005.7
350	168.6	16538.5	113.2	390.8	1636.20	601.1	2516.7	210.3	880.5
360	190.3	18667.1	139.6	413.0	1729.15	583.4	2442.6	170.3	713.0
370	214.5	21040.9	171.0	451.0	1888.25	549.8	2301.9	98.2	411.1
374	225	22070.9	322.6	501.1	2098.0	501.1	2098.0	0	0

七、饱和水蒸气的物理性质（按压力排列）

绝对压力 /kPa	温度 /℃	蒸汽的密度 /(kg/m^3)	焓/(kJ/kg)		汽化热 /(kJ/kg)
			液体	蒸汽	
1.0	6.3	0.00773	26.48	2503.1	2476.8
1.5	12.5	0.01133	52.26	2515.3	2463.0
2.0	17.0	0.01486	71.21	2524.2	2452.9
2.5	20.9	0.01836	87.45	2531.8	2444.3
3.0	23.5	0.02179	98.38	2536.8	2438.4
3.5	26.1	0.02523	109.30	2541.8	2432.5
4.0	28.7	0.02867	120.23	2546.8	2426.6
4.5	30.8	0.03205	129.00	2550.8	2421.9
5.0	32.4	0.03537	135.69	2554.0	2418.3
6.0	35.6	0.04200	149.06	2560.1	2411.0
7.0	38.8	0.04864	162.44	2566.3	2403.8
8.0	41.3	0.05514	172.73	2571.0	2398.2
9.0	43.3	0.06156	181.16	2574.8	2393.6
10.0	45.3	0.06798	189.59	2578.5	2388.9
15.0	53.5	0.09956	224.03	2594.0	2370.0
20.0	60.1	0.13068	251.51	2606.4	2354.9
30.0	66.5	0.19093	288.77	2622.4	2333.7
40.0	75.0	0.24975	315.93	2634.1	2312.2
50.0	81.2	0.30799	339.80	2644.3	2304.5
60.0	85.6	0.36514	358.21	2652.1	2293.9
70.0	89.9	0.42229	376.61	2659.8	2283.2
80.0	93.2	0.47807	390.08	2665.3	2275.3
90.0	96.4	0.53384	403.19	2670.8	2267.4
100.0	99.6	0.58961	416.90	2676.3	2259.5
120.0	104.5	0.69868	437.51	2684.3	2246.8
140.0	109.2	0.80758	457.67	2692.1	2234.4
160.0	113.0	0.82981	473.88	2698.1	2224.2
180.0	116.6	1.0209	489.32	2703.7	2214.3
200.0	120.2	1.1273	493.71	2709.2	2204.6
250.0	127.2	1.3904	534.39	2719.7	2185.4
300.0	133.3	1.6501	560.38	2728.5	2168.1
350.0	138.8	1.9074	583.76	2736.1	2152.3
400.0	143.4	2.1618	603.61	2742.1	2138.5
450.0	147.7	2.4152	622.42	2747.8	2125.4
500.0	151.7	2.6673	639.59	2752.8	2113.2
600.0	158.7	3.1686	670.22	2761.4	2091.1
700	164.7	3.6657	696.27	2767.8	2071.5
800	170.4	4.1614	720.96	2773.7	2052.7
900	175.1	4.6525	741.82	2778.1	2036.2
1×10^3	179.9	5.1432	762.68	2782.5	2019.7
1.1×10^3	180.2	5.6339	780.34	2785.5	2005.1
1.2×10^3	187.8	6.1241	797.92	2788.5	1990.6
1.3×10^3	191.5	6.6141	814.25	2790.9	1976.7
1.4×10^3	194.8	7.1038	829.06	2792.4	1963.7
1.5×10^3	198.2	7.5935	843.86	2794.5	1950.7
1.6×10^3	201.3	8.0814	857.77	2796.0	1938.2
1.7×10^3	204.1	8.5674	870.58	2797.1	1926.5
1.8×10^3	206.9	9.0533	883.39	2798.1	1914.8
1.9×10^3	209.8	9.5392	896.21	2799.2	1903.0
2×10^3	212.2	10.0338	907.32	2799.7	1892.4
3×10^3	233.7	15.0075	1005.4	2798.9	1793.5
4×10^3	250.3	20.0969	1082.9	2789.8	1706.8
5×10^3	263.8	25.3663	1146.9	2776.2	1629.2

续表

绝对压力/kPa	温度/℃	蒸汽的密度/(kg/m³)	焓/(kJ/kg)		汽化热/(kJ/kg)
			液体	蒸汽	
6×10^3	275.4	30.8494	1203.2	2759.5	1556.3
7×10^3	285.7	36.5744	1253.2	2740.8	1487.6
8×10^3	294.8	42.5768	1299.2	2720.5	1403.7
9×10^3	303.2	48.8945	1343.5	2699.1	1356.6
10×10^3	310.9	55.5407	1384.0	2677.1	1293.1
12×10^3	324.5	70.3075	1463.4	2631.2	1167.7
14×10^3	336.5	87.3020	1567.9	2583.2	1043.4
16×10^3	347.2	107.8010	1615.8	2531.1	915.4
18×10^3	356.9	134.4813	1699.8	2466.0	766.1
20×10^3	365.6	176.5961	1817.8	2364.2	544.9

八、液体的黏度和密度

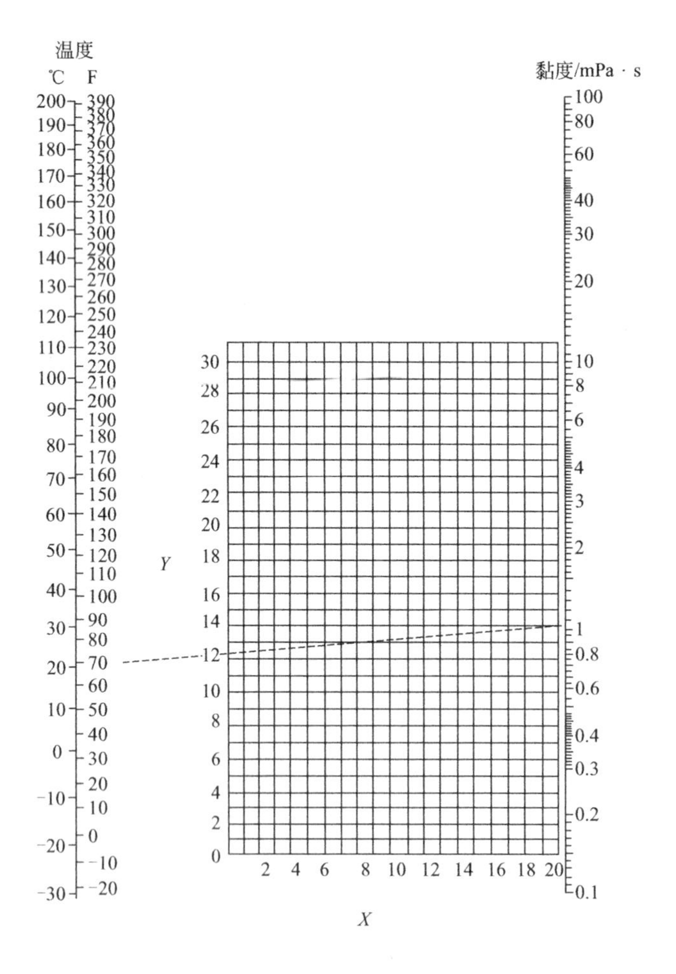

附图1 液体黏度共线图

液体黏度共线图的坐标值及液体的密度列于下表中：

序号	液　　体		X	Y	密度(20℃)/(kg/m³)
1	乙醛		15.2	14.8	783(18℃)
2	醋酸	100%	12.1	14.2	1049①
3		70%	9.5	17.0	1069
4	醋酸酐		12.7	12.8	1083
5	丙酮	100%	14.5	7.2	792
6		35%	7.9	15.0	948
7	丙烯醇		10.2	14.3	854
8	氨	100%	12.6	2.0	817(−79℃)
9		26%	10.1	13.9	904
10	醋酸戊酯		11.8	12.5	879
11	戊醇		7.5	18.4	817
12	苯胺		8.1	18.7	1022
13	苯甲醚		12.3	13.5	990
14	三氯化砷		13.9	14.5	2163
15	苯		12.5	10.9	880
16	氯化钙盐水	25%	6.6	15.9	1228
17	氯化钠盐水	25%	10.2	16.6	1186(25℃)
18	溴		14.2	13.2	3119
19	溴甲苯		20	15.9	1410
20	乙酸乙酯		12.3	11.0	882
21	丁醇		8.6	17.2	810
22	丁酸		12.1	15.3	964
23	二氧化碳		11.6	0.3	1101(−37℃)
24	二硫化碳		16.1	7.5	1263
25	四氯化铁		12.7	13.1	1595
26	氯苯		12.3	12.4	1107
27	三氯甲烷		14.4	10.2	1489
28	氯磺酸		11.2	18.1	1787(25℃)
29	氯甲苯(邻位)		13.0	13.3	1082
30	氯甲苯(间位)		13.3	12.5	1072
31	氯甲苯(对位)		13.3	12.5	1070
32	甲酚(间位)		2.5	20.8	1034
33	环己醇		2.9	24.3	962
34	二溴乙烷		12.7	15.8	2495
35	二氯乙烷		13.2	12.2	1256
36	二氯甲烷		14.6	8.9	1336
37	草酸乙酯		11.0	16.4	1079
38	草酸二甲酯		12.3	15.8	1148(54℃)
39	联苯		12.0	18.3	992(73℃)
40	草酸二丙酯		10.3	17.7	1038(0℃)
41	醋酸乙酯		13.7	9.1	901
42	乙醇	100%	10.5	13.8	789
43		95%	9.8	14.3	804
44		40%	6.5	16.6	935
45	乙苯		13.2	11.5	867
46	溴乙烷		14.5	8.1	1431
47	氯乙烷		14.8	6.0	917(6℃)
48	乙醚		14.5	5.3	708(25℃)
49	甲酸乙酯		14.2	8.4	923
50	碘乙烷		14.7	10.3	1933
51	乙二醇		6.0	23.6	1113
52	甲酸		10.7	15.8	1220
53	氟利昂-11(CCl_3F)		14.4	9.0	1494(17℃)
54	氟利昂-12(CCl_2F_2)		16.8	5.6	1486(20℃)

续表

序号	液　　体		X	Y	密度(20℃)/(kg/m^3)
55	氟利昂-21($CHCl_2F$)		15.7	7.5	1426(0℃)
56	氟利昂-22($CHClF_2$)		17.2	4.7	3870(0℃)
57	氟利昂-113(CCl_2F-$CClF_2$)		12.5	11.4	1576
58	甘油	100%	2.0	30.0	1261
59		50%	6.9	19.6	1126
60	庚烷		14.1	8.4	684
61	己烷		14.7	7.0	659
62	盐酸	31.5%	13.0	16.6	1157
63	异丁醇		7.1	18.0	779(26℃)
64	异丁酸		12.2	14.4	949
65	异丙醇		8.2	16.0	789
66	煤油		10.2	16.9	780～820
67	粗亚麻仁油		7.5	27.2	930～938(15℃)
68	水银		18.4	16.4	13546
69	甲醇	100%	12.4	10.5	792
70		90%	12.3	11.8	820
71		40%	7.8	15.5	935
72	乙酸甲酯		14.2	8.2	924
73	氯甲烷		15.0	3.8	952(0℃)
74	丁酮		13.9	8.6	805
75	萘		7.9	18.1	1145
76	硝酸	95%	12.8	13.8	1493
77		60%	10.8	17.0	1367
78	硝基苯		10.6	16.2	1205(15℃)
79	硝基甲苯		11.0	17.0	1160
80	辛烷		13.7	10.0	703
81	辛醇		6.6	21.1	827
82	五氯乙烷		10.9	17.3	1671(25℃)
83	戊烷		14.9	5.2	630(18℃)
84	酚		6.9	20.8	1071(25℃)
85	三溴化磷		13.8	16.7	2852(15℃)
86	三氯化磷		16.2	10.9	1574
87	丙酸		12.8	13.8	992
88	丙醇		9.1	16.5	804
89	溴丙烷		14.5	9.6	1353
90	氯丙烷		14.4	7.5	890
91	碘丙烷		14.1	11.6	1749
92	钠		16.4	13.9	970
93	氢氧化钠	50%	3.2	25.8	1525
94	四氯化锡		13.5	12.8	2226
95	二氧化硫		15.2	7.1	1434(0℃)
96	硫酸	110%	7.2	27.4	1980
97		98%	7.0	24.8	1836
98		60%	10.2	21.3	1498
99	二氯二氧化硫		15.2	12.4	1667
100	四氯乙烷		11.9	15.7	1600
101	四氯乙烯		14.2	12.7	1624(15℃)
102	四氯化钛		14.4	12.3	1726
103	甲苯		13.7	10.4	886
104	三氯乙烯		14.8	10.5	1436
105	松节油		11.5	14.9	861～867
106	醋酸乙烯		14.0	8.8	932
107	水		10.2	13.0	998

① 醋酸的密度不能用加和方法计算。

九、101.33kPa压力下气体的黏度

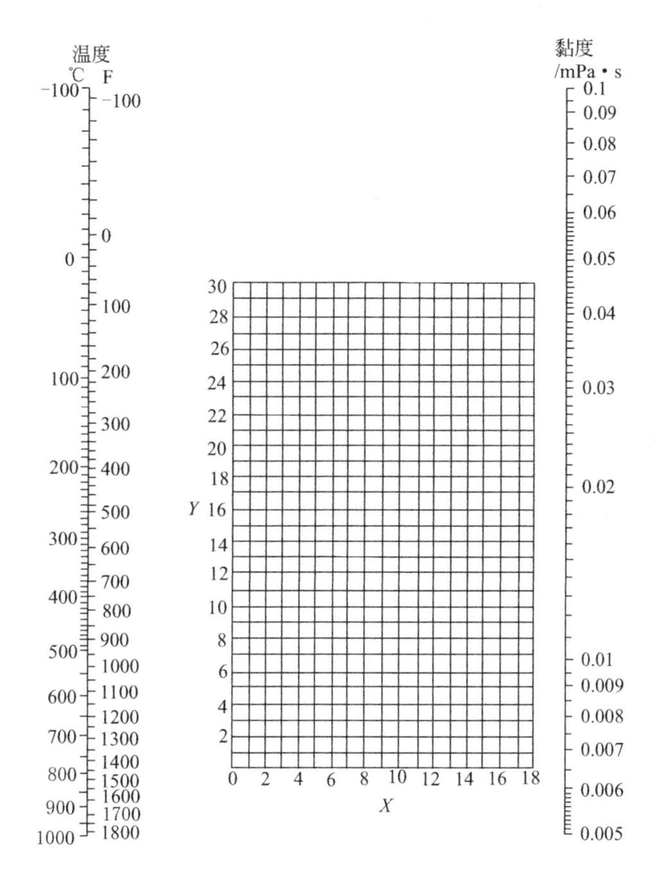

附图2 气体黏度共线图

气体黏度共线图的坐标值列于下表中：

序号	气　　体	X	Y
1	醋酸	7.7	14.3
2	丙酮	8.9	13.0
3	乙炔	9.8	4.9
4	空气	11.0	20.0
5	氨	8.4	16.0
6	氩	10.5	22.4
7	苯	8.5	13.2
8	溴	8.9	19.2
9	丁烯(butene)	9.2	13.7
10	丁烯(butylene)	8.9	13.0
11	二氧化碳	9.5	18.7
12	二硫化碳	8.0	16.0
13	一氧化碳	11.0	20.0
14	氯	9.0	18.4
15	三氯甲烷	8.9	15.7
16	氰	9.2	15.2

续表

序号	气　体	X	Y
17	环己烷	9.2	12.0
18	乙烷	9.1	14.5
19	乙酸乙酯	8.5	13.2
20	乙醇	9.2	14.2
21	氯乙烷	8.5	15.6
22	乙醚	8.9	13.0
23	乙烯	9.5	15.1
24	氟	7.3	23.8
25	氟利昂-11(CCl_3F)	10.6	15.1
26	氟利昂-12(CCl_2F_2)	11.1	16.0
27	氟利昂-21($CHCl_2F$)	10.8	15.3
28	氟利昂-22($CHClF_2$)	10.1	17.0
29	氟利昂-113(CCl_2F-$CClF_2$)	11.3	14.0
30	氦	10.9	20.5
31	己烷	8.6	11.8
32	氢	11.2	12.4
33	$3H_2+1N_2$	11.2	17.2
34	溴化氢	8.8	20.9
35	氯化氢	8.8	18.7
36	氰化氢	9.8	14.9
37	碘化氢	9.0	21.3
38	硫化氢	8.6	18.0
39	碘	9.0	18.4
40	水银	5.3	22.9
41	甲烷	9.9	15.5
42	甲醇	8.5	15.6
43	一氧化氮	10.9	20.5
44	氮	10.6	20.0
45	五硝酰氯	8.0	17.6
46	一氧化二氮	8.8	19.0
47	氧	11.0	21.3
48	戊烷	7.0	12.8
49	丙烷	9.7	12.9
50	丙醇	8.4	13.4
51	丙烯	9.0	13.8
52	二氧化硫	9.6	17.0
53	甲苯	8.6	12.4
54	2,3,3-三甲(基)丁烷	9.5	10.5
55	水	8.0	16.0
56	氙	9.3	23.0

十、液体的比热容

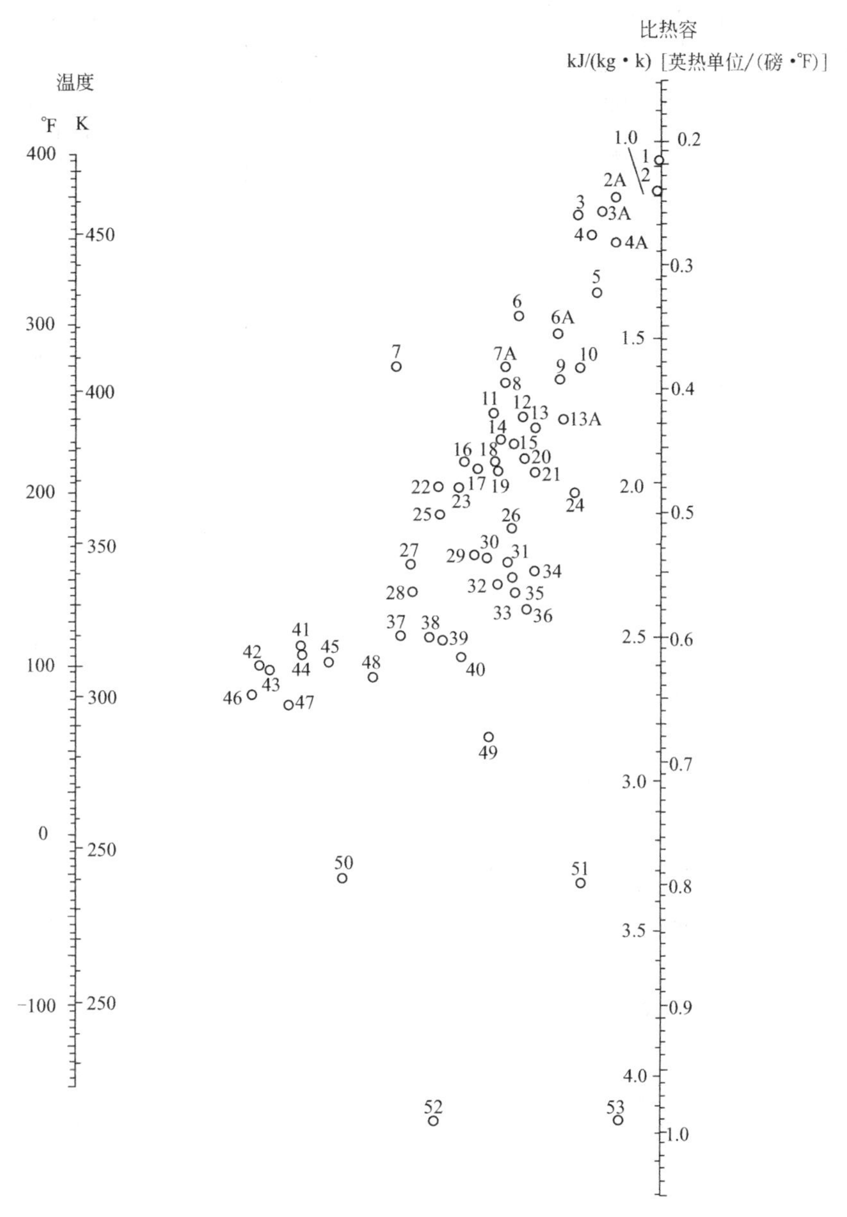

附图 3　液体比热容共线图

液体比热容共线图的编号列于下表中：

号数	液　　体		温度范围/℃
29	醋酸	100%	0～80
32	丙酮		20～50
52	氨		−70～50
37	戊醇		−50～25
26	乙酸戊酯		0～100
30	苯胺		0～130

续表

号数	液　　体		温度范围/℃
23	苯		10～80
27	苯甲醇		-20～30
10	卡基氧		-30～30
49	$CaCl_2$ 盐水	25%	-40～20
51	NaCl 盐水	25%	-40～20
44	丁醇		0～100
2	二硫化碳		-100～25
3	四氯化碳		10～60
8	氯苯		0～100
4	三氯甲烷		0～50
21	癸烷		-80～25
6A	二氯乙烷		-30～60
5	二氯甲烷		-40～50
15	联苯		80～120
22	二苯甲烷		80～100
16	二苯醚		0～200
16	道舍姆 A(DowthermA)		0～200
24	乙酸乙酯		-50～25
42	乙醇	100%	30～80
46		95%	20～80
50		50%	20～80
25	乙苯		0～100
1	溴乙烷		5～25
13	氯乙烷		-80～40
36	乙醚		-100～25
7	碘乙烷		0～100
39	乙二醇		-40～200
2A	氟利昂-11(CCl_3F)		-20～70
6	氟利昂-12(CCl_2F_2)		-40～15
4A	氟利昂-21($CHCl_2F$)		-20～70
7A	氟利昂-22($CHClF_2$)		-20～60
3A	氟利昂-113(CCl_2F～$CClF_2$)		-20～70
38	三元醇		-40～20
28	庚烷		0～60
35	已烷		-80～20
48	盐酸	30%	20～100
41	异戊醇		10～100
43	异丁醇		0～100
47	异丙醇		-20～50
31	异丙醚		-80～20
40	甲醇		-40～20
13A	氯甲烷		-80～20
14	萘		90～200
12	硝基苯		0～100
34	壬烷		-50～125
33	辛烷		-50～25
3	过氯乙烯		-30～140
45	丙醇		-20～100
20	吡啶		-51～25
9	硫酸	98%	10～45
11	二氧化硫		-20～200
23	甲苯		0～60
53	水		-10～100
19	二甲苯(邻位)		0～100
18	二甲苯(间位)		0～100
17	二甲苯(对位)		0～100

十一、101.33kPa 压力下气体的比热容

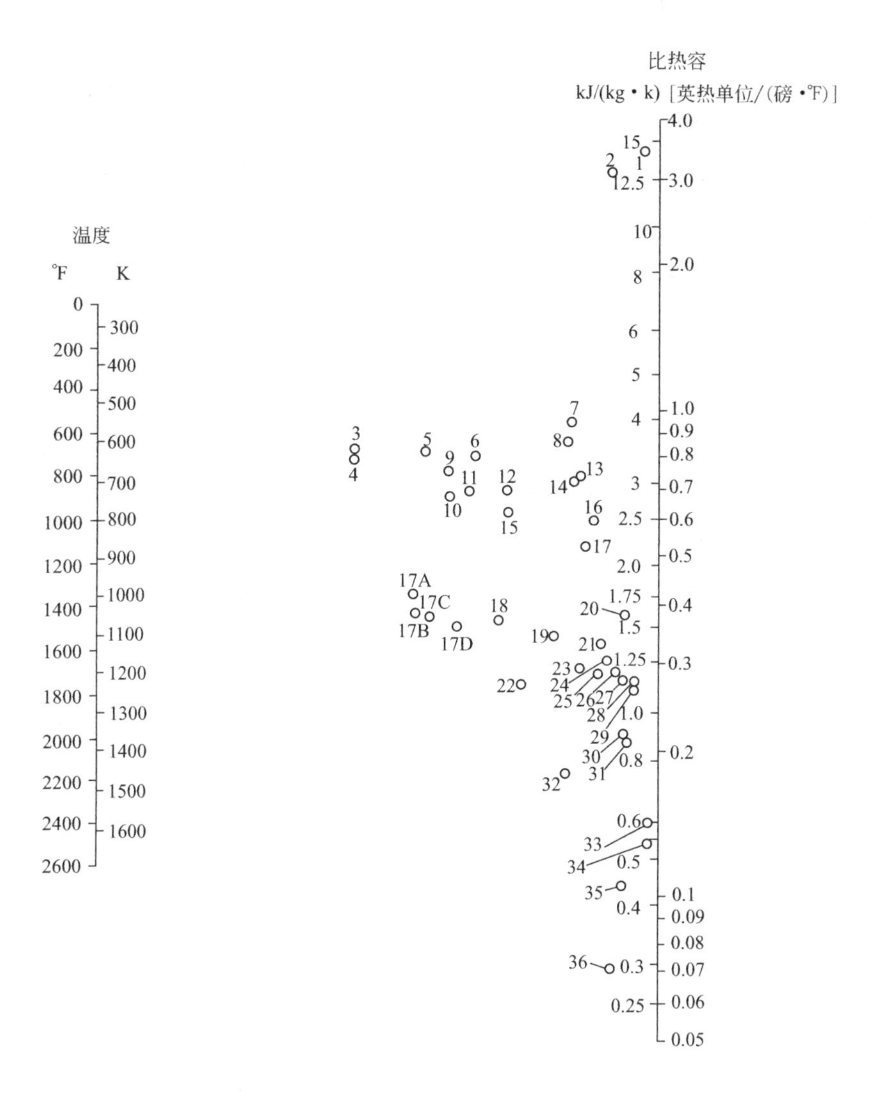

附图 4 气体比热容共线图

气体比热容共线图的编号列于下表中：

号数	气体	温度范围/K
10	乙炔	273～473
15	乙炔	473～673
16	乙炔	673～1673
27	空气	273～1673
12	氨	273～873
14	氨	873～1673
18	二氧化碳	273～673

续表

号数	气　体	温度范围/K
24	二氧化碳	673～1673
26	一氧化碳	273～1673
32	氯	273～473
34	氯	473～1673
3	乙烷	273～473
9	乙烷	473～873
8	乙烷	873～1673
4	乙烯	273～473
11	乙烯	473～873
13	乙烯	873～1673
17B	氟利昂-11(CCl_3F)	273～423
17C	氟利昂-21($CHCl_2F$)	273～423
17A	氟利昂-22($CHClF_2$)	278～423
17D	氟利昂-113(CCl_2F-$CClF_2$)	273～423
1	氢	273～873
2	氢	873～1673
35	溴化氢	273～1673
30	氯化氢	273～1673
20	氟化氢	273～1673
36	碘化氢	273～1673
19	硫化氢	273～973
21	硫化氢	973～1673
5	甲烷	273～573
6	甲烷	573～973
7	甲烷	973～1673
25	一氧化氮	273～973
28	一氧化氮	973～1673
26	氮	273～1673
23	氧	273～773
29	氧	773～1673
33	硫	573～1673
22	二氧化硫	273～673
31	二氧化硫	673～1673
17	水	273～1673

十二、汽化热（蒸发潜热）

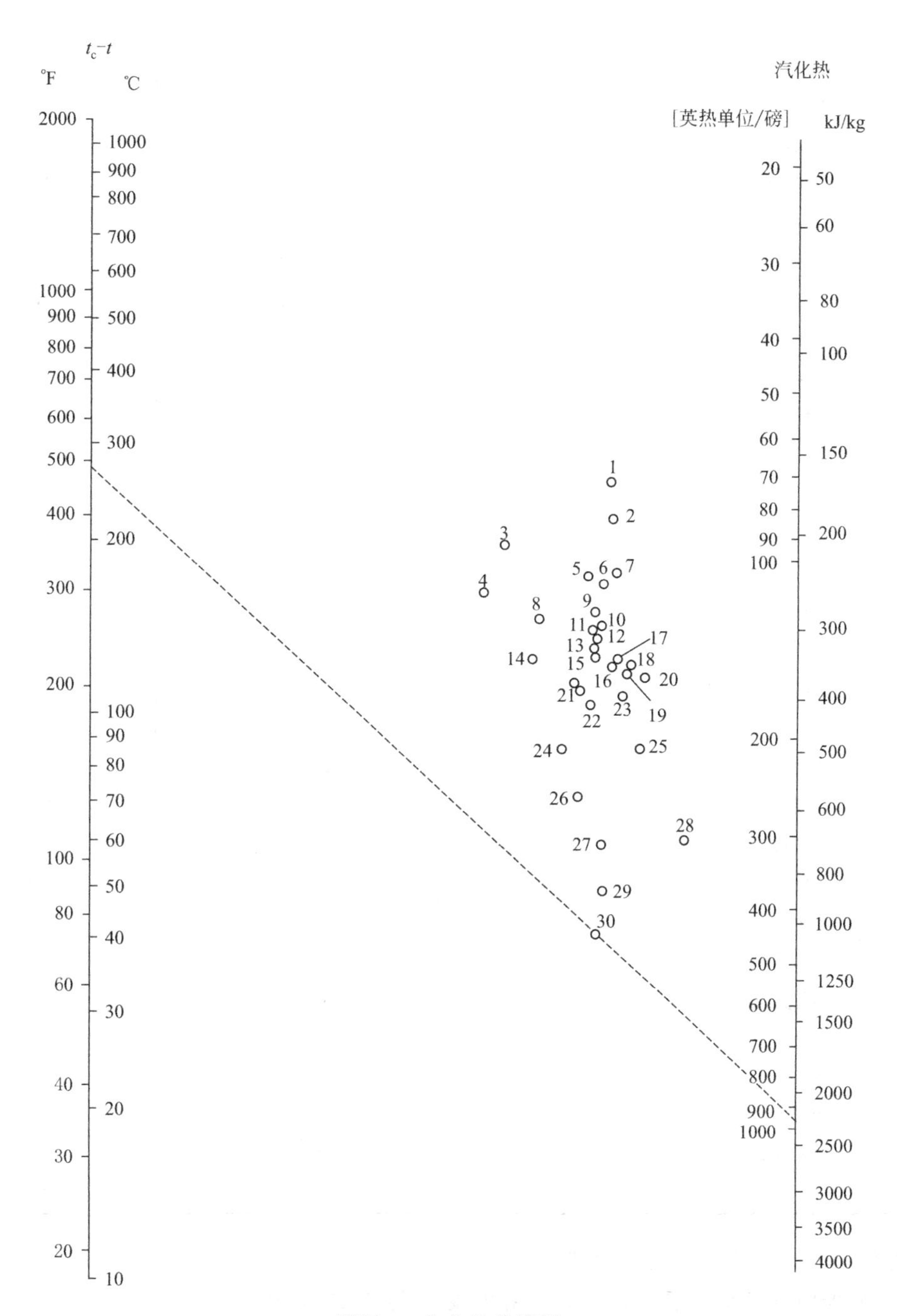

附图 5　汽化热共线图

汽化热共线图的编号列于下表中：

号数	化合物	温度差范围(t_c-t)/℃	临界温度 t_c/℃
18	醋酸	100～225	321
22	丙酮	120～210	235
29	氨	50～200	133
13	苯	10～400	289
16	丁烷	90～200	153
21	二氧化碳	10～100	31
4	二硫化碳	140～275	273
2	四氯化碳	30～250	283
7	三氯甲烷	140～275	263
8	二氯甲烷	150～250	216
3	联苯	175～400	527
25	乙烷	25～150	32
26	乙醇	20～140	243
28	乙醇	140～300	243
17	氯乙烷	100～250	187
13	乙醚	10～400	194
2	氟利昂-11(CCl_3F)	70～250	198
2	氟利昂-2(CCl_2F_2)	40～200	111
5	氟利昂-21($CHCl_2F$)	70～250	178
6	氟利昂-22($CHClF_2$)	50～170	96
1	氟利昂-113(CCl_2F-$CClF_2$)	90～250	214
10	庚烷	20～300	267
11	己烷	50～225	235
15	异丁烷	80～200	134
27	甲醇	40～250	240
20	氯甲烷	70～250	143
19	一氧化二氮	25～150	36
9	辛烷	30～300	296
12	戊烷	20～200	197
23	丙烷	40～200	96
24	丙醇	20～200	264
14	二氧化硫	90～160	157
30	水	100～500	374

【例】 求100℃水蒸气的汽化热。

解 从表中查出水的编号为30，临界温度 t_c 为374℃，故

$$t_c-t=374-100=274℃$$

在温度标尺上找出相应于274℃的点，将该点与编号30的点相连，延长与汽化热标尺相交，由此读出100℃时水的汽化热为2257kJ/kg。

十三、管子规格（摘录）

1. 水煤气输送钢管（摘自 GB/T 3091—2008）

钢管的公称口径与钢管的外径、壁厚对照表　　单位：mm

公称口径	外径	壁厚	
		普通钢管	加厚钢管
6	10.2	2.0	2.5
8	13.5	2.5	2.8
10	17.2	2.5	2.8
15	21.3	2.8	3.5
20	26.9	2.8	3.5
25	33.7	3.2	4.0
32	42.4	3.5	4.0
40	48.3	3.5	4.5
50	60.3	3.8	4.5
65	76.1	4.0	4.5
80	88.9	4.0	5.0
100	114.3	4.0	5.0
125	139.7	4.0	5.5
150	168.3	4.5	6.0

注：表中的公称口径系近似内径的名义尺寸，不表示外径减去两个壁厚所得的内径。

2. 无缝钢管规格简表

冷拔无缝钢管（摘自 GB 8163—2008）

外径/mm	壁厚/mm		外径/mm	壁厚/mm		径/mm	壁厚/mm	
	从	到		从	到		从	到
6	0.25	2.0	20	0.25	6.0	40	0.40	9.0
7	0.25	2.5	22	0.40	6.0	42	1.0	9.0
8	0.25	2.5	25	0.40	7.0	44.5	1.0	9.0
9	0.25	2.8	27	0.40	7.0	45	1.0	10.0
10	0.25	3.5	28	0.40	7.0	48	1.0	10.0
11	0.25	3.5	29	0.40	7.5	50	1.0	12
12	0.25	4.0	30	0.40	8.0	51	1.0	12
14	0.25	4.0	32	0.40	8.0	53	1.0	12
16	0.25	5.0	34	0.40	8.0	54	1.0	12
18	0.25	5.0	36	0.40	8.0	56	1.0	12
19	0.25	6.0	38	0.40	9.0			

注：壁厚有 0.25，0.30，0.40，0.50，0.60，0.80，1.0，1.2，1.4，1.5，1.6，1.8，2.0，2.2，2.5，2.8，3.0，3.2，3.5，4.0，4.5，5.0，5.5，6.0，6.5，7.0，7.5，8.0，8.5，9，9.5，10，11，12mm。

热轧无缝钢管（摘自 GB 8163—2008）

外径/mm	壁厚/mm		外径/mm	壁厚/mm		径/mm	壁厚/mm	
	从	到		从	到		从	到
32	2.5	8.0	63.5	3.0	14	102	3.5	22
38	2.5	8.0	68	3.0	16	108	4.0	28
42	2.5	10	70	3.0	16	114	4.0	28
45	2.5	10	73	3.0	19	121	4.0	28
50	2.5	10	76	3.0	19	127	4.0	30
54	3.0	11	83	3.5	19	133	4.0	32
57	3.0	13	89	3.5	22	140	4.5	36
60	3.0	14	95	3.5	22	146	4.5	36

注：壁厚有 2.5，3，3.5，4，4.5，5，5.5，6，6.5，7，7.5，8，8.5，9，9.5，10，11，12，13，14，15，16，17，18，19，20，22，25，28，30，32，36mm。

十四、离心泵规格（摘录）

1. IS 型单级单吸离心泵性能表（摘录）

型号	转速 n /(r/min)	流量		扬程 H /m	效率 η /%	功率/kW		必需汽蚀余量 $(NPSH)_r$/m	质量(泵/底座)/kg
		m^3/h	L/s			轴功率	电机功率		
IS50-32-125	2900	7.5 12.5 15	2.08 3.47 4.17	22 20 18.5	47 60 60	0.96 1.13 1.26	2.2	2.0 2.0 2.5	32/46
	1450	3.75 6.3 7.5	1.04 1.74 2.08	5.4 5 4.6	43 54 55	0.13 0.16 0.17	0.55	2.0 2.0 2.5	32/28
IS50-32-160	2900	7.5 12.5 15	2.08 3.47 4.17	34.3 32 29.6	44 54 56	1.59 2.02 2.16	3	2.0 2.0 2.5	50/46
	1450	3.75 6.3 7.5	1.04 1.74 2.08	13.1 12.5 12	35 48 49	0.25 0.29 0.31	0.55	2.0 2.0 2.5	50/38
IS50-32-200	2900	7.5 12.5 15	2.08 3.47 4.17	82 80 78.5	38 48 51	2.82 3.54 3.95	5.5	2.0 2.0 2.5	52/66
	1450	3.75 6.3 7.5	1.04 1.74 2.08	20.5 20 19.5	33 42 44	0.41 0.51 0.56	0.75	2.0 2.0 2.5	52/38
IS50-32-250	2900	7.5 12.5 15	2.08 3.47 4.17	21.8 20 18.5	23.5 38 41	5.87 7.16 7.83	11	2.0 2.0 2.5	88/110
	1450	3.75 6.3 7.5	1.04 1.74 2.08	5.35 5 4.7	23 32 35	0.91 1.07 1.14	1.5	2.0 2.0 3.0	88/64
IS65-50-125	2900	7.5 12.5 15	4.17 6.94 8.33	35 32 30	58 69 68	1.54 1.97 2.22	3	2.0 2.0 3.0	50/41
	1450	3.75 6.3 7.5	2.08 3.47 4.17	8.8 8.0 7.2	53 64 65	0.21 0.27 0.30	0.55	2.0 2.0 2.5	50/38
IS65-50-160	2900	15 25 30	4.17 6.94 8.33	53 50 47	54 65 66	2.65 3.35 3.71	5.5	2.0 2.0 2.5	51/66
	1450	7.5 12.5 15	2.08 3.47 4.17	13.2 12.5 11.8	50 60 60	0.36 0.45 0.49	0.75	2.0 2.0 2.5	51/38
IS65-40-200	2900	15 25 30	4.17 6.94 8.33	53 50 47	49 60 61	4.42 5.67 6.29	7.5	2.0 2.0 2.5	62/66
	1450	7.5 12.5 15	2.08 3.47 4.17	13.2 12.5 11.8	43 55 57	0.63 0.77 0.85	1.1	2.0 2.0 2.5	62/46

续表

型号	转速 n /(r/min)	流量		扬程 H /m	效率 η /%	功率/kW		必需汽蚀余量 $(NPSH)_r$/m	质量(泵/底座)/kg
		m^3/h	L/s			轴功率	电机功率		
IS65-40-250	2900	15 25 30	4.17 6.94 8.33	82 80 78	37 50 53	9.05 10.89 12.02	15	2.0 2.0 2.5	82/110
	1450	7.5 12.5 15	2.08 3.47 4.17	21 20 19.4	35 46 48	1.23 1.48 1.65	2.2	2.0 2.0 2.5	82/67
IS65-40-315	2900	15 25 30	4.17 6.94 8.33	127 125 123	28 40 44	18.5 21.3 22.8	30	2.5 2.5 3.0	152/110
	1450	7.5 12.5 15	2.08 3.47 4.17	32.2 32.0 31.7	25 37 41	6.63 2.94 3.16	4	2.5 2.5 3.0	152/67
IS80-65-125	2900	30 50 60	8.33 13.9 16.7	22.5 20 18	64 75 74	2.87 3.63 3.98	5.5	3.0 3.0 3.5	44/46
	1450	15 25 30	4.17 6.94 8.33	5.6 5 4.5	55 71 72	0.42 0.48 0.51	0.75	2.5 2.5 3.0	44/38
IS80-65-160	2900	30 50 60	8.33 13.9 16.7	36 32 29	61 73 72	4.82 5.97 6.59	7.5	2.5 2.5 3.0	48/66
	1450	15 25 30	4.17 6.94 8.33	9 8 7.2	55 59 68	0.67 0.79 0.86	1.5	2.5 2.5 3.0	48/46
IS80-50-200	2900	30 50 60	8.33 13.9 16.7	53 50 47	55 60 71	7.87 9.87 10.8	15	2.5 2.5 3.0	64/124
	1450	15 25 30	4.17 6.94 8.33	13.2 12.5 11.8	51 65 67	1.06 1.31 1.44	2.2	2.5 2.5 3.0	64/46
IS80-50-250	2900	30 50 60	8.33 13.9 16.7	84 80 75	52 63 64	13.2 17.3 19.2	22	2.5 2.5 3.0	90/110
	1450	15 25 30	4.17 6.94 8.33	21 20 18.8	49 60 61	1.75 2.22 2.52	3	2.5 2.5 3.0	90/64
IS80-50-315	2900	30 50 60	8.33 13.9 16.7	128 125 123	41 54 57	25.5 31.5 35.3	37	2.5 2.5 3.0	125/160
	1450	15 25 30	4.17 6.94 8.33	32.5 32 31.5	39 52 56	3.4 4.19 4.6	5.5	2.5 2.5 3.0	125/66
IS100-80-125	2900	60 100 120	16.7 27.8 33.3	24 20 16.5	67 78 74	5.86 7.00 7.28	11	4.0 4.5 5.0	49/64
	1450	30 50 60	8.33 13.9 16.7	6 5 4	64 75 71	0.77 0.91 0.92	1	2.5 2.5 3.0	49/46

续表

型号	转速 n /(r/min)	流量		扬程 H /m	效率 η /%	功率/kW		必需汽蚀余量 $(NPSH)_r$/m	质量(泵/底座)/kg
		m^3/h	L/s			轴功率	电机功率		
IS100-80-160	2900	60 100 120	16.7 27.8 33.3	36 22 28	70 78 75	8.42 11.2 12.2	15	3.5 4.0 5.0	69/110
	1450	30 50 60	8.33 13.9 16.7	9.2 8.0 6.8	67 75 71	1.12 1.45 1.57	2.2	2.0 2.5 3.5	69/64
IS100-65-200	2900	60 100 120	16.7 27.8 33.3	54 50 47	65 76 77	13.6 17.9 19.9	22	3.0 3.6 4.8	81/110
	1450	30 50 60	8.33 13.9 16.7	13.5 12.5 11.8	60 73 74	1.84 2.33 2.61	4	2.0 2.0 2.5	81/64
IS100-65-250	2900	60 100 120	16.7 27.8 33.3	87 80 74.5	61 72 73	23.4 30.0 33.3	37	3.5 3.8 4.8	90/160
	1450	30 50 60	8.33 13.9 16.7	21.3 20 19	55 68 70	3.16 4.00 4.44	5.5	2.0 2.0 2.5	90/66

2. Y 型离心油泵性能表

型号	流量 /(m^3/h)	扬程 /m	转速 /(r/min)	功率/kW		效率 /%	气蚀余量/m	泵壳许用应力/Pa	结构形式	备注
				轴	电机					
50Y-60	12.5	60	2950	5.95	11	35	2.3	1570/2550	单级悬臂	
50Y-60A	11.2	49	2950	4.27	8			同上	同上	
50Y-60B	9.9	38	2950	2.39	5.5	35		同上	同上	
50Y-60×2	12.5	120	2950	11.7	15	35	2.3	2158/3138	两级悬臂	
50Y-60×2A	11.7	105	2950	9.55	15			同上	同上	
50Y-60×2B	10.8	90	2950	7.65	11			同上	同上	
50Y-60×2C	9.9	75	2950	5.9	8			同上	同上	
65Y-60	25	60	2950	7.5	11	55	2.6	1570/2550	单级悬臂	
65Y-60A	22.5	49	2950	5.5	8			同上	同上	
65Y-60B	19.8	38	2950	3.75	5.5			同上	同上	
65Y-100	25	100	2950	17.0	32	40	2.6	同上	同上	泵壳许用应力内的分子表示第Ⅰ类材料相应的许用应力数，分母表示Ⅱ、Ⅲ类材料相应的许用应力数
65Y-100A	23	85	2950	13.3	20			同上	同上	
65Y-100B	21	70	2950	10.0	15			同上	同上	
65Y-100×2	25	200	2950	34	55	40	2.6	2942/3923	两级悬臂	
65Y-100×2A	23.3	175	2950	27.8	40			同上	同上	
65Y-100×2B	21.6	150	2950	22.0	32			同上	同上	
65Y-100×2C	19.8	125	2950	16.8	20			同上	同上	
80Y-60	50	60	2950	12.8	15	64	3.0	1570/2550	单级悬臂	
80Y-60A	45	49	2950	9.4	11			同上	同上	
80Y-60B	39.5	38	2950	6.5	8			同上	同上	
80Y-100	50	100	2950	22.7	32	60	3.0	1961/2942	单级悬臂	
80Y-100A	45	85	2950	18.0	25			同上	同上	
80Y-100B	39.5	70	2950	12.6	20			同上	同上	
80Y-100×2	50	200	2950	45.4	75	60	3.0	2942/3923	单级悬臂	
80Y-100×2A	46.6	175	2950	37.0	55	60	3.0	2942/3923	两级悬臂	
80Y-100×2B	43.2	150	2950	29.5	40				同上	
80Y-100×2C	39.6	125	2950	22.7	32				同上	

注：与介质接触的且受温度影响的零件，根据介质的性质需要采用不同性质的材料，所以分为三种材料，但泵的结构相同。第Ⅰ类材料不耐腐蚀，操作温度在−20～200℃，第Ⅱ类材料不耐硫腐蚀，操作温度在−45～400℃，第Ⅲ类材料耐硫腐蚀，操作温度在−45～200℃。

3. F型耐腐蚀泵性能表

泵型号	流量		扬程/m	转数/(r/min)	功率/kW		效率/%	必需汽蚀余量$(NPSH)_r$/m	叶轮外径/mm
	/(m^3/h)	/(L/s)			轴	电机			
25F-16	3.6	1.0	16.0	2960	0.38	0.8	41	4.3	130
25F-16A	3.7	0.91	12.5	2960	0.27	0.8	41	4.3	118
40F-26	7.20	2.0	25.5	2960	1.14	2.2	44	4.3	148
40F-26A	6.55	1.82	20.5	2960	0.83	1.1	44	4.3	135
50F-40	14.4	4.0	40	2960	3.41	5.5	46	4.3	190
50F-40A	13.10	3.64	32.5	2960	2.54	4.0	46	4.3	178
50F-16	14.4	4.0	15.7	2960	0.96	1.5	64	4.3	123
50F-16A	13.10	3.64	12.0	2960	0.70	1.1	62	4.3	112
65F-16	28.8	8.0	15.7	2960	1.74	4.0	7.1	4.3	122
65F-16A	26.2	7.28	12.0	2960	1.24	2.2	69	4.3	112
100F-92	100.8	28.0	92.0	2960	37.1	55.0	68	6.5	274
100F-92A	94.3	26.2	80.0	2960	31.0	40.0	68	6.5	256
100F-92B	88.6	24.6	70.5	2960	25.4	40.0	67	6.5	241
150F-56	190.8	53.5	55.5	1480	40.1	55.0	72	6.5	425
150F-56A	178.2	49.5	48.0	1480	33.0	40.0	72	6.5	397
150F-56B	167.8	46.5	42.5	1480	27.3	40.0	71	6.5	374
150F-22	190.8	53.5	22.0	1480	14.3	30.0	80	6.6	284
150F-22A	173.5	48.2	17.5	1480	10.6	17.0	78	6.6	257

注：必需汽蚀余量的数据系编者依允许吸上高度数据换算而得的。

十五、离心通风机规格

1. 4-72-11型离心通风机规格（摘录）

机号	转数/(r/min)	余压系数	全压		流量系数	流量/(m^3/h)	效率/%	所需功率/kW
			mmH_2O	Pa				
6C	2240	0.411	248	2432.1	0.220	15800	91	14.1
	2000	0.411	198	1941.8	0.220	14100	91	10.0
	1800	0.411	160	1569.1	0.220	12700	91	7.3
	1250	0.411	77	755.1	0.220	8800	91	2.53
	1100	0.411	49	480.5	0.220	7030	91	1.39
	800	0.411	30	294.2	0.220	5610	91	0.73
8C	1800	0.411	285	2795	0.220	29900	91	30.8
	1250	0.411	137	1343.6	0.220	20800	91	10.3
	1000	0.411	88	863.0	0.220	16600	91	5.52
	630	0.411	35	343.2	0.220	10480	91	1.51
10C	1250	0.434	227	2226.2	0.2218	41300	94.3	32.7
	1000	0.434	145	1422.0	0.2218	32700	94.3	16.5
	800	0.434	93	912.1	0.2218	26130	94.3	8.5
	500	0.434	36	353.1	0.2218	16390	94.3	2.3
6D	1450	0.411	104	1020	0.220	10200	91	4
	960	0.411	45	441.3	0.220	6720	91	1.32
8D	1450	0.44	200	1961.4	0.184	20130	89.5	14.2
	730	0.44	50	490.4	0.184	10150	89.5	2.06
16B	900	0.434	300	2942.1	0.2218	121000	94.3	127
20B	710	0.434	290	2844.0	0.2218	186300	94.3	190

2. 8-18、9-27 离心通风机综合特性曲线图

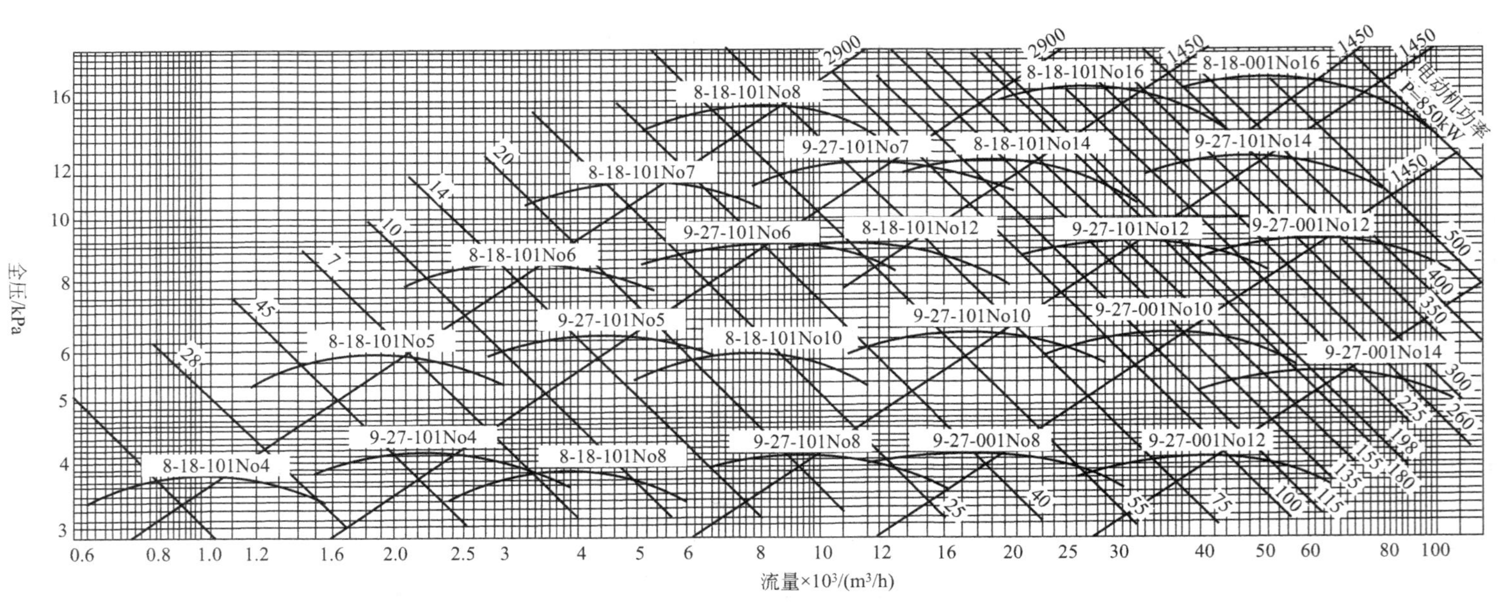

附图 6 8-18、9-27 离心通风机综合特性曲线

参考文献

[1] 张弓．化工原理．北京：化学工业出版社，2000.
[2] 陈常贵，柴诚敬，姚玉英．化工原理．第2版．天津：天津大学出版社，2004.
[3] 陆美娟．化工原理．北京：化学工业出版社，2001.
[4] 贾绍义，柴诚敬．化工传质与分离过程．北京：化学工业出版社，2001.
[5] 蒋维均，雷良恒，刘茂材，戴猷元，余立新．化工原理．第2版．北京：清华大学出版社，2003.
[6] 何潮洪，冯霄．化工原理．北京：科学出版社，2001.
[7] 陈敏恒，从德滋，方图南，齐鸣斋．化工原理．第2版．北京：化学工业出版社，2000.
[8] 时钧，汪家鼎，余国琮，陈敏恒．化学工程手册．第2版．北京：化学工业出版社，1996.
[9] 张宏丽，周长丽，闫志谦．化工原理．北京：化学工业出版社，2007.
[10] 刘红梅．化工单元过程及操作．北京：化学工业出版社，2008.
[11] 梁凤凯，舒均杰．有机化工生产技术．第2版．北京：化学工业出版社，2011.
[12] 田铁牛．化学工艺．北京：化学工业出版社，2002.
[13] 程学杰．醋酸乙烯生产技术进展综述．化工时刊，2008，22 (6)：68-72.
[14] 郑广俭，张志华．无机化工生产技术．第2版．北京：化学工业出版社，2010.
[15] 程桂花，张志华．合成氨．北京：化学工业出版社，2011.
[16] 王伟武．化工工艺基础．北京：化学工业出版社，2010.
[17] 冷士良，张旭光．化工基础．北京：化学工业出版社，2007.
[18] 邓力群等．当代中国的化学工业．北京：化学工业出版社，1986.
[19] 元英进．制药工艺学．北京：化学工业出版社，2007.
[20] 刘国辉，章文．绿色化工发展综述．中国环保产业，2009，12：19-25.
[21] 张立新，王宏．传质分离技术．北京：化学工业出版社，2012.
[22] 张宏丽，刘兵等．化工单元操作．第2版．北京：化学工业出版社，2010.
[23] 陈敏恒，齐鸣斋等．化工原理．第2版．北京：化学工业出版社，2004.
[24] 于文国，程桂花等．制药单元操作技术．北京：化学工业出版社，2010.
[25] 潘文群．化工分离技术．北京：化学工业出版社，2009.
[26] 张之东．安全生产知识．北京：人民卫生出版社，2009.
[27] 张雪荣．药物分离与纯化．北京：化学工业出版社，2009.